计算机类技能型理实一体化新形态系列

交换机/路由器组网技术

（微课视频版）

主　编　丁喜纲
副主编　安述照　毕军涛
涂　振

清華大学出版社
北　京

内 容 简 介

本书按照利用交换机、路由器等网络互联设备组建和管理企业计算机网络的工作领域展开，采用任务驱动模式，将理论知识综合到各项技能中。本书包括 8 个工作单元，分别为交换机/路由器组网基础、交换机/路由器基本管理、利用交换机连接企业内部网络、利用三层设备实现企业内部网络互联、企业网络基本安全与性能优化、组建企业内部无线网络、利用广域网实现企业网络互联、利用 IPv6 组建企业网络。

本书可以作为高等院校计算机相关专业的教材，也适合参加计算机网络技术相关职业培训和职业技能鉴定的人员学习使用，还可以作为从事网络设计、构建、管理和维护等工作的技术人员及网络技术爱好者的参考用书。

图书在版编目(CIP)数据

交换机/路由器组网技术：微课视频版/丁喜纲主编. —北京：清华大学出版社，2023.7（2024.8重印）
（计算机类技能型理实一体化新形态系列）
ISBN 978-7-302-63732-5

Ⅰ. ①交… Ⅱ. ①丁… Ⅲ. ①计算机网络－信息交换机－组网技术－教材 ②计算机网络－路由选择－组网技术－教材 Ⅳ. ①TN915.05

中国国家版本馆 CIP 数据核字(2023)第 103824 号

责任编辑：张龙卿
封面设计：曾雅菲 徐巧英
责任校对：刘 静
责任印制：沈 露

出版发行：清华大学出版社
网 址：https：//www. tup. com. cn，https：//www. wqxuetang. com
地 址：北京清华大学学研大厦 A 座 **邮 编**：100084
社 总 机：010-83470000 **邮 购**：010-62786544
投稿与读者服务：010-62776969，c-service@tup.tsinghua.edu.cn
质量反馈：010-62772015，zhiliang@tup.tsinghua.edu.cn
课件下载：https：//www tup com cn，010-83470410
印 装 者：三河市龙大印装有限公司
经 销：全国新华书店
开 本：185mm×260mm **印 张**：17 **字 数**：408 千字
版 次：2023 年 8 月第 1 版 **印 次**：2024 年 8 月第 2 次印刷
定 价：49.00 元

产品编号：099041-01

前言

习近平总书记在党的二十大报告中指出：教育、科技、人才是全面建设社会主义现代化国家的基础性、战略性支撑；必须坚持科技是第一生产力、人才是第一资源、创新是第一动力；深入实施科教兴国战略、人才强国战略、创新驱动发展战略，这三大战略共同服务于创新型国家的建设。

随着信息技术和数字经济的发展，计算机网络已经成为企业数字化转型中不可或缺的基础设施。企业计算机网络不仅需要支持数据文件的传输和企业运营的各种关键活动，还必须能够提供可靠的功能，保障本地和远程用户对网络资源的安全访问。交换机和路由器是构建与互联各种规模企业网络的基本设备。作为从事计算机网络技术相关工作的专业技术人员，应全面掌握网络互联的基本知识，能够根据不同用户需求，利用交换机、路由器等常用网络互联设备完成企业计算机网络的设计、构建、管理和维护工作。

本书在编写过程中贯穿了“以职业活动为导向，以职业技能为核心”的理念，结合工程实际，反映岗位需求，按照利用交换机、路由器等网络互联设备组建和管理企业计算机网络的工作领域展开，采用任务驱动模式，将理论知识综合到各项技能中。本书包括 8 个工作单元，每个工作单元由需要读者亲自动手完成的工作任务组成，读者可以在阅读本书时同步进行实训，从而掌握利用交换机、路由器等网络设备组建和管理企业计算机网络的基本知识和实践技能。

本书在编写过程中突出了以下特色。

1. 采用任务驱动模式

本书按照利用交换机、路由器等网络互联设备组建和管理企业计算机网络的工作领域选取了 8 个工作单元，共有 30 个典型工作任务，每个典型工作任务包括任务目的、任务导入、工作环境与条件、相关知识、任务实施和任务拓展 6 部分，力求使读者在做中学，在学中做，真正能够利用所学知识解决实际问题，形成基本职业能力。其中，任务目的部分是一项任务应实现的知识和技能目标；任务导入部分提出了实际问题，给出了要完成的典型工作任务；工作环境与条件部分是完成任务所需的软、硬件要求；相关知识部分介绍了一项任务所涉及的基础知识，帮助读者理解完成任务所需的技术要点；任务实施部分给出了完成工作任务的具体操作方法和步骤；任务拓展部分是需要读者独立完成的新任务，以帮助读者实现对相关技术和操作方法的掌握、巩固和提高。

2. 优化教材形态

教材建设的中心是教材内容,而教材能否真正满足教学需要,关键在于教材形态。本书在编写过程中参考了网络产品工作手册的编写方式,通过对网络组建和管理中相关对象、内容、工具、方法等要素的梳理,引导读者建立整体的工作逻辑;每个工作任务的方案设计、操作实施、成果检验等都需要读者根据教材的引导动手完成,读者使用教材的过程就是"做中学"的过程,可以获得直接的经验。为更好地满足信息化和个性化的学习需求,读者可以通过本书每个工作任务提供的二维码,获取与该工作任务相对应的微课视频和数字活页。其中,微课视频部分是对工作任务具体实施过程的讲解和操作演示;数字活页部分是在工作任务实施过程中应注意和思考的关键问题,需要读者在完成任务的过程中同步进行回答,以引导读者对相关的技术要点和实际的任务完成情况进行总结、记录和反思。另外,本书的每个工作任务还配有辅助文件,以提供完成任务所需的素材或展示任务完成的具体结果,读者可以通过清华大学出版社官网(www.tup.com.cn)下载。

3. 紧密结合教学实际

在计算机网络技术的学习中,需要由多台计算机以及交换机、路由器等网络互联设备构成的网络环境,而且计算机网络相关产品的种类很多,管理与配置方法也各不相同。考虑到读者的实际条件,本书选择了具有代表性且被广泛使用的 Cisco 公司的产品为例,主要的工作任务及其配套资源依托于网络模拟与建模工具 Cisco Packet Tracer 8.0 环境。读者可以利用本书介绍的 Cisco Packet Tracer 在一台计算机上模拟网络环境,完成本书绝大部分的工作任务,也可以在教材引导下选择其他同类产品完成相应的实训操作。另外,本书的每个工作任务都配有读者可以反复观看的微课视频,以及需要读者同步思考的问题和独立完成的拓展任务,这有利于读者对相关知识点的思考和对操作技能的不断强化,并可以随时检查学习效果。

4. 参考相关职业标准和技能大赛规程

职业标准源自生产一线,源自工作过程。本书在编写过程中得到了来自奇安信科技集团、神州数码集团等行业知名企业技术人员的大力支持,参考了 Cisco 认证网络支持工程师、计算机技术与软件专业技术资格(中级)网络工程师、网络系统建设与运维职业技能等级标准等相关职业标准和企业认证中的要求,并结合世界技能大赛、全国职业院校技能大赛网络系统管理及其他相关赛项的规程,力求使所有内容紧跟技术发展,突出职业特色和岗位特色。

本书由丁喜纲主编,安述照、毕军涛、涂振任副主编,刘晓霞、万晓燕、曹艳乔参与了部分内容的编写工作。本书在编写过程中查阅了 Internet 上公布的很多资料,并参考了国内外相关的一些著作和文献,在此对所有作者致以衷心的感谢。

编者意在为读者奉献一本实用并具有特色的教程,但计算机网络技术发展日新月异,书中难免有错误和不妥之处,敬请广大读者批评、指正。

编　者

2023 年 4 月

目录

工作单元 1　交换机/路由器组网基础

企业在不断发展壮大的过程中，对计算机网络的需求也不断增长。企业计算机网络不但需要支持企业运营的各种关键活动，还必须能够提供可靠的功能，从而使本地及远程用户可以随时随地访问网络中的资源。交换机和路由器是组建各种规模企业计算机网络的基本设备。本单元的主要目标是理解企业计算机网络的基本结构和组网方法，能够利用网络模拟和建模工具 Cisco Packet Tracer 建立网络运行模型，理解 OSI 参考模型和 TCP/IP，掌握规划和分配 IPv4 地址的基本方法。

任务 1.1　认识企业计算机网络

任务目的

(1) 理解企业计算机网络的功能需求；
(2) 熟悉企业计算机网络的基础架构；
(3) 熟悉企业计算机网络的常用组网技术；
(4) 理解企业计算机网络的分层设计方法。

任务导入

每个企业都有其独特性，对计算机网络的规模和功能需求各不相同。请对比下面给出的 3 个典型企业网络案例，分析企业计算机网络的典型结构和组网方法。

案例一

企业甲是一家刚成立的小微企业，只有 12 名员工，租用了一间办公室。由于规模较小，企业甲只组建了一个小型局域网来实现计算机之间的资源共享，Internet 连接则是利用无线路由器共享电信运营商提供的宽带服务实现。企业甲没有专职的网络技术人员，也没有搭建自己的服务器，相关需求通过从电信运营商购买技术支持和主机托管服务实现。企业甲的网络结构如图 1-1 所示。

案例二

企业乙是一家拥有数百名员工的中小型企业，租用了一栋办公楼作为办公场所。企业乙分为若干个职能部门，每个部门都有自己的运营团队。企业乙的计算机网络被划分为多

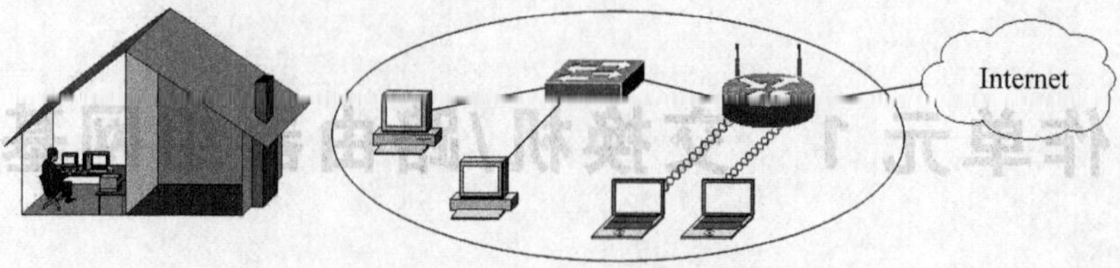

图 1-1　企业甲的网络结构

个子网(网段),每个子网专用于某个部门。例如,所有的研发人员都位于同一个子网,所有的销售人员都位于另一个子网。这些子网互联在一起组成了覆盖整个办公区域的楼宇局域网。企业乙聘用了专职的网络技术人员来管理和维护企业网络,配备了自己的服务器,可以为内部员工提供电子邮件、数据传输和文件存储等服务,可以运行基于 Web 的办公工具和应用程序,并可为外部特定客户提供信息。企业乙的网络结构如图 1-2 所示。

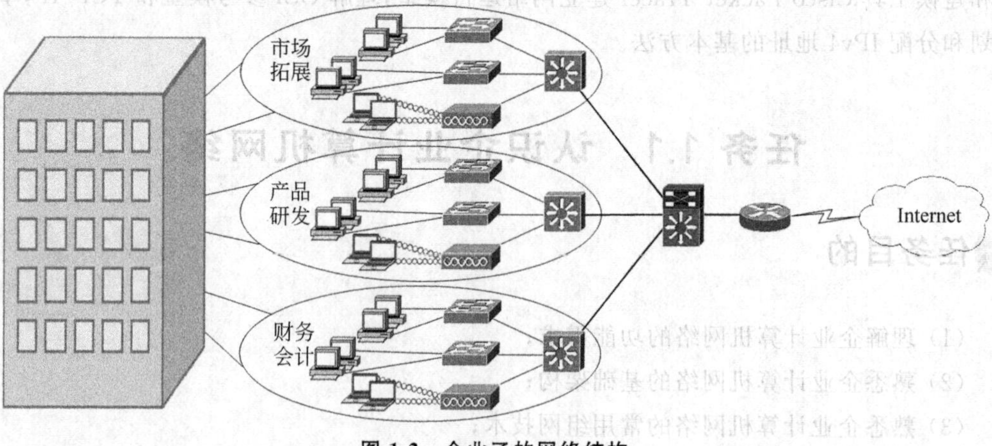

图 1-2　企业乙的网络结构

案例三

企业丙是一家拥有数千名员工的大中型企业,在很多地区设立了分支机构。企业丙的总部网络是由多个楼宇局域网组成的企业园区网,为管理企业的信息传递与服务交付,在总部网络设立了由服务器集群组成的数据中心,用于存放各种数据资源。为确保所有人员(无论其身在何处)都可以访问相同的服务和应用程序,企业丙需要利用广域网实现各分支机构与总部网络的连接。对于邻近城市的分支机构,可以通过当地电信运营商建立私有专用线路;而对于分布在其他地区的分支机构及远程工作人员,Internet 则是更直接的连接方案。企业丙的网络结构如图 1-3 所示。

工作环境与条件

(1) 典型企业计算机网络工程案例及相关文档;
(2) 能够接入 Internet 的 PC。

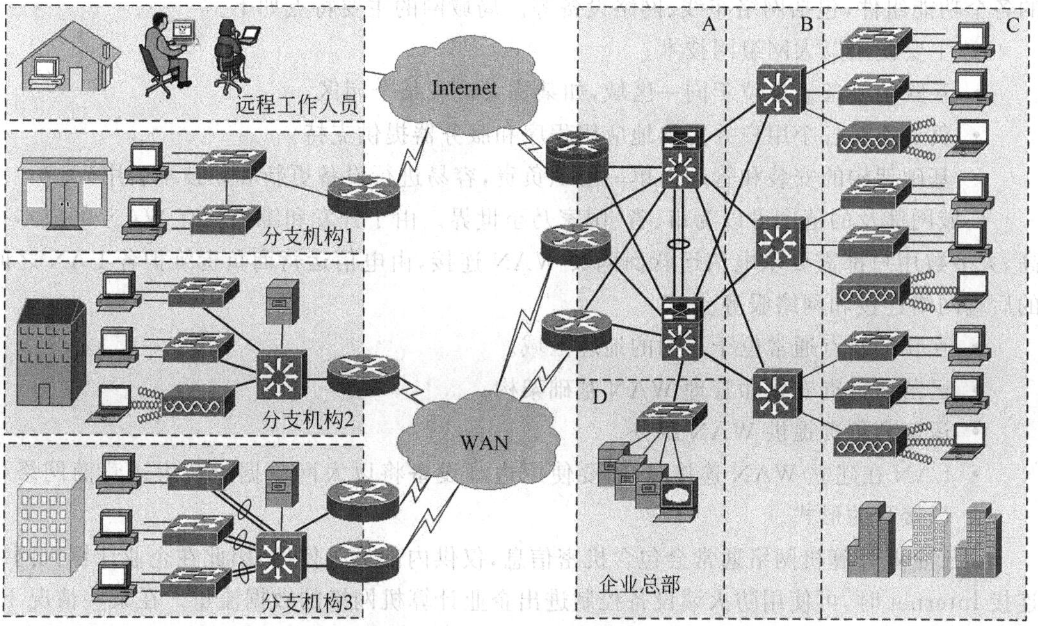

图 1-3　企业丙的网络结构

相关知识

1.1.1　企业计算机网络的功能需求

企业计算机网络是企业的信息中枢，是企业业务的支撑平台。企业在不断发展的过程中会聘用越来越多的员工，不断设立分支机构和拓展业务，这些变化会影响和刺激企业对计算机网络的功能需求。大部分企业对计算机网络的基本功能需求主要包括以下方面。

- 企业计算机网络应能够保证在合理的响应时间内，将数据可靠地从一台主机传送到另一台主机。
- 企业计算机网络应支持各种类型的网络流量(包括数据、语音、视频等)的交换，以满足企业多元化业务的运营。
- 即使在发生链路或设备故障，企业计算机网络也应能够全天候正常运行。
- 企业计算机网络应保证数据在网络中的安全传输和在网络设备上的安全存储。
- 企业计算机网络结构应易于调整，以适应网络规模增长和业务变更。
- 企业计算机网络的故障排查和解决应简单易行，不占用过多的时间。

1.1.2　企业计算机网络的 LAN 和 WAN

企业计算机网络的组建通常需要综合运用传统的 LAN(local area network，局域网)和 WAN(wide area network，广域网)组网技术。在典型的企业计算机网络结构中，同一园区的网络部分会组成一个 LAN，而地理上分散的不同 LAN 会通过 WAN 实现互联。

局域网通常是由某个组织拥有和使用的私有网络，由该组织负责安装、管理和维护网络的各个功能组件,包括网络布线、网络设备等。局域网的主要特点如下。

- 主要使用以太网组网技术。
- 互联的设备通常位于同一区域,如某栋大楼或某个园区。
- 负责连接各个用户并为本地应用程序和服务器提供支持。
- 基础架构的安装和管理由单一组织负责,容易进行设备更新和新技术引用。

广域网涉及的范围可以为市、省、国家乃至世界。由于开发和维护私有 WAN 的成本很高,大多数用户都需要从电信运营商购买 WAN 连接,由电信运营商负责维护各 LAN 之间的后端网络连接和网络服务。

- 互联的站点通常位于不同的地理区域。
- 运营商负责安装和管理 WAN 基础架构。
- 运营商负责提供 WAN 服务。
- LAN 在建立 WAN 连接时,需要使用边缘设备将以太网数据封装为运营商网络可以接受的形式。

由于企业计算机网络通常会包含机密信息,仅供内部员工使用,因此在企业计算机网络连接 Internet 时,可使用防火墙设备控制进出企业计算机网络的数据流量。在某些情况下,企业计算机网络需要向员工及其他用户开放远程访问权限,常见的访问方式如下。

- 直接建立 WAN 连接。
- 远程登录关键的应用系统。
- 通过 VPN(virtual private network,虚拟专用网络)访问受保护的网络。

1.1.3 企业计算机网络的 LAN 技术

以太网(Ethernet)是目前使用最为广泛的局域网组网技术,20 世纪 70 年代末就有了正式的网络产品,其传输速率已从最初的 10Mb/s 发展到 100Gb/s。

1. 传统以太网组网技术

传统以太网技术是早期局域网广泛采用的组网技术,可以提供 10Mb/s 的传输速度。传统以太网存在多种组网方式,曾经广泛使用的有 10Base-5、10Base-2、10Base-T 和 10Base-F 等,它们的 MAC 子层和物理层中的编码/译码模块均是相同的,而不同的是物理层中的收发器及传输介质的连接方式。表 1-1 比较了传统以太网组网技术的物理性能。

表 1-1 传统以太网组网技术物理性能的比较

类别	10Base-5	10Base-2	10Base-T	10Base-F
收发器	外置设备	内置芯片	内置芯片	内置芯片
传输介质	粗缆	细缆	3 类、5 类 UTP	单模或多模光缆
最长媒体段	500m	185m	100m	500m、1km 或 2km
拓扑结构	总线型	总线型	星形	星形
中继器/集线器	中继器	中继器	集线器	集线器
最大跨距/媒体段数	2.5km/5	925m/5	500m/5	4km/2
连接器	AUI	BNC	RJ-45	ST

【注意】 各种以太网技术在IEEE 802.3中都有相应的标准，如10Base-T对应IEEE 802.3i标准、100Base-TX对应IEEE 802.3u标准、1000Base-T对应IEEE 802.3ab标准等，然而习惯上一般会用10Base-T这种表示标准概要的别名称呼它们。

在传统以太网中，10Base-T以太网是以太网技术发展的里程碑，它采用了星形拓扑结构，是快速以太网、千兆位以太网等的基础。10Base-T以太网的拓扑结构如图1-4所示，由图1-4可知，组建一个10Base-T以太网需要以下设备部件。

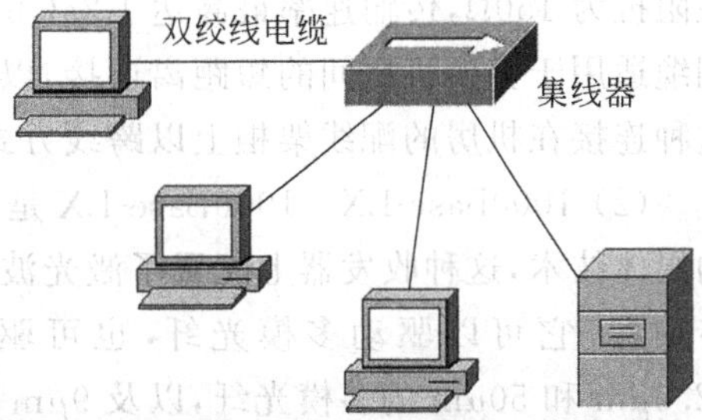

图1-4　10Base-T以太网

- 网卡：10Base-T以太网中的计算机应安装带有RJ-45接口的以太网网卡。
- 集线器(Hub)：10Base-T以太网的中心连接设备，各节点通过双绞线与集线器实现星形连接，集线器会将接收到的数据广播到每一个接口。
- 双绞线电缆：可选用3类或5类非屏蔽双绞线。
- RJ-45连接器：双绞线两端必须安装RJ-45连接器，以便插在网卡和集线器的RJ-45接口上。

2. 快速以太网组网技术

快速以太网(fast Ethernet)的数据传输率为100Mb/s，它保留着传统以太网的所有特征，即相同的帧格式、相同的介质访问控制方法CSMA/CD和相同的组网方法，不同之处只是把每个比特发送时间由100ns降低到10ns。快速以太网可支持多种传输介质，表1-2对快速以太网的各种标准进行了比较。

表1-2　快速以太网的各种标准的比较

类　别	100Base-TX	100Base-T2	100Base-T4	100Base-FX
使用电缆	5类UTP或STP	3类/5类UTP	3类/5类UTP	单模或多模光缆
要求的线对数	2	2	4	2
发送线对数	1	1	3	1
距离/m	100	100	100	150/412/2000
全双工能力	有	有	无	有

在快速以太网中，100Base-TX继承了10Base-T的5类非屏蔽双绞线的环境，在布线不变的情况下，只要将10Base-T设备更换成100Base-TX设备即可形成一个100Mb/s的以太网系统；同样100Base-FX继承了10Base-F的布线环境，使其可直接升级成100Mb/s的光纤以太网系统；对于较旧的一些只采用3类非屏蔽双绞线的布线环境，可采用100Base-T4和100Base-T2实现升级。

【注意】 100Base-TX与100Base-FX是使用更为普遍的快速以太网组网技术。

3. 千兆位以太网组网技术

随着多媒体通信技术的应用，人们对网络带宽提出了更高的要求，千兆位以太网就是在这种背景下产生的。千兆位以太网使用与传统以太网相同的帧格式，因此可以对原有以太网进行平滑升级。千兆位以太网也可支持多种传输介质，常用的标准主要有以下几种。

(1) 1000Base-CX。1000Base-CX 采用的传输介质是一种短距离屏蔽铜缆,最远传输距离为 25m。这种屏蔽铜缆不是标准的 STP,而是一种特殊规格的、带屏蔽的双绞线,它的特性阻抗为 150Ω,传输速率最高达 1.25Gb/s,传输效率为 80%。1000Base-CX 的短距离屏蔽铜缆适用于交换机之间的短距离连接,以及千兆主干交换机与主服务器的短距离连接,通常这种连接在机房的配线架柜上以跨线方式即可实现,不必使用长距离的铜缆或光缆。

(2) 1000Base-LX。1000Base-LX 是一种在收发器上使用长波激光(LWL)作为信号源的媒体技术,这种收发器上配置了激光波长为 1270～1355nm(一般为 1300nm)的光纤激光传输器,它可以驱动多模光纤,也可驱动单模光纤。1000Base-LX 使用的光纤规格有 62.5μm 和 50μm 的多模光纤,以及 9μm 的单模光纤,与快速以太网中 100Base-FX 使用的型号相同。对于多模光缆,在全双工模式下 1000Base-LX 的最远传输距离为 550m;对于单模光缆,在全双工模式下 1000Base-LX 的最远传输距离为 5km。

(3) 1000Base-SX。1000Base-SX 是一种在收发器上使用短波激光(SWL)作为信号源的媒体技术,这种收发器上配置了激光波长为 770～860nm(一般为 800nm)的光纤激光传输器,它不支持单模光纤,仅支持多模光纤,包括 62.5μm 和 50μm 两种。对于 62.5μm 的多模光纤,在全双工模式下 1000Base-SX 的最远传输距离为 275m;对于 50μm 多模光缆,在全双工模式下 1000Base-SX 的最远传输距离为 550m。

(4) 1000Base-T4。1000Base-T4 是一种使用 5 类 UTP 的千兆位以太网技术,最远传输距离与 100Base-TX 一样为 100m。与 1000Base-LX、1000Base-SX 和 1000Base-CX 不同,1000Base-T4 不支持 8B/10B 编码/译码方案,需要采用专门的更加先进的编码/译码机制。1000Base-T4 采用 4 对 5 类双绞线完成 1000Mb/s 的数据传送,每一对双绞线传送 250Mb/s 的数据流。

(5) 1000Base-T。1000Base-TX 基于 6 类双绞线电缆,以 2 对线发送数据,2 对线接收数据(类似于 100Base-TX)。由于每对线缆本身不进行双向的传输,线缆之间的串扰就大大降低,同时其编码方式也相对简单。这种技术对网络接口的要求比较低,不需要非常复杂的电路设计,可以降低网络接口的成本。

4. 万兆位以太网组网技术

万兆位以太网保留了与传统以太网相同的帧格式,通过不同的编码方式或波分复用提供了 10Gb/s 的传输速度。万兆位以太网不仅再度扩展了以太网的带宽和传输距离,而且使得以太网开始从局域网领域向城域网领域渗透。同以前的以太网标准相比,万兆位以太网有了很多不同之处,主要表现在以下方面。

- 万兆位以太网可以提供广域网接口,可以直接在 SDH 等传输网上传送,这也意味着以太网技术将可以提供端到端的全程连接。
- 万兆位以太网的 MAC 子层只能以全双工方式工作,不再使用 CSMA/CD 的机制,只支持点对点全双工的数据传送。
- 万兆位以太网采用 64B/66B 的线路编码,不再使用以前的 8B/10B 编码。因为 8B/10B 的编码开销达到 25%,如果仍采用这种编码,编码后传送速率要达到 12.5Gb/s,改为 64B/66B 后,编码后数据速率只需 10.3125Gb/s。
- 万兆位以太网主要采用光纤作为传输介质,传送距离大大增加。

目前已经制定的万兆位以太网主要标准如表 1-3 所示。

表 1-3　万兆位以太网的主要标准

标　准	传输介质	传输距离	应用领域
10GBase-SR	850nm 多模光纤	300m	局域网
10GBase-LR	1310nm 单模光纤	10km	
10GBase-ER	1550nm 单模光纤	40km	
10GBase-ZR	1550nm 单模光纤	80km	
10GBase-LRM	1310nm 多模光纤	260m	
10GBase-LX4	1300nm 多模光纤	300m	
10GBase-LX4	1300nm 单模光纤	10km	局域网
10GBase-CX4	4 根 Twinax 线缆	15m	
10GBase-T	6 类双绞线	55m	
10GBase-T	6A 类双绞线	100m	
10GBase-KX4	铜线(并行接口)	1m	背板以太网
10GBase-KR	铜线(串行接口)	1m	
10GBase-SW	850nm 多模光纤	300m	广域网
10GBase-LW	1310nm 单模光纤	10km	
10GBase-EW	1550nm 单模光纤	40km	
10GBase-ZW	1550nm 单模光纤	80km	

1.1.4　企业计算机网络的 WAN 技术

1. 运营商网络的基本结构

运营商网络的基本结构如图 1-5 所示,用户通过接入网与运营商网络相连。

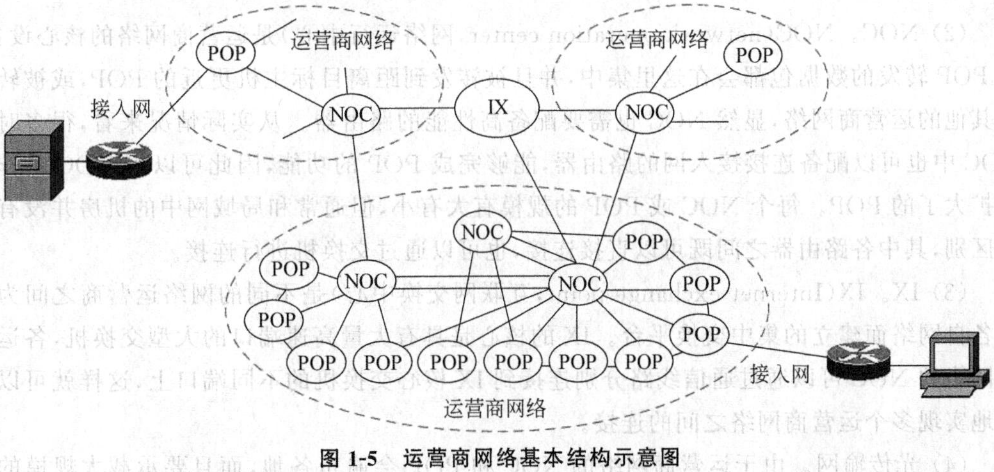

图 1-5　运营商网络基本结构示意图

(1) POP。POP(point of presence,入网点)也叫中心局(central office,CO),是通过接入网与用户直接相连的运营商网络设备。POP 可以是各种具有路由功能的设备,其具体类型与接入网的类型以及运营商的业务类型密切相关。图 1-6 给出了 POP 的基本结构示意图。由图 1-6 可知,如果用户采用专线接入方式,不需要进行用户身份认证、配置下发等功能,则运营商网络只需要使用普通的路由器和用户相连即可;如果用户采用电话、ISDN 等拨号接入方式,则在运营商网络中就需要使用具有对用户拨号进行应答功能的 RAS(remote access service,远程访问服务器);如果用户采用 PPPoE 等虚拟拨号接入方式,则通常接入服务商会使用 BAS(broadband access server,宽带接入服务器)完成用户身份认证、配置下发等操作,运营商网络就只需使用路由器完成数据包的转发。通常需要接入 POP 的线路数量很多,但每条线路对传输速度的要求并不高,因此 POP 中用于连接接入网的路由器通常需要配有大量的接口,但其性能要比用于连接 NOC 或其他 POP 的骨干网路由器低得多。

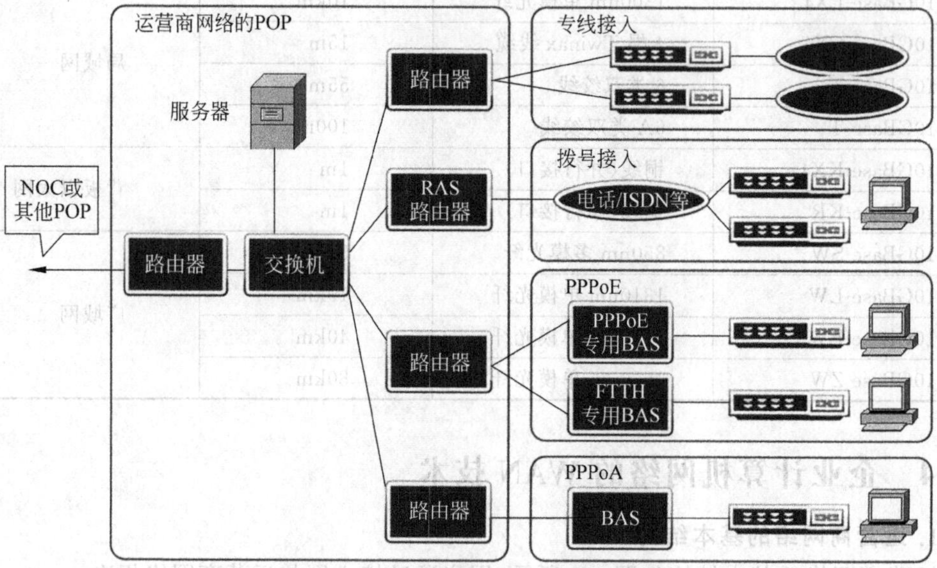

图 1-6 POP 的基本结构示意图

(2) NOC。NOC(network operation center,网络运行中心)是运营商网络的核心设备,从 POP 转发的数据包都会在这里集中,并且被转发到距离目标主机更近的 POP,或被转发到其他的运营商网络,显然 NOC 也需要配备高性能的路由器。从实际情况来看,很多时候 NOC 中也可以配备连接接入网的路由器,能够完成 POP 的功能,因此可以将 NOC 看作规模扩大了的 POP。每个 NOC 或 POP 的规模有大有小,但通常和局域网中的机房并没有太大区别,其中各路由器之间既可以直接连接,也可以通过交换机进行连接。

(3) IX。IX(Internet exchange point,互联网交换中心)是不同的网络运营商之间为连通各自网络而建立的集中交换平台。IX 的核心是具有大量高速端口的大型交换机,各运营商网络的 NOC 可以通过通信线路分别连接到 IX 核心交换机的不同端口上,这样就可以方便地实现多个运营商网络之间的连接。

(4) 光传输网。由于运营商网络的 NOC 和 POP 会遍布各地,而且要承载大规模的数据传输,因此通常会采用光纤作为传输介质。运营商一般会从管理角度将其网络分为业务网和传输网,其中业务网是指直接为用户提供业务的网络部分,而传输网主要用于为各种业务提供传输通道。按照地理位置,传输网可以分为连接各地市的干线传输网和连接本市的本地传输网,本地传输网又可以分为接入层、汇聚层和骨干层。传输网主要涉及的技术包括以下方面。

- SDH(synchronous digital hierarchy，同步数字系列)：SDH 由 ITU-T 制定，其基本速率为 155.52Mb/s(STM-1)，通过时分复用技术可以形成更高的速率。SDH 具有强大的自愈和重组功能，能够实现不同层次和各种拓扑结构的网络，这些优点使其一度成为传输网的主流技术。
- MSTP(multi-service transmission platform，多业务传输平台)：MSTP 在 SDH 基础上提供了以太网、ATM(异步传输模式，asynchronous transfer mode)等各类网络接口，增强了对基于 TCP/IP 数据业务的处理能力。
- OTN(optical transport network，光传送网)：为了突破 SDH 的带宽限制，WDM(wavelength division multiplexing，波分复用)将多种不同波长的光信号耦合到同一根光纤中，可以实现大容量远距离的数据传输，然而其组网及业务的保护功能较弱。OTN 将 SDH 的可运营、可管理等优势应用到了 WDM 系统中，更适合 IP 数据包的传输。
- MPLS(multi-protocol label switching，多协议标签交换协议)：在传统的 IP 网络中，每过一个路由器都要进行路由查询，这种转发机制速度慢，不适合大型网络。MPLS 将 IP 地址映射为简单的具有固定长度的标签，通过标签可为数据包建立一条标签转发通道，在通道经过的每一台设备处，只需要进行快速的标签交换即可，从而将 IP 网络变成了更加高效的类似电路交换的网络。
- PTN(packet transport network，分组传送网)：SDH、MSTP 等都面向电路交换，其带宽固定，无法更好地承载数据业务。PTN 面向分组交换，是完全为传输变长 IP 数据包而产生的传输技术。PTN 主要基于 T-MPLS(transport MPLS)。T-MPLS 对 MPLS 进行了简化，采用与 SDH 类似的运营方式，可以支持各种分组业务和电路业务。

【注意】 由于光纤需要在地下或架空敷设，工程费用和维护成本较高，因此一些小的运营商会采用向其他企业租用光纤的方式。另外，目前运营商也会将光传输网的相关技术直接用于用户业务，如向大的企业用户提供专线接入等。

2. WAN 的连接类型

(1) 租用线路连接。租用线路连接主要是指点对点连接或专线连接，是从本地客户端设备到远端目标网络的一条预先建立的广域网通信路径，可以在数据收发双方之间建立起永久性的固定连接。在不考虑成本的情况下，租用线路连接是最佳的广域网连接方案，常用于为较大的企业网络提供核心或者骨干远程连接。

(2) 电路交换连接。电路交换是广域网的一种交换方式，可以通过运营商网络为每一次会话过程建立、维持和终止一条专用的物理电路。电路交换在电信运营商的网络中被广泛使用，典型的电路交换实例就是普通的电话拨叫过程，公共电话交换网和综合业务数字网(ISDN)是典型的电路交换广域网。

(3) 分组交换连接。分组交换连接是在两个站点之间使用逻辑电路建立连接，这些逻辑电路被称为虚电路。由于分组交换连接允许在同一个物理电路上建立多个逻辑电路，因此网络设备可以共享一条物理链路。与电路交换相比，分组交换(也称包交换)是针对计算机网络设计的交换技术，可以最大限度地利用带宽。X.25、帧中继、ATM 等都是典型的分组交换广域网。

(4) Internet连接。对于远程工作人员和远程办公室,Internet连接是既经济又安全的方案。Internet广域网连接链路通过宽带服务(如城域以太网和无线宽带等)提供网络连接,同时利用VPN技术确保数据传输的安全。

1.1.5 企业计算机网络的分层设计

1. 分层网络模型

与其他网络设计相比较,分层设计网络更容易管理和扩展,排除故障也更迅速。分层网络设计需要将网络分成互相分离的层,每层提供特定的功能,这些功能界定了该层在整个网络中扮演的角色。通过对网络的各种功能进行分离,可以实现模块化的网络设计,这样有利于提高网络的可扩展性和性能。典型的分层网络模型将网络分为接入层、汇聚层和核心层3个层次,如图1-7所示。

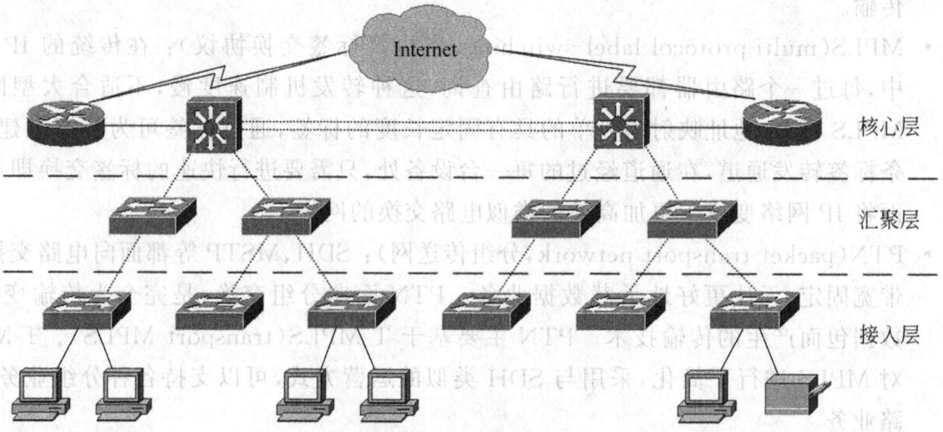

图1-7 分层网络模型

- 接入层:主要包含交换机、无线访问接入点、宽带路由器、网桥和集线器等设备,负责连接终端设备(例如PC、智能手机等)。接入层主要为终端设备提供一种连接到网络并控制其与网络上其他设备进行通信的方法。
- 汇聚层:负责汇聚接入层设备发送的数据,再将其传输到核心层,以发送到最终目的地。汇聚层可以使用相关策略控制网络的数据流。为确保可靠性,汇聚层设备通常会采用高性能、高可用性和具有高级冗余功能的交换机。
- 核心层:负责汇聚所有汇聚层设备发送的流量也会包含一条或多条连接到企业边缘设备的链路,以接入广域网和Internet。核心层是整个网络的高速主干,必须能够快速转发大量的数据,并具备高可用性和高冗余性。

【注意】 在小型局域网的设计中,通常也会采用紧缩核心模型。紧缩核心模型可根据实际网络规模将核心层和汇聚层合二为一,或只保留一层。

2. 分层网络设计的优点

采用分层网络设计主要有以下优点。

- 可扩展性:模块化的设计使分层网络很容易计划和实施网络扩展。例如,如果设计模型为每10台接入层交换机配备2台汇聚层交换机,则只有当网络中添加的接入层交换机达到 10 台时，才需要向网络中添加新的汇聚层交换机。

- 冗余性：随着网络规模的不断扩大，网络的可用性变得越来越重要。利用分层网络可以方便地实现冗余，从而大幅提高可用性。例如，每台接入层交换机可连接到两台不同的汇聚层交换机上，每台汇聚层交换机也可以同时连接到两台或多台核心层交换机上，借以确保路径的冗余性。在分层网络设计中，唯一存在冗余问题的是接入层，如果接入层交换机出现故障，则连接到该交换机上的所有设备都会受到影响。
- 高性能：分层设计方法可以有效地将整个网络的通信问题进行分解，实现网络带宽的合理规划和分配。通过在各层之间采用链路聚合技术并采用高性能的核心层和汇聚层交换机，可以使整个网络接近线速运行。
- 安全性：分层网络设计可以提高网络的安全性。例如，接入层交换机有各种接口安全选项可供配置，通过这些选项可以控制允许哪些设备连接到网络。在汇聚层可以灵活地选用更高级的安全策略，以便定义在网络上可以部署的通信协议以及允许传送的流量。
- 易于管理性：分层设计的每一层都执行特定的功能，并且整层执行的功能都相同。例如，如果更改了接入层某交换机的功能，则可在该网络中的所有接入层交换机上重复此更改，从而可以实现快速配置并使故障排除得以简化。
- 高性价比：在分层网络设计中，每层交换机的功能并不相同。因此，可以在接入层选择较便宜的组网技术和设备，而在汇聚层和核心层上使用较昂贵的组网技术和设备来实现高性能的网络，这样就可以在保证网络整体性能的基础上，将网络成本控制在一定的范围内。

任务实施

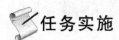

请扫描数字活页 1.1 的二维码，在任务实施过程中思考并回答数字活页中提出的问题。另外，可以扫描微课视频 1.1（利用 Visio 绘制网络拓扑结构图）的二维码，观看相关工作任务的讲解和操作演示视频。

数字活页 1.1　　**微课视频 1.1（利用 Visio 绘制网络拓扑结构图）**

实训 1　分析企业计算机网络典型案例

请认真阅读图 1-1～图 1-3 给出的典型企业计算机网络示例，回答数字活页中提出的相关问题。

实训 2　绘制网络拓扑结构图

Visio 系列软件是 Microsoft 公司开发的高级绘图软件，属于 Office 系列，可以绘制流程图、网络拓扑图、机械工程图、电气工程图、地图和平面布置图等。使用 Microsoft Visio 应用软件绘制网络拓扑结构的基本步骤如下。

(1) 运行 Microsoft Visio 应用软件，打开 Microsoft Visio 主界面，如图 1-8 所示。

图 1-8 Microsoft Visio 主界面

(2) 在 Microsoft Visio 主界面中选择"详细网络图"，在弹出的"详细网络图"窗口中单击"创建"按钮，此时可打开"详细网络图"绘制界面，如图 1-9 所示。

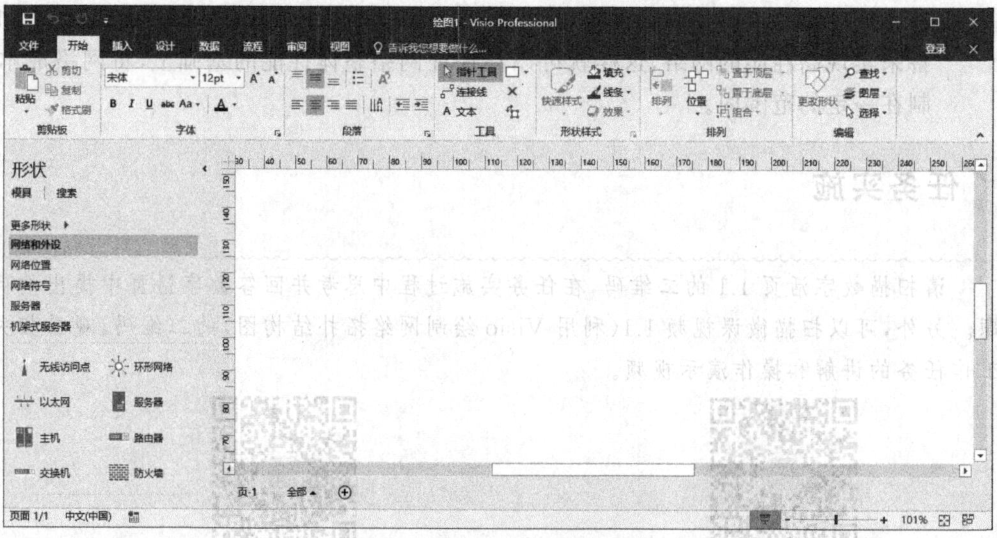

图 1-9 "详细网络图"绘制界面

(3) 在"详细网络图"绘制界面左侧的形状列表中选择相应的形状，按住鼠标左键并把相应形状拖到右侧窗格中的相应位置，然后松开鼠标左键，即可得到相应的图元。图 1-10 所示为在"网络和外设"形状列表中分别选择"交换机"和"服务器"，并将其拖至右侧窗格中的相应位置。

(4) 可以在按住鼠标左键的同时拖动四周的方格来调整图元大小，可以在按住鼠标左键的同时旋转图元顶部的小圆圈来改变图元的摆放方向。如要为某图元标注文字，可单击工具栏中的"文本"按钮，在图元下方会出现一个小的文本框，此时可以输入型号或其他标注，如图 1-11 所示。

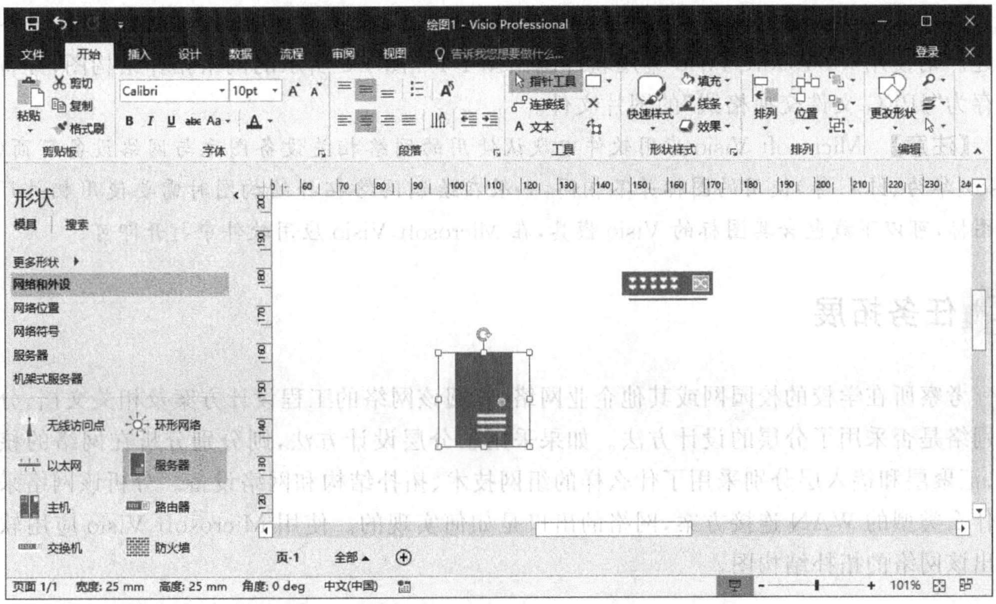

图 1-10　图元拖放到绘制平台后的图示

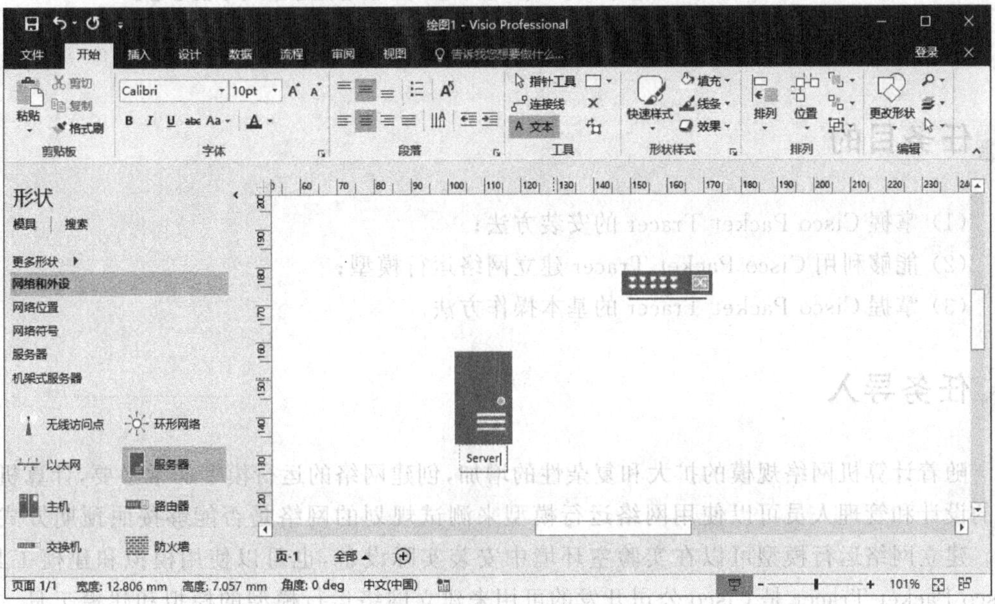

图 1-11　给图元输入标注

(5) 可以使用工具栏中的"线条"或"连接线"完成图元间的连接。在选择"线条"工具后,移动光标至要连接的两个图元之一的上面,当图元上出现连接点时,单击将线条黏附到该连接点,然后按住鼠标左键把线条拖到另一图元的连接点后即可松开鼠标,完成图元间的连接。

(6) 把其他网络设备图元一一添加并进行连接,即可完成网络拓扑结构图的绘制。当然这些图元可能会在左侧窗格中的不同类别形状选项中。如果在已显示的类别中没有,则可通过单击左侧窗格中的"更多形状"按钮,从中可以添加其他类别的形状。

(7) Microsoft Visio 应用软件的操作方法与 Word 等其他 Office 组件类似,这里不再赘述。请使用 Microsoft Visio 应用软件画出图 1-1～图 1-3 所示的网络拓扑结构图,并将其保存为“JPEG 文件交换格式”的图片文件。

【注意】 Microsoft Visio 应用软件中默认使用的网络相关设备图元与网络设备厂商(如 Cisco、华为、H3C 等)使用的图标并不相同,如果在绘制网络拓扑结构图时需要使用相关厂商的图标,可以下载包含其图标的 Visio 模具,在 Microsoft Visio 应用软件中打开即可。

任务拓展

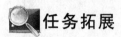

考察所在学校的校园网或其他企业网络,查阅该网络的工程设计方案及相关文档,分析该网络是否采用了分层的设计方法。如果采用了分层设计方法,则分别分析在网络的核心层、汇聚层和接入层分别采用了什么样的组网技术、拓扑结构和网络设备。分析该网络采用了什么类型的 WAN 连接方案,网络的出口是如何实现的。使用 Microsoft Visio 应用软件画出该网络的拓扑结构图。

任务 1.2 使用 Cisco Packet Tracer 建立网络运行模型

任务目的

(1) 掌握 Cisco Packet Tracer 的安装方法;

(2) 能够利用 Cisco Packet Tracer 建立网络运行模型;

(3) 掌握 Cisco Packet Tracer 的基本操作方法。

任务导入

随着计算机网络规模的扩大和复杂性的增加,创建网络的运行模型非常必要,计算机网络的设计和管理人员可以使用网络运行模型来测试规划的网络是否能够按照预期方式运行。建立网络运行模型可以在实验室环境中安装实际设备,也可以使用模拟和建模工具。Cisco Packet Tracer 是 Cisco 公司开发的可用来建立网络运行模型的模拟和建模工具。若某客户想建立一个简单的计算机网络,该网络中有 1 台交换机,连接了 2 台 PC,请利用 Cisco Packet Tracer 建立该网络的运行模型,测试其是否可行。

工作环境与条件

(1) 安装好 Windows 操作系统的 PC;

(2) 网络模拟和建模工具 Cisco Packet Tracer。

相关知识

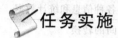

Packet Tracer 是由 Cisco 公司发布的辅助学习工具，为学习 Cisco 网络课程的用户设计、配置网络和排除网络故障提供了网络模拟环境。用户可以在该软件提供的图形界面上直接使用拖曳方法建立网络拓扑，并通过图形接口配置该拓扑中的各个设备。Packet Tracer 可以提供数据包在网络中传输的详细处理过程，从而使用户能够观察网络的实时运行情况。相对于其他的网络模拟和建模工具，Cisco Packet Tracer 操作简单，更人性化，对计算机网络的初学者有很大的帮助。

任务实施

请扫描数字活页 1.2 的二维码，在任务实施过程中思考并回答数字活页中提出的问题。另外，可以扫描微课视频 1.2（使用 Cisco Packet Tracer 建立网络运行模型）的二维码，观看相关工作任务的讲解和操作演示视频。

数字活页 1.2　　**微课视频 1.2（使用 Cisco Packet Tracer 建立网络运行模型）**

实训 1　安装并运行 Cisco Packet Tracer

在 Windows 操作系统安装 Cisco Packet Tracer 的方法与安装其他软件基本相同，具体安装过程不再赘述。运行 Cisco Packet Tracer 后可以看到如图 1-12 所示的主界面，表 1-4 对 Cisco Packet Tracer 主界面的各部分进行了说明。

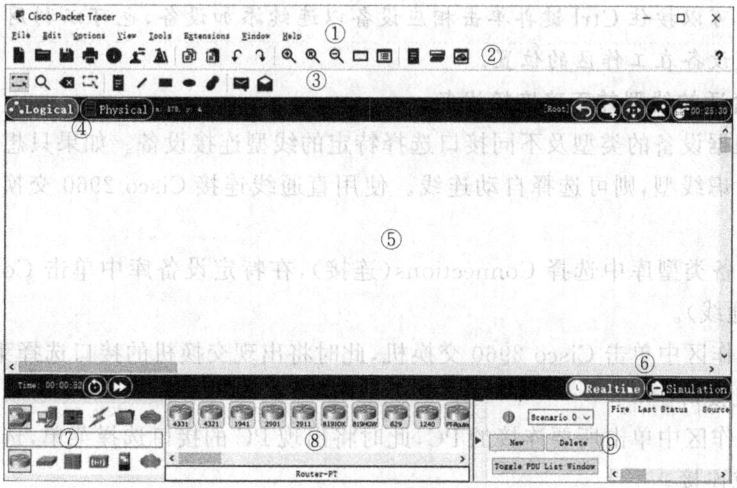

图 1-12　Cisco Packet Tracer 主界面

表 1-4 对 Cisco Packet Tracer 主界面的说明

序号	名 称	功 能
①	菜单栏	此栏中有文件、编辑和帮助等菜单项，在此可以找到一些基本的命令(如打开、保存、打印等)的设置
②	主工具栏	此栏提供了菜单栏中部分命令的快捷方式，还可以单击右边的网络信息按钮，为当前网络添加说明信息
③	常用工具栏	此栏提供了常用的工作区工具包括：选择、整体移动、备注、删除、查看，以及添加简单数据包和添加复杂数据包等
④	逻辑/物理工作区转换栏	可以通过此栏中的按钮完成逻辑工作区和物理工作区之间的转换
⑤	工作区	此区域中可以创建网络拓扑，监视模拟过程并查看各种信息和统计数据
⑥	实时/模拟转换栏	可通过此栏中的按钮完成实时模式和模拟模式之间的转换
⑦	设备类型库	可在此选择不同的设备类型，如网络设备、终端设备等
⑧	特定设备库	可在此选择同一设备类型中不同型号的设备
⑨	用户数据包窗口	用于管理用户添加的数据包

【注意】 不同版本 Cisco Packet Tracer 的操作界面和其所支持的网络设备不尽相同，较高版本的 Cisco Packet Tracer 运行时会出现登录界面，用户需要选择使用注册过的 Cisco 账户登录。

实训 2 建立网络拓扑

下面介绍在 Cisco Packet Tracer 工作区建立网络拓扑的具体操作方法。

1. 添加设备

如果要在工作区添加一台 Cisco 2960 交换机，则应首先在设备类型库中选择 Network Devices(网络设备)中的 Switches，然后在特定设备库中单击 Cisco 2960 交换机，再在工作区中单击，即可把 Cisco 2960 交换机添加到工作区。在设备类型库中选择 End Devices(终端设备)，可以用同样的方式在工作区中添加 2 台 PC。

【注意】 可以按住 Ctrl 键再单击相应设备以连续添加设备，也可以利用鼠标拖曳来添加设备或改变设备在工作区的位置。

2. 选取合适的线型并正确连接设备

通常应根据设备的类型及不同接口选择特定的线型连接设备。如果只想快速地建立网络拓扑而不考虑线型，则可选择自动连线。使用直通线连接 Cisco 2960 交换机与 PC 的操作方法如下。

(1) 在设备类型库中选择 Connections(连接)，在特定设备库中单击 Copper Straight-Through(直通线)。

(2) 在工作区中单击 Cisco 2960 交换机，此时将出现交换机的接口选择菜单，单击所要连接的交换机接口。

(3) 在工作区中单击所要连接的 PC，此时将出现 PC 的接口选择菜单，选择所要连接的 PC 接口，完成连接。

(4) 用相同的方法可以完成其他设备间的连接，如图 1-13 所示。

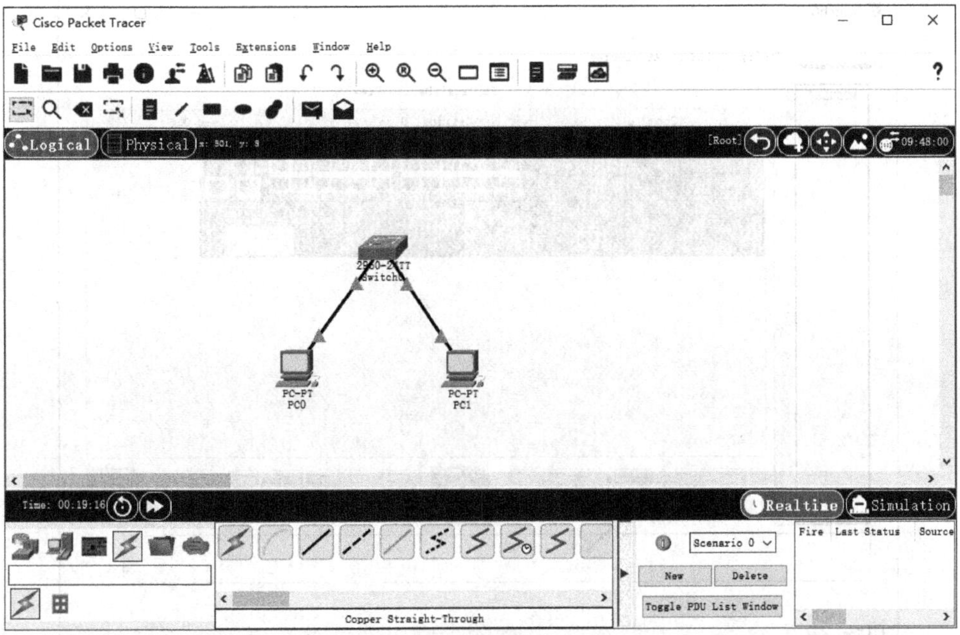

图 1-13　建立网络拓扑

在完成连接后，可以看到各链路两端有不同颜色的点，其表示的含义如表 1-5 所示。

表 1-5　链路两端不同颜色点的含义

点 的 颜 色	含　　义
亮绿色	物理连接准备就绪，还没有 Line Protocol Status 的指示
闪烁的绿色	连接激活
红色	物理连接不通，没有信号
橘黄色	交换机端口处于"阻塞"状态

实训 3　配置网络中的设备

1. 配置网络设备

在 Cisco Packet Tracer 中，配置路由器与交换机等网络设备的操作方法基本相同。如果要对图 1-13 所示网络拓扑中的 Cisco 2960 交换机进行配置，可在工作区单击该设备图标，打开交换机配置窗口。

(1) 使用 Physical 选项卡。Physical 选项卡提供了设备的物理界面，如图 1-14 所示。如果网络设备采用了模块化结构(如 Cisco 2811 路由器)，则可在该选项卡为其添加功能模块。操作方法为：先将设备电源关闭(在 Physical 选项卡所示的设备物理视图中单击电源开关即可)，然后在左侧的模块栏中选择要添加的模块类型，此时在右下方会出现该模块的示意图，用鼠标将模块拖动到设备物理视图中显示的可用插槽即可。

(2) 使用 Config 选项卡。Config 选项卡主要提供了对设备进行简单配置的图形化界面，如图 1-15 所示，在该选项卡中可以对全局信息、路由、交换和接口等进行配置。当进行某项配置时，在选项卡下方会显示相应的 IOS 命令。

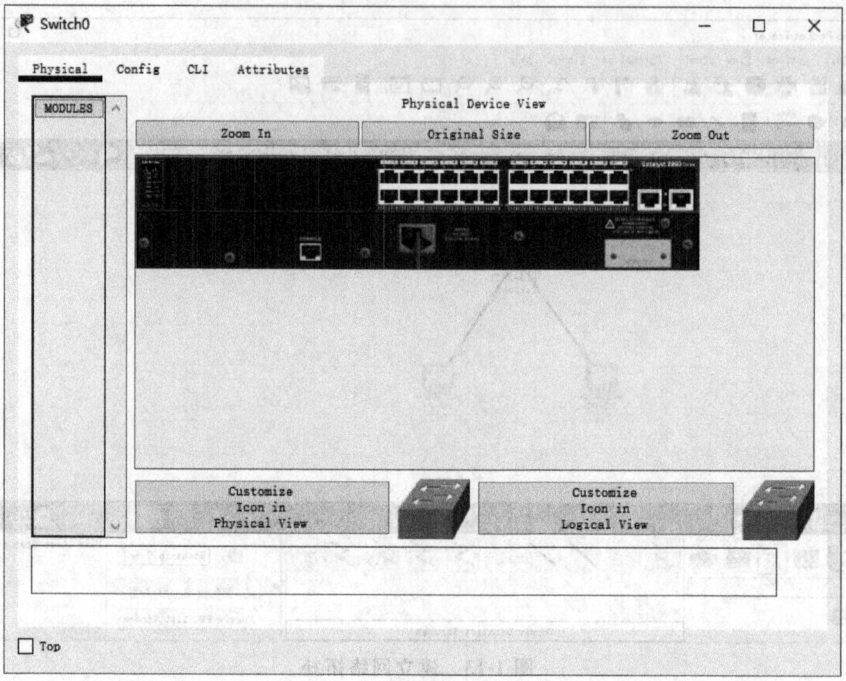

图 1-14 Physical 选项卡

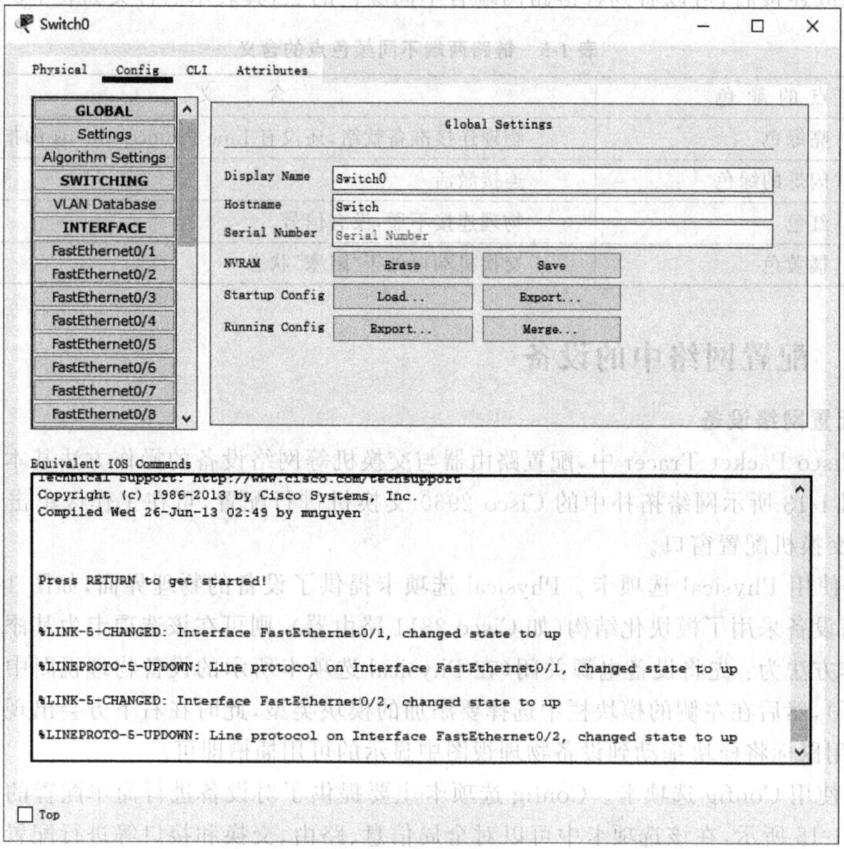

图 1-15 Config 选项卡

【注意】这是 Cisco Packet Tracer 提供的用于对设备进行简单配置的快速方式，在实际设备中并没有该配置方式。

（3）使用 CLI 选项卡。使用 CLI 选项卡可在命令行模式下对网络设备进行配置，这与网络设备的实际配置环境基本相似，如图 1-16 所示。

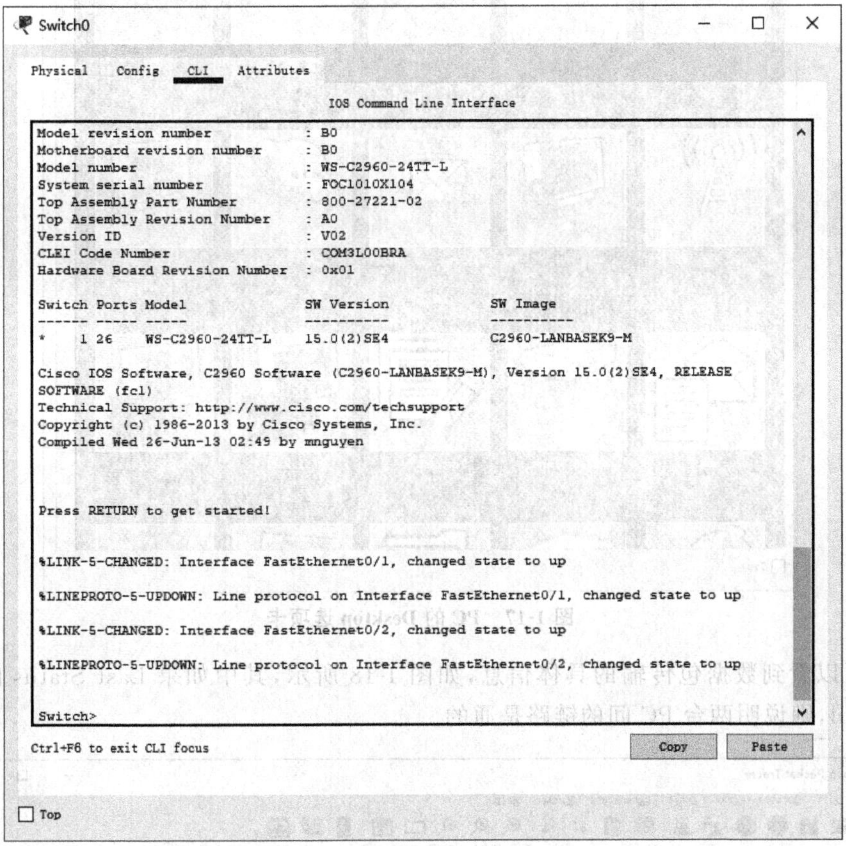

图 1-16　CLI 选项卡

2. 配置 PC

要对图 1-13 所示网络拓扑中的 PC 进行配置，可在工作区单击相应图标，打开配置窗口。该窗口中的 Physical 和 Config 选项卡的作用与网络设备相同，这里不再赘述。PC 的 Desktop 选项卡如图 1-17 所示，其中的 IP Configuration 选项可以进行 IP 地址信息的设置，Terminal 选项可以模拟终端对网络设备进行配置，Command Prompt 选项相当于 Windows 系统中的命令提示符窗口。请利用 IP Configuration 选项，将两台 PC 的 IP 地址分别设为 192.168.1.1 和 192.168.1.2，子网掩码设为 255.255.255.0。

实训 4　测试连通性并跟踪数据包

如果要在图 1-13 所示的网络拓扑中，测试两台 PC 间的连通性，并跟踪和查看数据包的传输情况，那么可以在 Realtime 模式中，在常用工具栏中单击 Add Simple PDU 按钮，然后在工作区中分别单击两台 PC，此时将在两台 PC 间传输一个数据包，在用户数据包窗口中会显示该数据包的传输情况。单击 Toggle PDU List Window 按钮，在 PDU List Window

图 1-17　PC 的 Desktop 选项卡

窗口中可以看到数据包传输的具体信息，如图 1-18 所示，其中如果 Last Status 的状态是 Successful，则说明两台 PC 间的链路是通的。

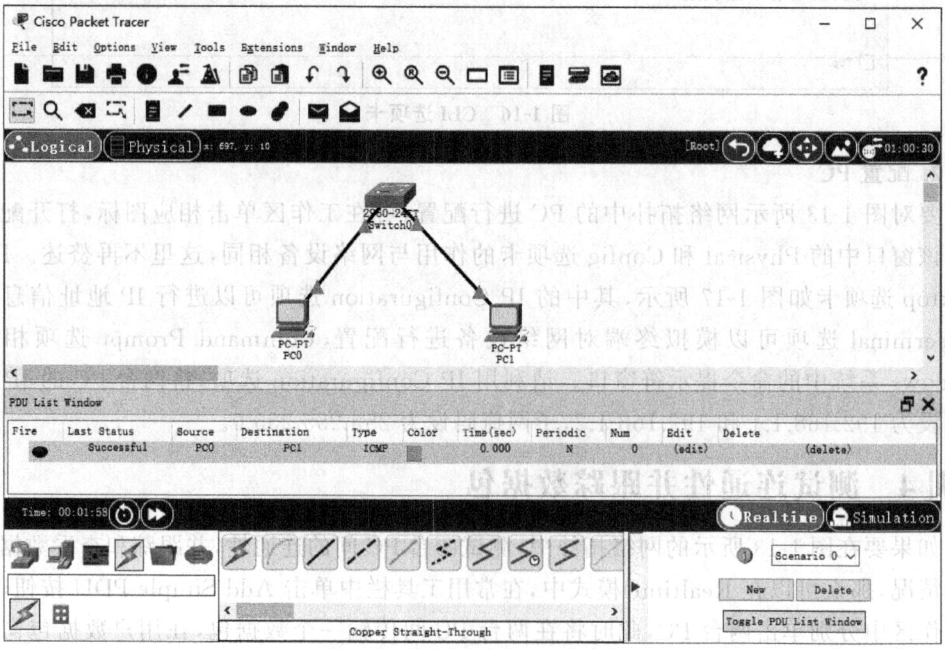

图 1-18　PDU List Window 窗口

如果要跟踪该数据包，可在实时/模拟转换栏中选择 Simulation 模式，打开 Simulation Panel 窗格，如果单击 Play 按钮，则将产生一系列的事件，这些事件将说明数据包的传输路径，如图 1-19 所示。

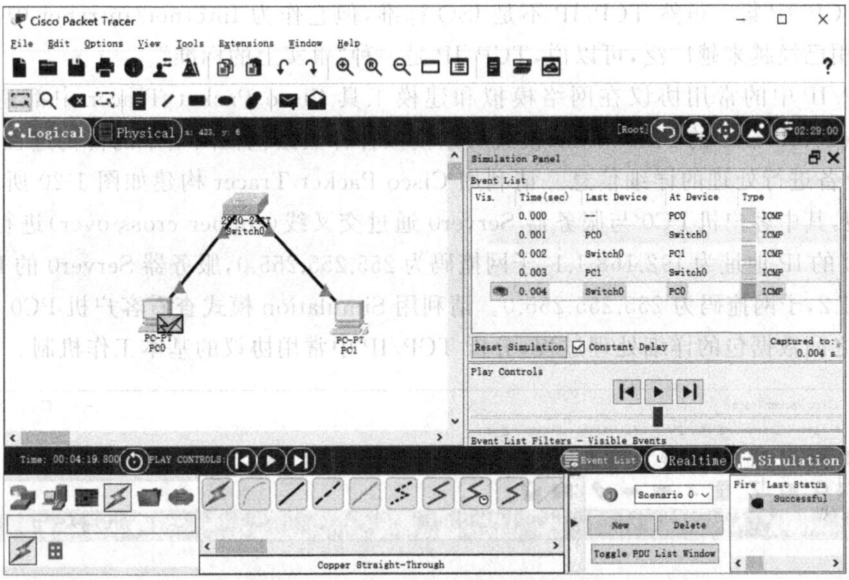

图 1-19　Simulation Panel 对话框

任务拓展

除 Cisco Packet Tracer 外，常用的网络模拟和建模工具还有华为的 eNSP 模拟器、H3C Cloud Lab、Boson NetSim、GNS3 等。请通过 Internet，了解其他常用网络模拟和建模工具的功能特点和安装使用方法。

任务 1.3　理解 OSI 参考模型和 TCP/IP

任务目的

(1) 理解 OSI 参考模型；
(2) 理解 TCP/IP 模型；
(3) 理解 TCP/IP 中常用协议的基本工作机制。

任务导入

计算机网络是由多个互连的节点组成，要做到各节点之间有条不紊地交换数据，每个节点都必须遵守一些事先约定好的规则，这些规则明确地规定了所交换数据的格式和时序。这些为网络数据交换而制定的规则、约定与标准被称为网络协议。TCP/IP 是 20 世纪

70年代中期,美国国防部为其ARPANET广域网开发的网络体系结构和协议标准,其名字是由这些协议中的主要两个协议组成,即传输控制协议(transmission control protocol,TCP)和网际协议(Internet protocol,IP)。实际上,TCP/IP是多个独立定义的协议的集合,简称为TCP/IP集。虽然TCP/IP不是ISO标准,但它作为Internet/Intranet中的标准协议,其使用已经越来越广泛,可以说,TCP/IP是一种“事实上的标准”。

TCP/IP中的常用协议在网络模拟和建模工具Cisco Packet Tracer中都建有模型,Cisco Packet Tracer的Simulation模式可以模拟各种数据包在网络中的传输过程及其如何被相关设备进行处理的详细信息。请利用Cisco Packet Tracer构建如图1-20所示的网络运行模型,其中客户机PC0与服务器Server0通过交叉线(copper cross-over)进行连接,客户机PC0的IP地址为192.168.1.1,子网掩码为255.255.255.0,服务器Server0的IP地址为192.168.1.2,子网掩码为255.255.255.0。请利用Simulation模式查看客户机PC0与服务器Server0之间数据包的详细处理过程,分析TCP/IP中常用协议的基本工作机制。

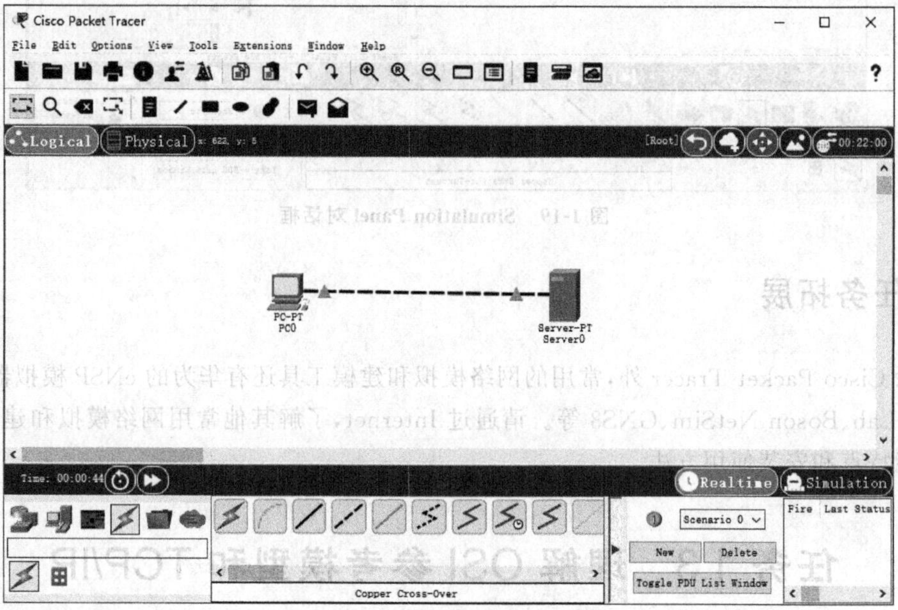

图 1-20 构建网络运行模型

工作环境与条件

(1) 安装好Windows操作系统的PC;

(2) 网络模拟和建模工具Cisco Packet Tracer。

相关知识

1.3.1 OSI参考模型

由于历史原因,不同的组织机构和厂商对计算机网络产品制定了不同的协议和标准。

为了提高计算机网络的标准化水平，CCITT(国际电报电话咨询委员会)和ISO(国际标准化组织)组织制订了OSI(open system interconnection，开放系统互联)参考模型，它可以为不同的网络体系提供参照，使其能够相互通信。

计算机网络是一个非常复杂的系统，需要解决的问题很多并且性质各不相同，所以人们在设计网络时，提出了"分层次"的思想。"分层次"是人们处理复杂问题的基本方法，对于一些难以处理的复杂问题，通常可以分解为若干个较容易处理的小一些的问题。在计算机网络设计中，可以将其总体要实现的功能分配到不同的模块中，每个模块就叫作一个层次。各层有各层的协议，协议规定了每层要完成的具体功能及其实现过程。这种划分可以将计算机网络中的不同系统分成相同的层次，不同系统的同等层具有相同的功能和实现过程，高层使用低层提供的服务时无须考虑其具体实现方法，从而大大降低了网络的设计难度。

OSI参考模型共分七层，从低到高的顺序为物理层、数据链路层、网络层、传输层、会话层、表示层和应用层。图1-21所示为OSI参考模型层次示意图。

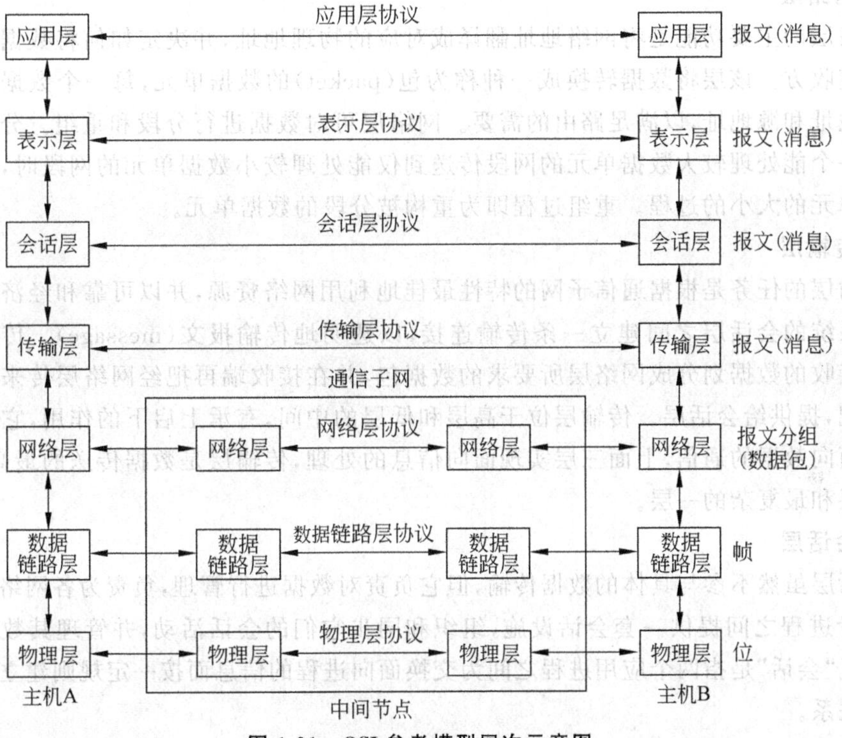

图1-21 OSI参考模型层次示意图

OSI参考模型各层的基本功能如图1-22所示。

1. 物理层

物理层主要提供相邻设备间的二进制传输，即利用物理传输介质为上一层(数据链路层)提供一个物理连接，通过物理连接透明地传输比特流。所谓透明传输是指经实际物理链路后传送的比特流没有变化，任意组合的比特流都可以在该物理链路上传输，物理层并不知道比特流的含义。物理层要考虑的是如何发送"0"和"1"，以及接收端如何识别。

2. 数据链路层

数据链路层主要负责在两个相邻节点间的线路上无差错地传送以帧(frame)为单位的

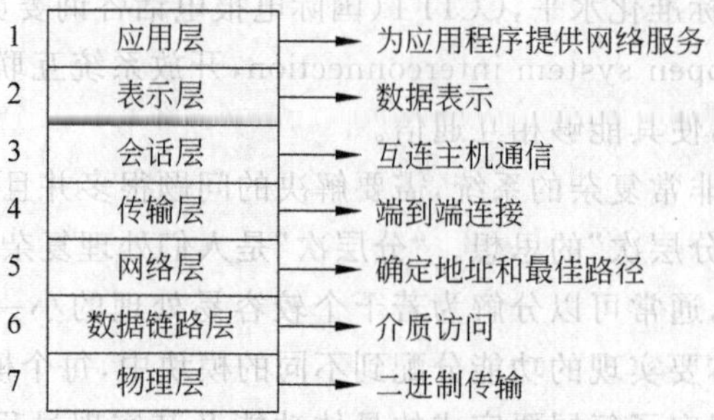

图 1-22 OSI 参考模型各层的基本功能

数据，每一帧包括一定的数据和必要的控制信息，接收节点接收到的数据出错时要通知发送方重发，直到这一帧无误地到达接收节点。数据链路层就是把一条有可能出错的实际链路变成让网络层看来好像不出错的链路。

3. 网络层

网络层的主要功能是将网络地址翻译成对应的物理地址，并决定如何将数据从发送方路由到接收方。该层将数据转换成一种称为包(packet)的数据单元，每一个数据包中都含有目的地址和源地址，以满足路由的需要。网络层可对数据进行分段和重组。分段是指当数据从一个能处理较大数据单元的网段传送到仅能处理较小数据单元的网段时，网络层减小数据单元的大小的过程。重组过程即为重构被分段的数据单元。

4. 传输层

传输层的任务是根据通信子网的特性最佳地利用网络资源，并以可靠和经济的方式为两个端系统的会话层之间建立一条传输连接，以透明地传输报文(message)。传输层把从会话层接收的数据划分成网络层所要求的数据包，并在接收端再把经网络层传来的数据包重新装配，提供给会话层。传输层位于高层和低层的中间，有承上启下的作用，它的下面三层实现面向数据的通信，上面三层实现面向信息的处理，传输层是数据传送的最高一层，也是最重要和最复杂的一层。

5. 会话层

会话层虽然不参与具体的数据传输，但它负责对数据进行管理，负责为各网络节点应用程序或者进程之间提供一套会话设施，组织和同步它们的会话活动，并管理其数据交换过程。这里"会话"是指两个应用进程之间为交换面向进程的信息而按一定规则建立起来的一个暂时联系。

6. 表示层

表示层主要提供端到端的信息传输。在 OSI 参考模型中，端用户(应用进程)之间传送的信息数据包含语义和语法两个方面。语义是信息数据的内容及其含义，它由应用层负责处理。语法与信息数据表示形式有关，例如信息的格式、编码、数据压缩等。表示层主要用于处理应用实体面向交换的信息的表示方法，包含用户数据的结构和在传输时的比特流或字节流的表示，这样即使每个应用系统有各自的信息表示法，但被交换的信息类型和数值仍能用一种共同的方法来表示。

7. 应用层

应用层是计算机网络与最终用户的界面，提供完成特定网络服务功能所需的各种应用程序协议。应用层主要负责用户信息的语义表示,确定进程之间通信的性质以满足用户的需要,并在两个通信者之间进行语义匹配。

【注意】OSI参考模型定义的标准框架,只是一种抽象的分层结构,其具体实现有赖于各种网络体系的具体标准。

1.3.2 TCP/IP

1. TCP/IP 模型的层次结构

TCP/IP 模型共分为4层,其与OSI参考模型之间的关系如图1-23所示。

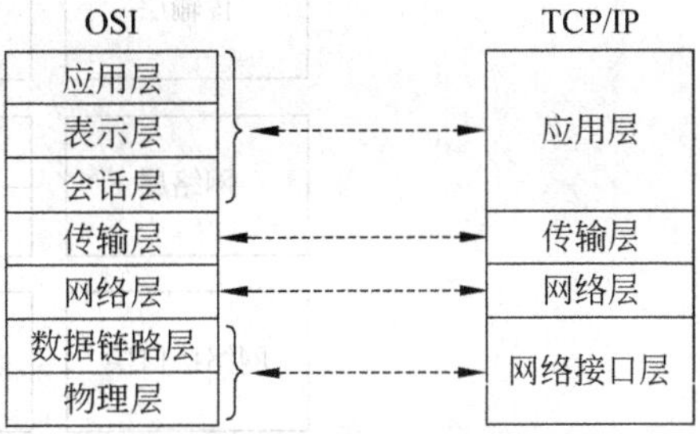

图 1-23 TCP/IP 模型

(1) 应用层。应用层为用户提供网络应用,并为这些应用提供网络支撑服务,把用户的数据发送到低层。由于TCP/IP将所有与应用相关的内容都归为一层,所以在应用层要处理高层协议、数据表达和对话控制等任务。

(2) 传输层。传输层的作用是提供可靠的点到点的数据传输。传输层从应用层接收数据,可在必要时将其分成较小的单元,传递给网络层,并确保源节点传送的数据正确到达目标节点。为保证数据传输的可靠性,传输层会提供确认、差错控制和流量控制等机制。

(3) 网络层。网络层的主要功能是负责通过网络接口层发送IP数据包,或接收来自网络接口层的数据帧并将其转为IP数据包。为保证数据正确地发送,网络层还具有路由选择、拥塞控制等功能。另外,由于数据包达到目的端的顺序可能和发送顺序不同,因此如果需要按顺序发送及接收时,还必须对数据包进行排序。

(4) 网络接口层。在TCP/IP模型中没有真正对网络接口层进行定义,网络接口层相当于OSI参考模型中的物理层和数据链路层,它可以是任何一种能够传输数据的通信系统,这些系统可以是广域网、局域网甚至点对点连接,包括以太网、Wi-Fi、HDLC、PPP等,这使得TCP/IP具有相当的灵活性。

2. TCP/IP 模型的数据处理过程

与OSI参考模型一样,TCP/IP网络中的数据信息在源主机是从高层向低层按照每层的协议进行处理,直至变成物理信号以穿越网络到达目的主机,目的主机在收到信号后再从低层向高层按照相应的协议进行反向处理,最终得到数据信息。图1-24给出了TCP/IP的基本数据处理过程。

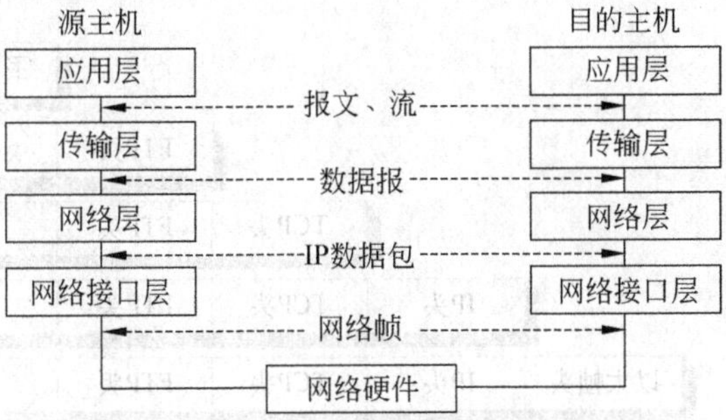

图 1-24 TCP/IP 的基本数据处理过程

TCP/IP 各层的主要协议如图 1-25 所示。由图 1-25 可知,TCP/IP 的应用层有很多协议,网络接口层可以支持多种组网技术,而网络层和传输层的协议数量很少。这恰好表明 TCP/IP 可以适用于各种网络,并且能服务于各种网络应用,这也是 Internet 能够发展到目前这种规模的重要原因。

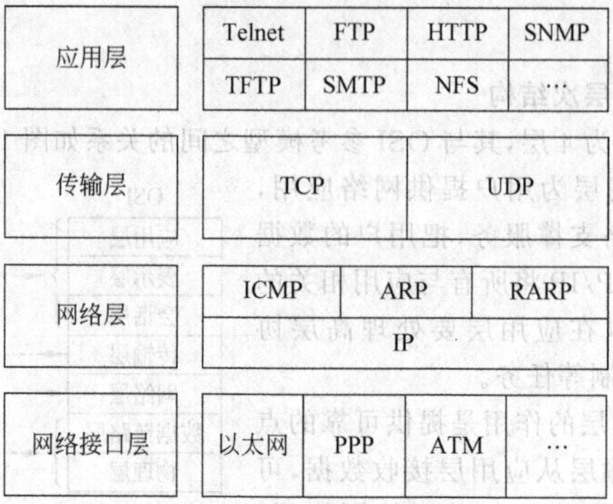

图 1-25　TCP/IP 各层的主要协议

下面以使用 TCP 传送文件(如 FTP 应用程序)为例,说明 TCP/IP 模型的数据处理过程。

- 在源主机上,应用层将一串字节流传给传输层。
- 传输层将字节流分段,加上 TCP 自己的报头信息后交给网络层。
- 网络层将 TCP 报文装入 IP 数据包的数据部分,并加上包含源主机和目的主机的 IP 地址等信息的 IP 数据包头后,再交给网络接口层。
- 网络接口层若为以太网,则将 IP 数据包装入数据帧的数据部分,并加上包含源主机和目的主机的 MAC 地址等信息的数据帧头后,再发往目的主机或路由器。
- 在目的主机,网络接口层检查并去掉数据帧头,得到 IP 数据包并送给网络层。
- 网络层检查并去掉 IP 数据包头,得到 TCP 报文并送给传输层。
- 传输层检查判断是否为正确的 TCP 报文,若无问题,则向源主机发送确认信息,再去掉 TCP 报头并将字节流传送给应用程序。
- 最终,应用程序收到了源主机发来的字节流,与源主机应用程序发送的相同。

实际上在 TCP/IP 模型中,源主机发送数据时每向下一层,就会多加一个报头,如图 1-26

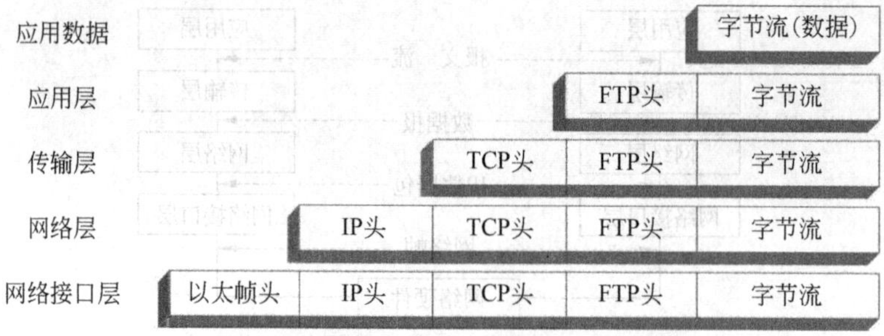

图 1-26　基于 TCP/IP 的逐层封装过程

所示。上述基于 TCP/IP 的文件传输(FTP)应用在源主机发送数据时，是一个从上向下增加报头的逐层封装过程；当到达目的主机时，则是一个从下向上去掉报头的解封装过程。

【注意】 从用户角度，可以认为 TCP/IP 提供了 Web 访问、电子邮件、文件传送、远程登录等应用程序，用户使用其可以很方便地获取相应网络服务；从程序员角度，TCP/IP 提供了无连接报文分组传输服务和面向连接的可靠数据流传输服务，程序员可以用它们开发适合不同应用环境的应用程序；从网络设计和工程的角度看，TCP/IP 主要涉及寻址、路由选择和协议的具体实现等方面。

任务实施

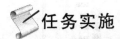

请扫描数字活页 1.3 的二维码，在任务实施过程中思考并回答数字活页中提出的问题。另外，可以分别扫描微课视频 1.3.1(使用 Cisco Packet Tracer 分析 TCP/IP 网络层协议)、微课视频 1.3.2(使用 Cisco Packet Tracer 分析 TCP/IP 传输层和应用层协议)的二维码，观看相关工作任务的讲解和操作演示视频。

数字活页 1.3

微课视频 1.3.1(使用 Cisco Packet Tracer 分析 TCP/IP 网络层协议)

微课视频 1.3.2(使用 Cisco Packet Tracer 分析 TCP/IP 传输层和应用层协议)

实训 1　分析 TCP/IP 网络层协议

1. 捕获 ARP 和 ICMP 数据包

Cisco Packet Tracer 可以模拟其所建网络模型中各数据包的通信过程。在图 1-20 所示的网络运行模型中捕获 ARP 和 ICMP 数据包的基本操作步骤如下。

(1) 在实时/模拟转换栏中选择 Simulation 模式，在打开的 Simulation Panel 窗格中单击 Edit Filters 按钮，在 Packet Tracer 窗口中选择 ARP 和 ICMP 复选框。

(2) 打开 PC0 的 Command Prompt 窗口，在该窗口中输入命令"ping 192.168.1.2 -n 1"，此时在 PC0 的图标上会出现相应的数据包图标。

【注意】 ping 是 ICMP 最常见的应用，主要用来测试网络的可达性。-n count 是指定要 ping 多少次，具体次数由 count 来指定，默认值为 4。

(3) 在 Simulation Panel 窗格中单击 Play 按钮，此时 Cisco Packet Tracer 将捕获在 PC0 上运行"ping 192.168.1.2 -n 1"命令过程中所产生的 ARP 与 ICMP 的数据包。相应的

信息将显示在 Event List 列表中,如图 1-27 所示。

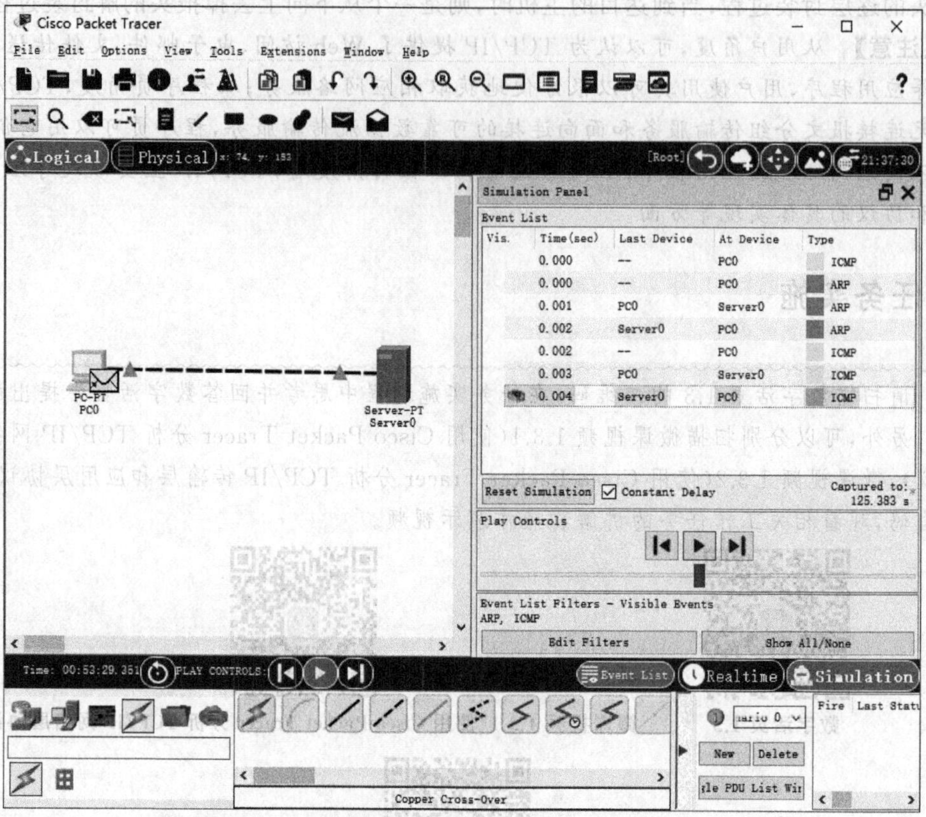

图 1-27　捕获的 ARP 与 ICMP 的数据包

2. 分析 ARP 数据包

在以太网中,源主机在封装数据帧时必须知道目的主机的 MAC 地址。ARP(address resolution protocol,地址解析协议)的基本功能就是通过目标主机的 IP 地址查询其 MAC 地址,以保证以太网数据传输的顺利进行。在图 1-20 所示的网络运行模型中,若 PC0 要向 Server0 发送数据包,其地址解析的基本过程如下。

(1) PC0 查看自己的 ARP 缓存,确定其中是否包含 Server0 的 IP 地址对应的 ARP 表项,如果找到对应表项,则 PC0 直接利用表项中的 MAC 地址将 IP 数据包封装成数据帧,并将其发送给 Server0。

(2) 若 PC0 找不到对应表项,则暂时缓存该数据包,然后以广播方式发送 ARP 请求。请求报文中的发送端 IP 地址和发送端 MAC 地址为 PC0 的 IP 地址和 MAC 地址,目标 IP 地址为 Server0 的 IP 地址,目标 MAC 地址为全 1 的广播地址。

(3) 网段内所有主机都会收到 PC0 的请求,Server0 比较自己的 IP 地址和所接收 ARP 请求报文的 IP 地址,由于两者相同,Server0 将 ARP 请求报文中的发送端(即 PC0)IP 地址与 MAC 地址存入自己的 ARP 缓存,并以单播方式向 PC0 发送 ARP 响应报文,其中包含了自己的 MAC 地址。

(4) PC0 收到 ARP 响应报文后,将 Server0 的 IP 地址与 MAC 地址的映射加入自己的 ARP 缓存,同时将 IP 数据包以该 MAC 地址进行封装并发送给 Server0。

【注意】 ARP缓存中的表项分为动态表项和静态表项。动态表项通过ARP地址解析获得，如果在规定的老化时间内未被使用，则会被自动删除。静态表项可由管理员手工设置，不会老化，且其优先级高于动态表项。在Windows系统中可以使用arp -a命令查看ARP缓存中的表项，可以使用“arp -s IP地址 MAC地址”命令设置静态表项。

在图1-27所示的Event List列表中，双击Last Device为PC0，At Device为Server0，Type为ARP的事件。单击在服务器Server0图标上出现的数据包图标，可以打开在服务器上传输的相应ARP数据包信息。请查看相关数据包信息，并回答数字活页1.3中提出的相关问题。

3. 分析IP数据包

IP是网络层的核心，负责完成数据包的路径选择，并跟踪其到达不同目的端的路径。IP规定了数据传输时的基本单元和格式，但并不需了解所传输的内容，只处理包含源主机和目的主机IP地址等在内的控制信息，这些信息作为IP包头放在IP数据包之前，如图1-28所示。由于IP首部选项不经常使用，因此普通的IP数据包头长度为20字节，其主要字段含义如下。

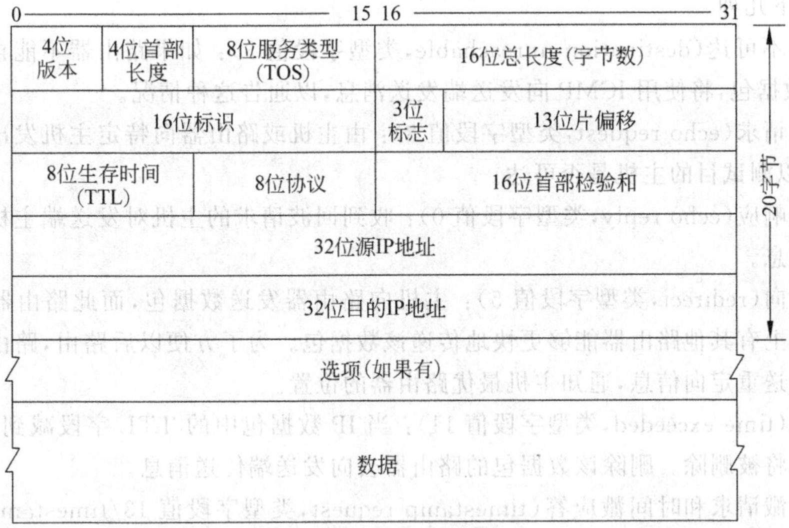

图1-28　IP数据包格式

- 版本：4位，标识IP的版本。通信双方使用的IP版本必须一致。目前广泛使用的IP版本号为4或6。
- 首部长度：4位，标识IP数据包头的长度，IP数据包头长度应为4字节的整倍数，否则需利用填充字段加以填充，最大为60字节。
- 服务类型：8位，用于标识IP数据包期望获得的服务等级，常用于QoS中。
- 总长度：16位，标识IP数据包的总长度，单位为字节。IP数据包长度最大为65535字节。利用首部长度字段和总长度字段就可以知道IP数据包中数据的起始位置和长度。
- 标识：16位，唯一地址标识。主机会在存储器中维持一个计数器，每产生一个IP数据包，计数器就会加1，并将此值赋予标识字段。

- 标志：3 位，通常只有 2 位有意义。标志字段中的最低位记为 MF，MF=1 表示后面还有分片，MF=0 表示这已是若干分片中的最后一个。标志字段的中间位记为 DF，只有当 DF=0 时才允许分片。
- 片偏移：13 位，较长的分组在分片后，某片在原分组中的相对位置。
- 生存时间：8 位，常用的英文缩写为 TTL(time to live)，该字段设置了数据包可以经过的路由器的数目。数据包每经过一个路由器，其 TTL 值会减 1；当 TTL 值为 0 时，该数据包将被丢弃。
- 协议：8 位，用于标识数据包内所传数据所属的上层协议，6 为 TCP，17 为 UDP。
- 首部校验和：16 位，该字段只检验 IP 数据包头，不包括数据部分。
- 源 IP 地址：32 位，数据包源主机的 IP 地址。
- 目的 IP 地址：32 位，数据包目的主机的 IP 地址。

4. 分析 ICMP 数据包

ICMP(Internet control message protocol，Internet 控制报文协议)运行在网络层，用于在主机、路由器等之间传送控制消息。ICMP 利用 IP 数据包来承载，常见的 ICMP 消息类型主要有以下几种。

- 目标不可达(destination unreachable，类型字段值 3)：如果路由器不能再继续转发 IP 数据包，将使用 ICMP 向发送端发送消息，以通告这种情况。
- 回波请求(echo request，类型字段值 8)：由主机或路由器向特定主机发出的询问消息，以测试目的主机是否可达。
- 回波响应(echo reply，类型字段值 0)：收到回波请求的主机对发送端主机发送的响应消息。
- 重定向(redirect，类型字段值 5)：主机向路由器发送数据包，而此路由器知道相同网段上有其他路由器能够更快地传递该数据包。为了方便以后路由，路由器会向主机发送重定向信息，通知主机最优路由器的位置。
- 超时(time exceeded，类型字段值 11)：当 IP 数据包中的 TTL 字段减到 0 时，该数据包将被删除。删除该数据包的路由器会向发送端传送消息。
- 时间戳请求和时间戳应答(timestamp request，类型字段值 13/timestamp reply，类型字段值 15)：发送端主机创建并发送一个含有源时间戳的请求消息，接收端主机收到后创建一个含有源时间戳、接收端主机接收时间戳以及接收端主机传输时间戳的应答消息。当发送端主机收到时间戳应答消息时，可以通过时间戳估计网络传输 IP 数据包的效率。

在图 1-27 所示的 Event List 列表中，双击 Last Device 为 PC0，At Device 为 Server0，Type 为 ICMP 的事件，单击在服务器 Server0 图标上出现的数据包图标，可以打开在服务器上传输的相应 ICMP 数据包信息。请查看相关数据包信息，并回答数字活页 1.3 中提出的相关问题。

实训 2　分析 TCP/IP 传输层和应用层协议

Cisco Packet Tracer 中的服务器可以提供 HTTP、FTP、DNS 等常用网络服务。请在图 1-20 所示的网络运行模型中打开服务器 Server0 的配置窗口，在该窗口 Services 选项卡的左侧窗格中单击DNS选项，在右侧窗格中将DNS Service设置为On，并在Name文本框中输入www.abc.com，在Address对话框中输入192.168.1.2，单击Add按钮，此时服务器Server0将开启DNS功能，并能将域名www.abc.com解析为IP地址192.168.1.2。打开客户机PC0的配置窗口，将PC0的DNS服务器设为192.168.1.2。

1. 捕捉DNS、TCP和HTTP数据包

（1）在实时/模拟转换栏中选择Simulation模式，在打开的Simulation Panel窗格中单击Edit Filters按钮，在Packet Tracer窗口中选择DNS、TCP和HTTP复选框。

（2）打开PC0的Web Browser窗口，在浏览器中输入http://www.abc.com，此时在PC0的图标上会出现相应的数据包图标。

（3）在Simulation Panel窗格中单击Play按钮，此时Cisco Packet Tracer将捕获在PC0上通过域名访问服务器Server0上运行的Web服务器所产生的DNS、TCP和HTTP的数据包。相应的信息将显示在Event List列表中，如图1-29所示。

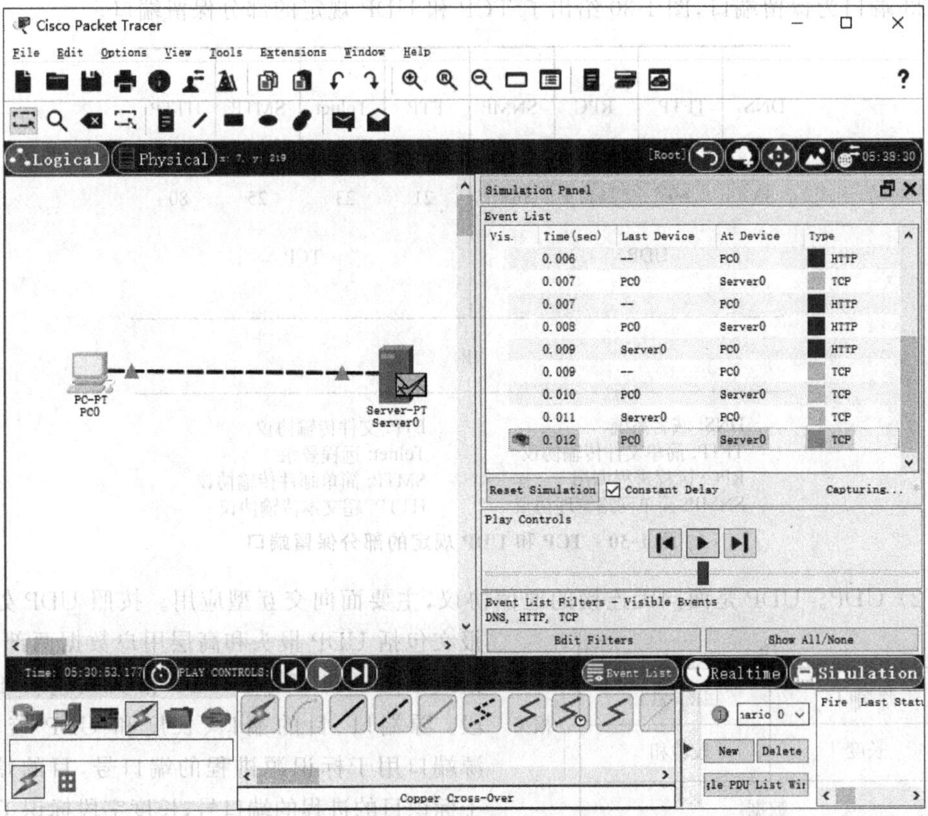

图1-29 捕获的DNS、TCP和HTTP的数据包

2. 分析DNS和UDP

（1）传输层端口。传输层的主要功能是提供进程通信能力。所谓进程可以简单理解为程序的执行过程。要实现进程间的数据通信，网络通信地址不仅要包括识别主机的IP地址和MAC地址，还要包括可描述进程的某种标识。TCP/IP提出了端口（port）的概念，用于标识需要通信的进程。端口是操作系统的一种可分配资源，应用程序（调入内存运行后称为进程）通过系统调用与某端口建立连接（绑定）后，传输层传给该端口的数据都会被相应的进

程所接收,相应进程发给传输层的数据也会都从该端口输出。在TCP/IP的实现中,端口操作类似于一般的I/O操作,进程获取一个端口,相当于获取本地唯一的I/O文件。每个端口都拥有一个叫端口号的整数描述符(端口号为16位二进制数,十进制为0~65535),用来区别不同的端口。由于TCP/IP传输层的TCP和UDP两个协议是完全独立的软件模块,因此其各自的端口号也相互独立。如TCP有一个255号端口,UDP也可以有一个255号端口,两者并不冲突。

端口有两种基本分配方式:一种是全局分配,由公认权威的中央机构根据用户需要进行统一分配,并将结果公布于众;另一种是本地分配,又称动态连接,即进程需要访问传输层服务时,向本地操作系统提出申请,操作系统返回本地唯一的端口号,进程再通过合适的系统调用,将自己和该端口连接起来。TCP/IP端口的分配综合了以上两种方式,少量的作为保留端口,以全局方式分配给服务进程,每一个标准服务都拥有一个全局公认端口,即使在不同的服务器上其端口号也相同;剩余的为自由端口,采用本地分配。TCP和UDP规定0到1023端口为保留端口,图1-30给出了TCP和UDP规定的部分保留端口。

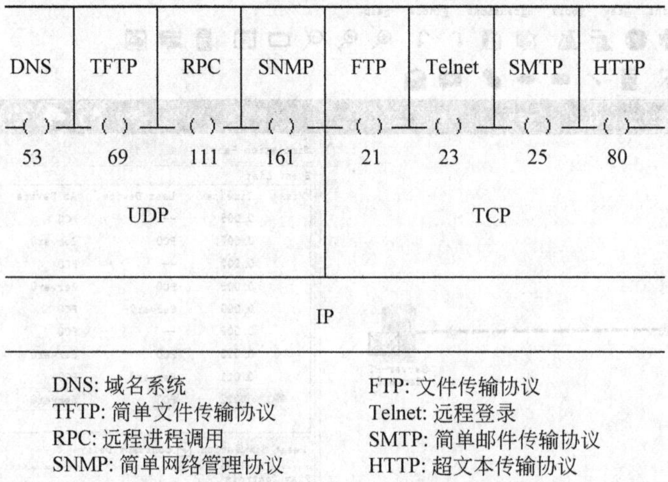

图1-30　TCP和UDP规定的部分保留端口

(2) UDP。UDP是面向无连接的通信协议,主要面向交互型应用。按照UDP处理的报文包括UDP报头和高层用户数据两部分,其格式如图1-31所示。UDP报头只包含4个字段:源端口、目的端口、长度和UDP校验和。源端口用于标识源进程的端口号,目的端口用于标识目的进程的端口号,长度字段标识了UDP报头和数据的长度,校验和字段用来防止UDP报文在传输中出错。UDP无复杂的流量控制和差错控制,简单高效,但其不需要接收方确认,属于不可靠的传输,可能会出现丢包的现象。

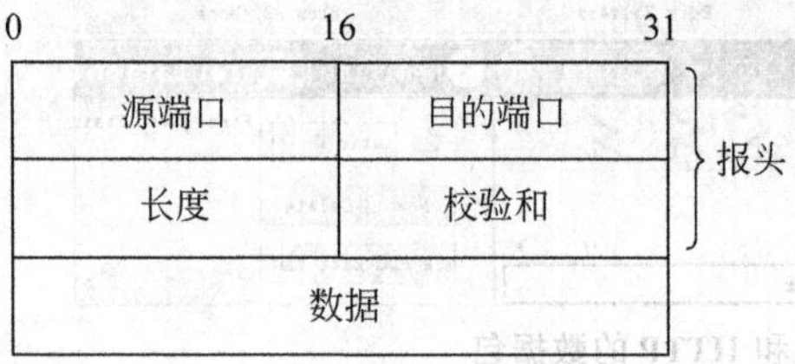

图1-31　UDP报文格式

(3) DNS。域名是与IP地址相对应的一串容易记忆的字符,由若干个a~z的26个英文字母及1~0的10个阿拉伯数字及“-”“.”等符号构成,并按一定的层次和逻辑排列。TCP/IP的DNS(域名系统)提供了一整套域名管理的方法。DNS的一项主要工作就是把主机的域名转换成相应的IP地址,这被称为域名解析,它包括正向查找(从域名到IP地址)

和反向查找(从IP地址到域名)。域名解析是由一组域名服务器(DNS服务器)完成的,域名服务器实际上是一个运行在指定计算机上的服务器软件。

在图1-29所示的Event List列表中,双击Last Device为PC0,At Device为Server0,Type为DNS的事件,单击在服务器Server0图标上出现的数据包图标,可以打开在服务器上传输的相应DNS数据信息。请查看相关数据包信息,并回答数字活页1.3中提出的相关问题。

3. 分析TCP和HTTP

(1) TCP。TCP是为了在主机间实现高可靠性的数据交换的传输协议,它是面向连接的端到端的可靠协议,支持多种网络应用程序。TCP的下层是IP,TCP可以根据IP提供的服务传送大小不定的数据,IP负责对数据进行分段、重组,在多种网络中传送。

① TCP报文格式。TCP报文包括TCP报头和高层用户数据两部分,其格式如图1-32所示。

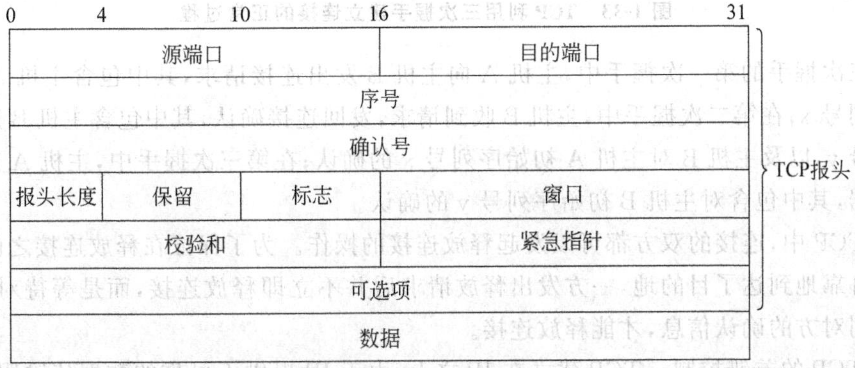

图1-32 TCP报文格式

各字段含义如下。

- 源端口:标识源进程的端口号。
- 目的端口:标识目的进程的端口号。
- 序号:发送报文包含的数据的第一个字节的序号。
- 确认号:接收方期望下一次接收的报文中数据的第一个字节的序号。
- 报头长度:TCP报头的长度。
- 保留:保留为今后使用,目前置0。
- 标志:用来在TCP双方间转发控制信息,包含有URG、ACK、PSH、RST、SYN和FIN位。
- 窗口:用来控制发方发送的数据量,单位为字节。
- 校验和:TCP计算报头、报文数据和伪头部(同UDP)的校验和。
- 紧急指针:指出报文中的紧急数据的最后一个字节的序号。
- 可选项:TCP只规定了一种选项,即最大报文长度。
- 数据:报文具体内容。

② TCP连接的建立和释放。TCP是面向连接的协议,在数据传送之前需要先建立连接。为确保连接建立和释放的可靠性,TCP使用了三次握手的方法。所谓三次握手,就是

在连接建立和释放过程中,通信双方需要交换三个报文。图 1-33 显示了 TCP 利用三次握手建立连接的正常过程。

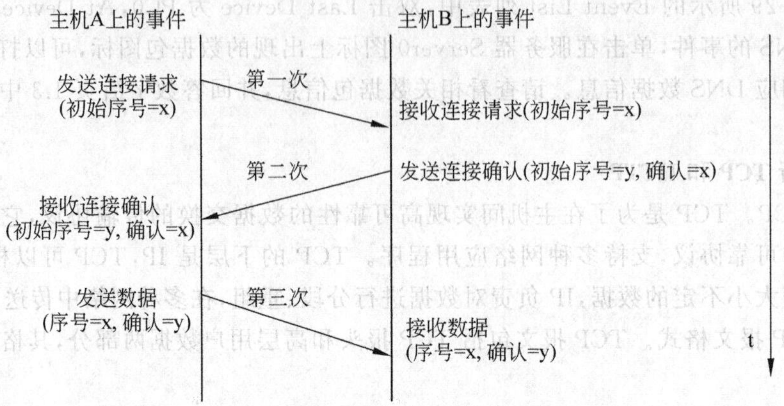

图 1-33　TCP 利用三次握手建立连接的正常过程

在三次握手的第一次握手中,主机 A 向主机 B 发出连接请求,其中包含主机 A 选择的初始序列号 x;在第二次握手中,主机 B 收到请求,发回连接确认,其中包含主机 B 选择的初始序列号 y,以及主机 B 对主机 A 初始序列号 x 的确认;在第三次握手中,主机 A 向主机 B 发送数据,其中包含对主机 B 初始序列号 y 的确认。

在 TCP 中,连接的双方都可以发起释放连接的操作。为了保证在释放连接之前所有的数据都可靠地到达了目的地,一方发出释放请求后并不立即释放连接,而是等待对方确认,只有收到对方的确认信息,才能释放连接。

③ TCP 的差错控制。TCP 建立在 IP 之上,由于 IP 提供不可靠的数据传输服务,因此数据的出错甚至丢失可能经常发生,TCP 使用确认和重传机制以实现数据传输的差错控制。在 TCP 的差错控制中,如果接收方的 TCP 正确地收到一个数据报文,它要回发确认信息给发送方;若检测到错误,则丢弃该报文。发送方在发送数据时需要启动定时器,若在定时器到时前没有收到确认信息(可能因为数据出错或丢失),则发送方将重新发送数据。

④ TCP 的流量控制。TCP 使用窗口机制进行流量控制。当一个连接建立时,连接的每一端会分配一块缓冲区来存储接收到的数据。当接收方正确收到数据报文后,回发的每个确认信息中都会包含剩余的缓冲区大小,通常将其称为窗口通告。发送方可以根据窗口通告调整自己的传输流量,以避免其所发送的数据溢出接收方的缓冲空间。

(2) HTTP。目前主要的网站都会包含图像、文本、链接等,HTTP 主要用于管理 Web 浏览器和 Web 服务器之间的通信。

在图 1-29 所示的 Event List 列表中,分别双击 HTTP 事件发生之前的 Last Device 为 PC0、At Device 为 Server0、Type 为 TCP 的事件,以及 Last Device 为 Server0、At Device 为 PC0、Type 为 TCP 的事件。单击相应的数据包图标,打开在客户机和服务器上传输的相应 TCP 数据信息。请查看相关数据包信息,并回答数字活页 1.3 中提出的相关问题。

在图 1-29 所示的 Event List 列表中,双击 Last Device 为 PC0、At Device 为 Server0、Type 为 HTTP 的事件,单击相应的数据包图标,打开在服务器上传输的相应 HTTP 数据信息。请查看相关数据包信息,并回答数字活页 1.3 中提出的相关问题。

任务拓展

本次任务只对 TCP/IP 中的部分常用协议进行了简单的分析，请利用 Internet 查阅相关资料，通过 Cisco Packet Tracer 或在计算机上运行数据包抓包与分析工具，对 TCP/IP 中其他常用协议进行分析，更好地理解 TCP/IP 的工作过程。

任务 1.4　规划和分配 IPv4 地址

任务目的

(1) 理解 IPv4 地址的概念和分类；
(2) 理解子网掩码的作用；
(3) 理解 IPv4 地址的分配原则；
(4) 掌握在网络中规划与分配 IPv4 地址的方法。

任务导入

不同于固化在以太网网卡上的 MAC 地址，IP 地址是 TCP/IP 为识别网段和主机而规定的网络层地址。目前网络中使用的网络层地址主要有 IPv4 和 IPv6 两种版本，相对而言 IPv4 地址的使用仍然更为广泛。在图 1-34 所示的某企业网络中，企业总部的 PC 通过交换机连接到路由器 Router0 的快速以太网接口 F0/0，分支机构的 PC 通过交换机连接到路由器 Router1 的快速以太网接口 F0/0，路由器 Router0 和 Router1 通过各自的串行接口 S1/0 直接相连。请根据实际需求，为该网络规划与分配 IPv4 地址。

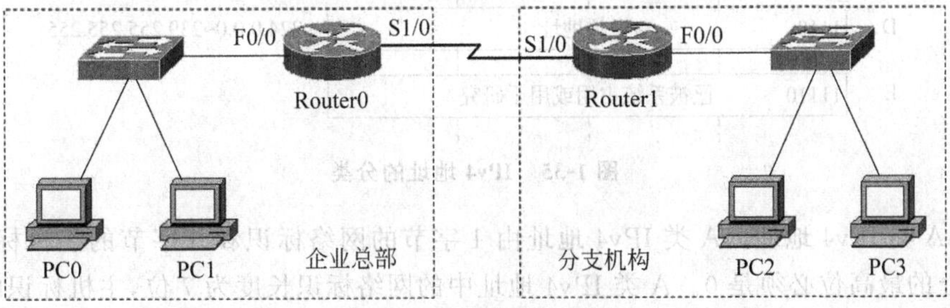

图 1-34　规划和分配 IPv4 地址示例

【注意】　习惯上人们所说的 IP 地址是 IPv4 地址。除特别声明外，本书中所说的 IP 地址主要指 IPv4 地址。

工作环境与条件

(1) 安装好 Windows 操作系统的 PC；
(2) 网络模拟和建模工具 Cisco Packet Tracer。

相关知识

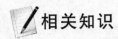

1.4.1 IPv4 地址的结构和分类

1. IPv4 地址的结构

根据 Internet 协议版本 4(TCP/IPv4) 的规定,IPv4 地址由 32 位二进制数组成,而且在网络上是唯一的,例如 11001010 01100110 10000110 01000100。很明显,这些数字对于人来说不好记忆。为了方便记忆,可以将组成 IPv4 地址的 32 位二进制数分成 4 字节,每字节 8 位,中间用小数点隔开,然后将每字节转换成十进制数,这样就得到了 IPv4 地址的十进制形式,如上述 IPv4 地址的十进制形式为 202.102.134.68,显然 IPv4 地址中的每一个十进制数不会超过 255。

2. IPv4 地址的分类

IPv4 地址是网络层地址,为标识不同的网段以实现跨网段的通信,IPv4 地址通常由两部分组成,前一部分用以标明具体的网段,称为网络标识(net-id);后一部分用以标明具体的主机,称为主机标识(host-id)。同一网段上所有主机 IP 地址的网络标识应相同,主机标识应不同;若两台主机处于不同网段,则其 IP 地址的网络标识应不同。在早期的 Internet 中,人们按照网络规模的大小,把 IPv4 地址设成五种定位的划分方式,分别对应为 A 类、B 类、C 类、D 类、E 类地址,如图 1-35 所示。

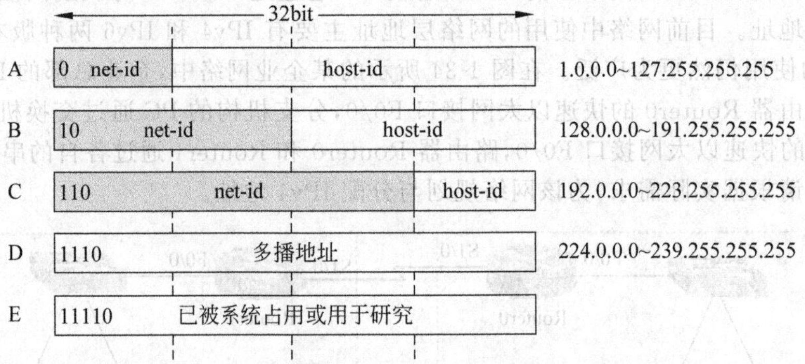

图 1-35 IPv4 地址的分类

(1) A 类 IPv4 地址。A 类 IPv4 地址由 1 字节的网络标识和 3 字节的主机标识组成,IPv4 地址的最高位必须是 0。A 类 IPv4 地址中的网络标识长度为 7 位,主机标识的长度为 24 位。A 类地址的网络标识数量较少,可以用于主机数达 1600 多万台的大型网络。

(2) B 类 IPv4 地址。B 类 IPv4 地址由 2 字节的网络标识和 2 字节的主机标识组成,IPv4 地址的最高位必须是 10。B 类 IPv4 地址中的网络标识长度为 14 位,主机标识的长度为 16 位。B 类网络地址适用于中等规模的网络,每个网络所能容纳的主机数为 6 万多台。

(3) C 类 IPv4 地址。C 类 IPv4 地址由 3 字节的网络标识和 1 字节的主机标识组成,IPv4 地址的最高位必须是 110。C 类 IPv4 地址中的网络标识长度为 21 位,主机标识的长度为 8 位。C 类网络地址数量较多,适用于小规模的网络,每个网络最多只能包含 254 台主机。

(4) D类IPv4地址。D类IPv4地址第1字节以1110开始，是专门保留用于组播的地址，并不指向特定的网络。组播地址用来一次寻址一组主机，它标识共享同一协议的一组主机。

(5) E类IPv4地址。E类IPv4地址以11110开始，本为保留地址，目前已被系统占用或用于研究。

1.4.2 特殊的IPv4地址

1. 特殊用途的IPv4地址

有一些IPv4地址是具有特殊用途的，通常不能分配给具体的设备，在使用时需要特别注意。表1-6列出了常见的一些具有特殊用途的IPv4地址。

表1-6 特殊用途的IPv4地址

net-id	host-id	源地址	目的地址	说明
0	0	可以	不可	本网络的本主机
0	host-id	可以	不可	本网络的某台主机
net-id	0	不可	不可	网络地址，代表一个网段
全1	全1	不可	可以	有限广播地址，对同一网段中的所有主机广播，主要用于不知道本机IP地址或网络的情况
net-id	全1	不可	可以	直接广播地址，对于net-id则对应网段中的所有主机广播
127	任何数	可以	可以	环回地址，用于环回测试，Windows系统中自动设为127.0.0.1

【注意】 由表1-6可知，主机标识全是0或全是1的IPv4地址是不能分配给具体设备的，在做IPv4地址规划时必须注意这一点。例如，在分配C类的IPv4地址时，虽然其主机标识为8位，但最多可以分配给主机的地址数量为$2^8-2=254$(个)。

2. 私有IPv4地址

私有IPv4地址是和公有IPv4地址相对的，是只能在局域网中使用的IPv4地址。当局域网通过路由设备与广域网连接时，路由设备不会将带有私有IPv4地址信息的数据包路由到公有网络，因此即使在两个局域网中分别使用了相同的私有IPv4地址，也不会发生地址冲突。当然，使用私有IPv4地址的主机也可以通过局域网访问Internet，不过需要借助地址映射或代理服务器才能完成。私有IPv4地址包括以下地址段。

- 10.0.0.0/8：该私有网络是A类网络，有24位可分配的地址空间(24位主机标识)，允许的有效地址范围为10.0.0.0～10.255.255.255。
- 172.16.0.0/12：该私有网络可以被认为是B类网络，20位可分配的地址空间(20位主机标识)，允许的有效地址范围为172.16.0.0～172.31.255.255。
- 192.168.0.0/16：该私有网络可以被认为是C类网络，16位可分配的地址空间(16位主机标识)，允许的有效地址范围为192.168.0.0～192.168.255.255。

1.4.3 子网掩码

通常在设置IPv4地址时，必须同时设置子网掩码。子网掩码只有一个作用，就是将其对应的IPv4地址划分成网络标识和主机标识两部分。与IPv4地址相同，子网掩码也是32位二进制数，前一部分是1，对应IPv4地址的网络标识部分；后一部分是0，对应IPv4地址的主机标识部分。图 1-36 给出了 IPv4 地址 168.10.20.160 与其子网掩码 255.255.255.0 的二进制对应关系。默认情况下，A 类 IPv4 地址对应的子网掩码为 255.0.0.0，B 类 IPv4 地址对应的为 255.255.0.0，C 类 IPv4 地址对应的为 255.255.255.0。

	← 32bit →				
IP地址	10101000	00001010	00010100	10100000	192.10.20.160
子网掩码	11111111	11111111	11111111	00000000	255.255.255.0

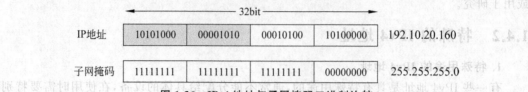

图 1-36　IPv4 地址与子网掩码二进制比较

【注意】 在目前绝大部分的网络应用中，IPv4 地址网络标识和主机标识的划分都是由其对应的子网掩码决定的。显然，对于同一个 IPv4 地址来说，若对应的子网掩码不同，则其网络标识和主机标识的划分是不同的。

1.4.4　IPv4 地址的分配方法

在规划好 IPv4 地址之后，需要将其分配给网络中的相关设备，目前 IPv4 地址的分配方法主要有以下几种。

1. 静态分配 IPv4 地址

静态分配 IPv4 地址就是将 IPv4 地址及相关信息设置到每台设备中，计算机及相关设备在每次启动时从自己的存储设备获得的 IPv4 地址及相关信息始终不变。

2. 使用 DHCP 分配 IPv4 地址

DHCP(dynamic host configuration protocol，动态主机配置协议)专门设计用于使客户机可以从服务器接收 IPv4 地址及相关信息。DHCP 采用客户机/服务器模式，网络中有一台 DHCP 服务器，每个客户机选择“自动获得 IPv4 地址”，就可以得到服务器提供的 IPv4 地址及相关信息。通常客户机与 DHCP 服务器要在同一个网段，要实现 DHCP 服务，必须分别完成 DHCP 服务器和客户机的设置。

3. 自动专用寻址

如果网络中没有 DHCP 服务器，但是客户机还选择了“自动获得 IPv4 地址”，那么操作系统会自动为客户机分配一个 IPv4 地址，该地址为 169.254.0.1～169.254.255.254 中的一个地址，对应的子网掩码为 255.255.0.0。

【注意】 如果 DHCP 客户机使用自动专用寻址配置了它的网络接口，客户机会在后台每隔 5 分钟查找一次 DHCP 服务器。如果后来找到了 DHCP 服务器，客户端会放弃它的自动配置信息，然后使用 DHCP 服务器提供的地址来更新配置。

任务实施

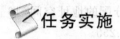

请扫描数字活页 1.4 的二维码，在任务实施过程中思考并回答数字活页中提出的问题。另外，可以分别扫描微课视频 1.4.1(无子网的 IPv4 地址分配)、微课视频 1.4.2(用子网掩码划分子网)、微课视频 1.4.3(使用 VLSM 细分子网)的二维码，观看相关工作任务的讲解和操作演示视频。

数字活页 1.4

微课视频 1.4.1(无子网的 IPv4 地址分配)

微课视频 1.4.2(用子网掩码划分子网)

微课视频 1.4.3(使用 VLSM 细分子网)

实训 1　无子网的 IPv4 地址分配

在计算机网络中分配 IPv4 地址一般应遵循以下原则。

- 通常计算机和路由器的接口需要分配 IPv4 地址。
- 处于同一个广播域(网段)的主机或路由器的 IPv4 地址的网络标识必须相同。
- 用交换机互联的网络是同一个广播域。如果在交换机上划分了虚拟局域网,那么不同的 VLAN 是不同的广播域。
- 路由器不同的接口连接的是不同的广播域,路由器依靠路由表连接不同广播域。
- 路由器总是拥有两个或两个以上的 IPv4 地址,并且 IPv4 地址的网络标识不同。

在图 1-34 所示的网络中,如果可用的 IPv4 地址段为 192.168.1.0/24、192.168.2.0/24 和 192.168.3.0/24,请在不划分子网的情况下为网络中的相关设备分配 IPv4 地址,并回答数字活页 1.4 中提出的相关问题。

【注意】 192.168.1.0/24 为 CIDR(classless inter-domain routing,无类别域间路由)地址,CIDR 地址中包含标准的 32 位 IP 地址和有关网络标识部分位数的信息,表示方法为 $A.B.C.D/n$($A.B.C.D$ 为 IP 地址,n 表示网络标识的位数)。

实训 2　用子网掩码划分子网

传统的分类编址虽然易于理解,但在实际应用中会带来地址浪费等很多问题。例如,一个 C 类地址段一共有 254 个可以分配的 IPv4 地址。如果一个网段中只有 30 台主机,那么在使用 C 类地址时,会有 224 个地址被浪费掉。解决上述问题的一种办法是在 IPv4 地址中增加一个"子网标识字段",使两级的 IPv4 地址变成三级的 IPv4 地址,这种做法叫作划分子网。用子网掩码划分子网的一般步骤如下。

(1) 确定子网的数量 m,每个子网应包括尽可能多的主机地址,当 m 满足公式 $2^n \geqslant m \geqslant 2^{n-1}$ 时,n 就是子网标识的位数。

(2) 按照 IPv4 地址的类型写出其默认子网掩码。

(3) 将默认子网掩码中主机标识的前 n 位对应的位置置 1,其余位置 0。

(4) 写出各子网的子网标识和相应的 IPv4 地址。

在图 1-34 所示的网络中,如果可用的 IPv4 地址段为 192.168.1.0/24,请为网络中的相关设备分配 IPv4 地址,并回答数字活页 1.4 中提出的相关问题。

实训 3　使用 VLSM 细分子网

在用子网掩码划分子网的过程中，子网标识的位数是确定的，每个子网的可用地址数量也相同。当每个子网中的主机数量大致相同时，这种划分方法是适当的。然而在图 1-34 所示的网络中，两台路由器之间的链路所在子网只需要 2 个 IPv4 地址，在用子网掩码划分子网的方法中，这不但会造成地址的浪费，还会减少可用子网的数量，从而限制网络的扩展。

VLSM(variable length subnet mask，可变长子网掩码)允许在一个网络中使用不同的子网掩码，通过不同的子网掩码，网络管理员可以把网络地址段分割为不同大小的部分，更好地避免 IPv4 地址的浪费。在图 1-34 所示的网络中，如果公司总部需要 58 个主机地址、分支机构需要 20 个主机地址，网络可用的 IPv4 地址段为 192.168.2.0/24，请利用 VLSM 为该网络中的相关设备分配 IPv4 地址，尽量避免地址的浪费，并回答数字活页 1.4 中提出的相关问题。

任务拓展

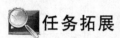

在图 1-37 所示的网络中，网络 A、网络 B 和网络 C 通过各自路由器的串行接口直接相连。网络 A 需要 54 个主机地址，网络 B 需要 25 个主机地址，网络 C 需要 18 个主机地址，请为该网络中的相关设备分配 IPv4 地址，尽量避免地址的浪费。

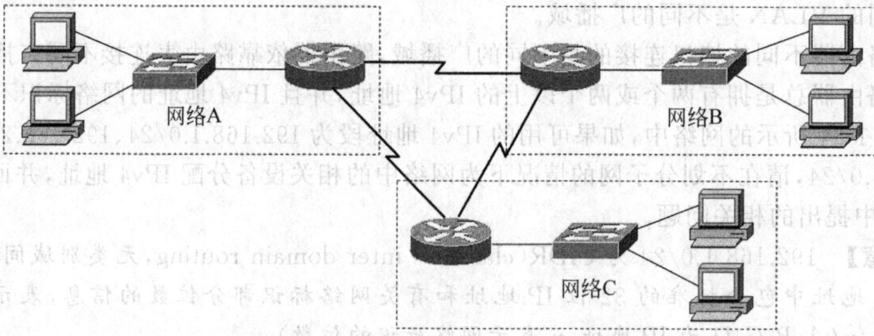

图 1-37　规划和分配 IPv4 地址拓展练习

习　题　1

1. 简述目前大部分企业对计算机网络的基本功能需求。
2. 简述企业计算机网络中局域网和广域网的主要特点。
3. 局域网中常用的组网技术有哪些？应如何选择？
4. 常用的广域网链路连接方案有哪些？应如何选择？
5. 典型的分层网络模型将计算机网络分成了哪些层次？简述每个层次的功能。
6. 简述 OSI 参考模型各层的基本功能。
7. 举例说明 TCP/IP 模型的数据处理过程。
8. 网络中为什么会使用私有 IPv4 地址？私有 IPv4 地址主要包括哪些地址段？
9. 简述子网掩码的作用。

工作单元2　交换机/路由器基本管理

传统意义上，交换机是利用数据链路层MAC地址进行数据帧交换的网络设备，路由器是利用网络层IP地址进行数据包转发的网络设备。控制路由器和交换机工作的核心软件是其操作系统，网络管理员利用操作系统对交换机、路由器等网络设备进行配置，从而实现对企业计算机网络的组建和管理。本单元的主要目标是熟悉连接和访问交换机、路由器等网络设备的基本方法，能够利用常用命令完成对交换机、路由器的基本管理配置，熟悉检查网络连接及排除故障的常用方法，掌握交换机、路由器等网络设备的数据备份和恢复方法。

任务2.1　连接并访问网络设备

任务目的

(1) 理解交换机、路由器等网络设备的组成结构和启动顺序；

(2) 熟悉连接网络设备的常用方法；

(3) 能够通过本地控制台方式连接并访问网络设备；

(4) 熟悉网络设备的命令行界面和命令行工作模式。

任务导入

交换机和路由器等网络设备是特殊的计算机，也由软件和硬件组成，其基本运行主要依靠操作系统和配置文件。与普通计算机不同，网络设备没有直接的输入设备(如键盘、鼠标)和输出设备(如显示器)，因此网络管理员必须通过PC连接并访问网络设备，才能对其进行配置和管理。请利用PC连接并访问一台未接入网络的交换机或路由器，熟悉网络设备的命令行配置界面和工作模式。

工作环境与条件

(1) 交换机或路由器(本部分以Cisco系列产品为例，也可选用其他品牌型号的产品或使用Cisco Packet Tracer等网络模拟和建模工具)；

(2) Console线缆和相应的适配器；

(3) 安装Windows操作系统的PC；

(4) 组建网络所需的其他设备。

相关知识

2.1.1 网络设备的组成结构

交换机、路由器等网络设备的组成结构与计算机类似，由硬件和软件两部分组成。其软件部分主要包括操作系统(如 Cisco IOS)和配置文件，硬件部分主要包含 CPU、存储介质和接口。网络设备的 CPU 主要负责执行操作系统指令，如系统初始化、路由和交换功能等。网络设备的存储介质主要有 ROM(只读存储设备)、DRAM(动态随机存储器)、Flash(闪存)和 NVRAM(非易失性随机存储器)。

1. ROM

ROM 相当于 PC 中的 BIOS，Cisco 设备使用 ROM 来存储 bootstrap 指令、基本诊断软件和精简版 IOS。ROM 使用的是固件，即内嵌于集成电路中的一般不需要修改或升级的软件。如果网络设备断电或重新启动，ROM 中的内容不会丢失。

2. DRAM

DRAM 是一种可读写存储器，相当于 PC 的内存，其内容在设备断电或重新启动时将完全丢失。DRAM 用于存储 CPU 所需执行的指令和数据，主要包括操作系统、运行配置文件、ARP 缓存、数据包缓冲区等组件。

3. Flash

Flash(闪存)是一种可擦写、可编程的 ROM，相当于 PC 中的硬盘，其内容在设备断电或重新启动时不会丢失。在大多数网络设备中，操作系统是永久性存储在 Flash 中的，在启动过程中才复制到 DRAM，然后由 CPU 执行。Flash 可以由 SIMM 卡或 PCMCIA 卡充当，可以通过升级增加其容量。

4. NVRAM

NVRAM 是用来存储启动配置文件(startup-config)的永久性存储器，其内容在设备断电或重新启动时也不会丢失。通常对网络设备的配置将存储于 DRAM 中的运行配置(running-config)文件，若要保存这些配置防止网络设备断电或重新启动，则必须将运行配置文件复制到 NVRAM，保存为启动配置文件。

2.1.2 Cisco IOS

Cisco IOS(Internetwork operating system，网间网操作系统)是一个与硬件分离的软件体系结构，与 PC 的操作系统一样，IOS 负责管理 Cisco 设备的软硬件资源，包括存储器分配、进程、安全性和文件系统等。IOS 属于多任务操作系统，集成了路由、交换、网际网络及电信等功能。IOS 虽然由 Cisco 开发，但许多网络设备厂商都许可 IOS 在其交换和路由模块运行，IOS 已成为事实上的工业标准。

虽然许多 Cisco 设备中的 IOS 看似相同，但实际却是不同版本的 IOS 映像。IOS 映像是包含相应设备完整 IOS 的文件。Cisco 根据网络设备的型号和 IOS 内部的功能，创建了许多不同版本的 IOS 映像。通常，IOS 的功能越多，其映像就越大，就需要越多的 Flash 和 DRAM 空间来存储和加载。Cisco 用一套编码方案来制订 IOS 的版本，IOS 的完整版本号由主版本号、辅助版本号和维护版本号3部分组成。其中,主版本号和辅助版本号用小数点分隔,而维护版本号显示于括号中。比如若IOS版本号为15.1(4),则其主要版本为15.1,维护版本为4(第4次维护或补丁)。

【注意】 与其他操作系统一样,IOS也有自己的用户界面。尽管有些版本的IOS可以提供图形用户界面,但CLI(command-line interface,命令行界面)是配置Cisco设备最常用的方法。

2.1.3 网络设备的启动过程

网络设备在启动时需要执行一系列的操作,其目的是测试硬件并加载所需要的软件。网络设备的启动过程主要包括以下几个阶段。

1. 执行POST

POST(power on self test,上电自检)几乎是每台计算机在启动时必经的过程。当网络设备加电时,ROM芯片中的软件便会执行POST,用于检测包括CPU、DRAM和NVRAM等在内的硬件组件。

2. 加载bootstrap程序

POST完成后,bootstrap程序将被从ROM复制到DRAM,CPU会执行bootstrap程序中的指令。bootstrap程序的主要任务是查找Cisco IOS并将其加载到RAM。

【注意】 如果有连接到网络设备的控制台,此时屏幕上将开始出现相关提示信息。

3. 查找并加载Cisco IOS

Cisco IOS通常存储在Flash中,但也可能存储在其他地方(如TFTP服务器)。网络设备会查找IOS并将其加载到DRAM后由CPU执行。如果网络设备找不到完整的IOS映像,则会将ROM中的精简版IOS复制到DRAM中。精简版IOS一般用来诊断问题,也可用来将完整版IOS加载到DRAM。

【注意】 当IOS开始加载时,屏幕上会显示一串"#"符号,以显示IOS映像的解压过程。

4. 查找并加载配置文件

IOS加载后,bootstrap程序会搜索NVRAM中的启动配置文件,该文件含有之前保存的配置命令及参数。如果找到启动配置文件,则其将被复制到DRAM作为运行配置文件,并以一次一行的方式执行文件中的命令。当屏幕上出现命令提示符时,网络设备便开始以当前运行配置文件运行IOS,网络管理员也可以开始在该网络设备上使用IOS命令。

【注意】 如果NVRAM中不存在启动配置文件,网络设备可能会搜索TFTP服务器。如果网络设备检测到有活动链路连接,则会通过活动链路发送广播以搜索配置文件,这种情况会导致设备暂停。对于Cisco路由器,如果找不到启动配置文件,会提示用户进入Setup模式。该模式采用类似人机对话的方式,提示用户输入基本配置信息。Setup模式不适于复杂的设备配置,一般不建议使用。

2.1.4 网络设备的连接访问方式

交换机、路由器等网络设备没有自己的输入/输出设备,其管理和配置要通过外部连接的计算机实现。网络设备的连接访问方式主要包括本地控制台登录方式和远程配置方式。

1. 本地控制台登录方式

通常网络设备上都提供了一个专门用于管理的接口(Console 接口),可使用专用线缆将其连接到计算机串行口,然后即可利用相应程序对该网络设备进行登录和配置。由于远程配置方式需要基于 TCP/IP 相关协议的网络通信来实现,而在初始状态下,网络设备并没有配置 IP 地址,所以其初始配置只能采用本地控制台登录方式。由于本地控制台登录方式不占用网络的带宽,因此也被称为带外管理。

2. 远程配置方式

网络设备的远程配置方式主要有以下几种。

(1) Telnet 远程登录方式。可以在网络中的其他计算机上通过 Telnet 协议来连接登录网络设备,从而实现远程配置。在使用 Telnet 进行远程配置前,应确认已经做好以下准备工作。

- 在用于配置的计算机上安装了 TCP/IP,并设置好 IP 地址信息。
- 在被配置的网络设备上已经设置好 IP 地址信息。
- 在被配置的网络设备上已经建立了具有相应权限的用户。

(2) SSH 远程登录方式。Telnet 是以管理目的远程访问网络设备最常用的协议,但 Telnet 会话的一切通信都以明文方式发送,因此很多已知攻击的主要目标就是捕获 Telnet 会话并查看会话信息。为了保证网络设备的安全和可靠,可以使用 SSH(secure Shell,安全外壳)协议来进行访问。SSH 使用 TCP 22 端口,利用强大的加密算法进行认证和加密。SSH 有两个版本:SSHv1 是 Telnet 的增强版,存在一些基本缺陷;SSHv2 是 SSHv1 的修缮和强化版本。

(3) HTTP 访问方式。目前很多网络设备都提供 HTTP 连接访问方式,只要在计算机浏览器的地址栏输入"http://网络设备的管理地址",并在相应界面中输入具有权限的用户名和密码后,即可进入配置页面。在使用 HTTP 访问方式进行远程配置前,应确认已经做好以下准备工作。

- 在用于配置的计算机上安装 TCP/IP,并设置好 IP 地址信息。
- 在用于配置的计算机上安装有支持 Java 的 Web 浏览器。
- 在被配置的网络设备上已经设置好 IP 地址信息。
- 在被配置的网络设备上已经建立了具有相应权限的用户。
- 被配置的网络设备支持 HTTP 服务,并且已经启用了该服务。

(4) SNMP 远程管理方式。SNMP 是一个应用广泛的网络管理协议,它定义了一系列标准,可以帮助计算机和网络设备之间交换管理信息。如果网络设备上设置好了 IP 地址信息并开启了 SNMP,那么就可以利用安装了 SNMP 管理工具的计算机对该网络设备进行远程管理访问。

(5) 辅助接口。有些网络设备带有辅助(Aux)接口。当没有任何备用方案和远程接入方式可以选择时,可以通过调制解调器连接辅助接口实现对网络设备的管理访问。

【注意】 在远程配置方式中,利用辅助接口的访问方式不会占用网络带宽,属于带外管理。Telnet、SSH、HTTP、SNMP 等都会占用网络带宽来传输配置信息,属于带内管理。

任务实施

请扫描数字活页 2.1 的二维码，在任务实施过程中思考并回答数字活页中提出的问题。另外，可以分别扫描微课视频 2.1.1（使用本地控制台登录网络设备）、微课视频 2.1.2（切换命令行工作模式）、微课视频 2.1.3（使用命令行帮助）的二维码，观看相关工作任务的讲解和操作演示视频。

数字活页 2.1

微课视频 2.1.1（使用本地控制台登录网络设备）

微课视频 2.1.2（切换命令行工作模式）

微课视频 2.1.3（使用命令行帮助）

实训 1　使用本地控制台登录网络设备

本地控制台登录方式是连接和访问网络设备最基本的方法，网络管理员可通过该方式实现对网络设备的初始配置。使用本地控制台登录网络设备的基本操作步骤如下。

(1) 通常购买网络设备时都会带有一根如图 2-1 所示的控制台电缆，将控制台电缆带有 RJ-45 连接器的一端与网络设备的 Console 接口相连，将带有 DB-9 连接器的一端与计算机的串行口(COM)相连。若计算机上没有串行口，则需要利用转接器将控制台电缆连接到计算机的 USB 接口，如图 2-2 所示。

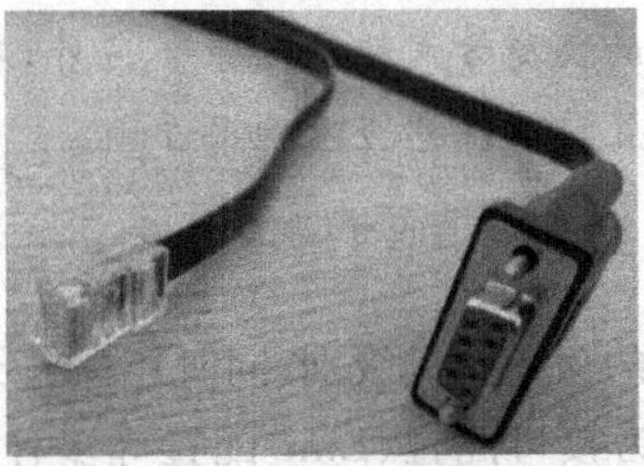

图 2-1　连接串行口的控制台电缆

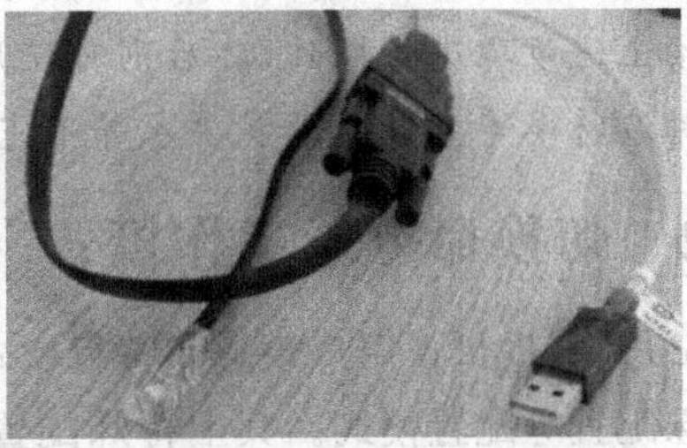

图 2-2　连接 USB 接口的控制台电缆

(2) 安装好 USB 接口转串行口的驱动程序后，在 Windows 系统“设备管理器”的“端口(COM 和 LPT)”中就可以看到其所对应的串行口编号，如图 2-3 所示。

(3) 在计算机上运行终端仿真程序。常用的终端仿真程序有 Windows 系统自带的超级终端程序、SecureCRT、Putty 等。由于 Windows 7 后的 Windows 操作系统不再直接集成超级终端程序，因此需自行下载和安装，具体安装方法不再赘述。

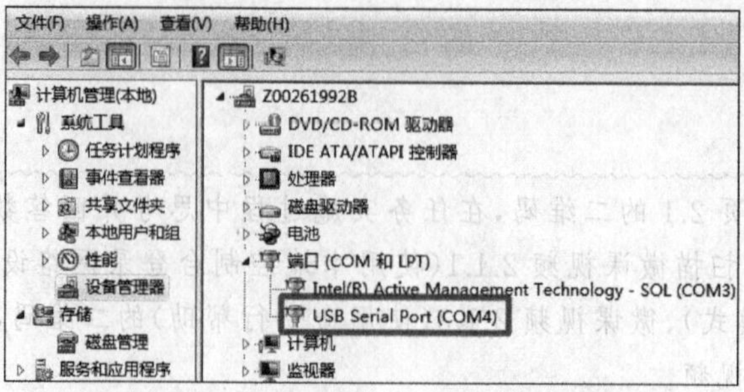

图 2-3　查看 USB 接口转串行口对应的编号

(4) 若使用 SecureCRT,则运行该软件将自动弹出 Connect 对话框,如图 2-4 所示。

(5) 在 Connect 对话框中单击 Quick Connect 按钮,打开 Quick Connect 对话框,将 Protocol 设置为 Serial(使用串行口管理设备),将 Port 设置为在设备管理器中查看到的相应串行口编号,将 Band Rate(波特率)设置为 9600,如图 2-5 所示。

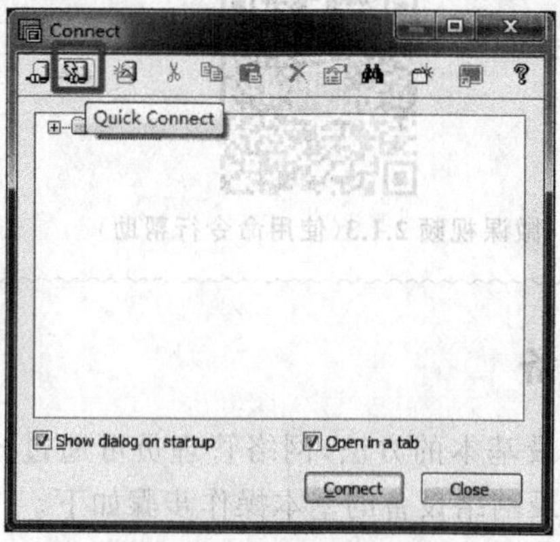

图 2-4　Connect 对话框

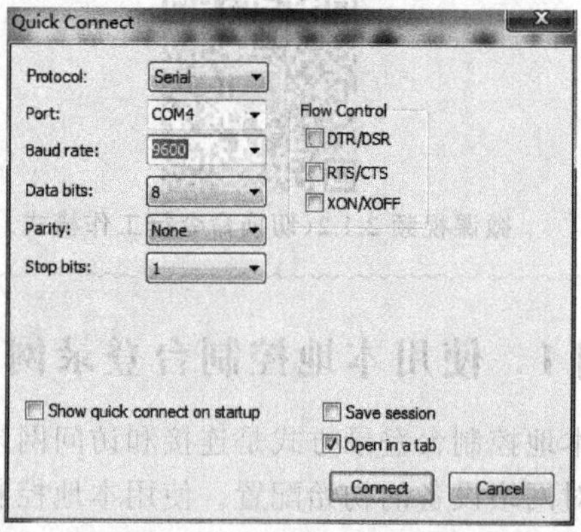

图 2-5　Quick Connect 对话框

(6) 单击 Quick Connect 对话框的 Connect 按钮,即可登录设备。打开网络设备电源,连续按 Enter 键,可显示系统启动界面。

【注意】 其他终端仿真程序的设置与 SecureCRT 基本相同,通常在第一次登录设备时才需要按上述步骤进行操作,之后则可使用已创建好的快捷方式快速登录。另外,不同的网络设备对波特率等参数的设置要求并不完全相同,设置前应注意查看产品手册。

实训 2　切换命令行工作模式

Cisco IOS 提供了用户模式和特权模式两种基本的命令执行级别,同时还提供了全局配置和特殊配置等配置模式。其中特殊配置模式又分为接口配置、Line 配置等多种类型,以允许用户对网络设备进行全面的配置和管理。

1. 用户模式

当用户通过网络设备的 Console 端口或 Telnet 会话连接并登录时,此时所处的命令执行模式就是用户模式。在用户模式下,用户只能使用很少的命令,且不能对网络设备进行配置。用户模式的提示符为 Router>。

【注意】 不同模式的提示符不同,提示符的第一部分是网络设备的主机名。

2. 特权模式

在用户模式下，执行 enable 命令，将进入特权模式，特权模式的提示符为 Router#。由用户模式进入特权模式的过程如下。

```
Router>enable                              //进入特权模式
Router#                                    //特权模式提示符
```

3. 全局配置模式

在特权模式下执行 configure terminal 命令，可以进入全局配置模式。全局配置模式的提示符为 Router(config)#。该模式配置命令的作用域是全局性的，对整个设备起作用。由特权模式进入全局配置模式的过程如下。

```
Router#configure terminal        //进入全局配置模式
Enter configuration commands,one per line. End with CNTL/Z.
Router(config)#                  //全局配置模式提示符
```

4. 全局配置模式下的配置子模式

在全局配置模式下可以进入接口配置、Line 配置等子模式。例如，在全局配置模式下可以通过 interface 命令进入接口配置模式，在该模式下可对选定的接口进行配置。由全局配置模式进入接口配置模式的过程如下。

```
Router(config)#interface FastEthernet0/0   //对路由器 0/0 号快速以太网接口进行配置
Router(config-if)#                         //接口配置模式提示符
```

5. 模式的退出

从子模式返回全局配置模式可以执行 exit 命令；从全局配置模式返回特权模式可以执行 exit 命令；若要从任何配置模式直接返回特权模式，可以执行 end 命令或按 Ctrl+Z 组合键。模式退出的过程如下。

```
Router(config-if)#exit                    //退出接口配置模式,返回全局配置模式
Router(config)#exit                       //退出全局配置模式,返回特权模式
Router#configure terminal
Enter configuration commands,one per line. End with CNTL/Z.
Router(config)#interface FastEthernet0/0
Router(config-if)#end                     //退出接口配置模式,返回特权模式
Router#disable                            //退出特权模式
Router>logout                             //退出登录
```

实训3　使用命令行帮助

在命令行模式中，IOS 提供多种形式的帮助以方便用户使用。

1. 使用对上下文敏感的帮助

在任何提示符后输入"?"，即可访问对上下文敏感的帮助，该帮助可以在当前模式的上下文范围内提供一个命令列表，列表中会包含一系列命令及其相关参数。通过对上下文敏感的帮助，用户可以确定某命令的名称或 IOS 在特定模式下是否支持某命令。例如，如果要查看在用户模式下可用的命令，可在提示符后输入"?"，运行过程如下。

```
Router>?            //查看用户模式下的可用命令
Exec commands:
<1-99>          Session number to resume
  connect       Open a terminal connection
  disable       Turn off privileged commands
  disconnect    Disconnect an existing network connection
  ...
```

如果输入一个字符序列后紧接着输入“?”(不带空格),则IOS将显示一个命令或关键字列表,列表中的命令或关键字以所输入的字符开头并可以在此上下文环境中使用。例如,如果要查看在特权模式下以cl开头的可用命令,操作方法如下。

```
Router#cl?          //查看特权模式下以 cl 开头的可用命令
clear  clock
```

如果在输入的命令后输入空格加“?”,IOS将显示与该命令相匹配的选项、关键字或参数。例如,如果要查看特权模式下clock命令具体的用法,操作方法如下。

```
Router#clock ?
  set   Set the time and date
Router#clock set ?
  hh:mm:ss   Current Time
Router#clock set 12:00:00 ?
  <1-31>    Day of the month
  MONTH     Month of the year
Router#clock set 12:00:00 1 ?
  MONTH     Month of the year
Router#clock set 12:00:00 1 12 ?
%Unrecognized command// clock set 12:00:00 1 12 后面不再有参数,可直接运行
```

2. 使用命令语法检查

当用户按Enter键提交命令后,命令行解释程序将从左向右解析该命令。如果该命令可以被解析,则相应操作会被执行并返回到命令提示符;如果该命令无法被解析,则CLI将提供反馈信息以说明该命令存在的问题。常见的命令语法检查信息主要包括以下几种。

- %Ambiguous command: "*command*":输入的字符不足,使IOS无法识别命令(引号中为输入的字符)。
- %Incomplete command:未输入全部的关键字或参数。
- % Invalid input detected at '^' marker:命令输入不正确,插入标记“^”的位置出现了该错误。

3. 使用热键和快捷方式

在IOS CLI中常用的热键和快捷方式主要有以下几种。

- Tab键:填写命令或关键字的剩下部分。
- Ctrl+Z组合键:退出配置模式并返回特权模式。
- 向下箭头:用于在前面运行过的命令列表中向前滚动。
- 向上箭头:用于在前面运行过的命令列表中向后滚动。
- Ctrl+Shift+6组合键:用于中断诸如ping之类的IOS进程。

- Ctrl+C 组合键：放弃当前命令并退出配置模式。
- 缩写命令或缩写参数：命令和关键字可缩写为可唯一确定该命令或关键字的最短字符。例如，configure 命令可缩写为 conf。

任务拓展

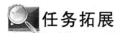

对于 Cisco 路由器，如果找不到启动配置文件，系统会提示用户选择进入 Setup 模式，也称为系统配置对话模式。在该模式下，系统会显示配置对话的提示问题，并在很多问题后面的方括号内显示默认的答案，用户按 Enter 键就能使用这些默认值。请利用本地控制台方式登录一台未被配置的 Cisco 路由器，利用 Setup 模式对该路由器进行基本配置，记录在该模式中主要对路由器进行了哪些配置。

任务 2.2　网络设备的基本管理配置

任务目的

(1) 理解 IOS 命令的基本结构；
(2) 熟悉网络设备的基本管理配置命令。

任务导入

在路由器和交换机上可以配置的基本管理功能包括主机名、口令等。这些配置虽然不能让网络设备运行得更快，但在企业计算机网络中，这些配置会使得排除网络故障和维护网络等工作变得更容易。在图 2-6 所示的网络中，计算机 PC0 的网卡通过交换机与路由器 Router0 的快速以太网接口 F0/0 相连，PC0 的串行口通过控制台电缆与路由器的 Console 接口相连，请在 PC0 上对路由器 Router0 进行基本管理设置。

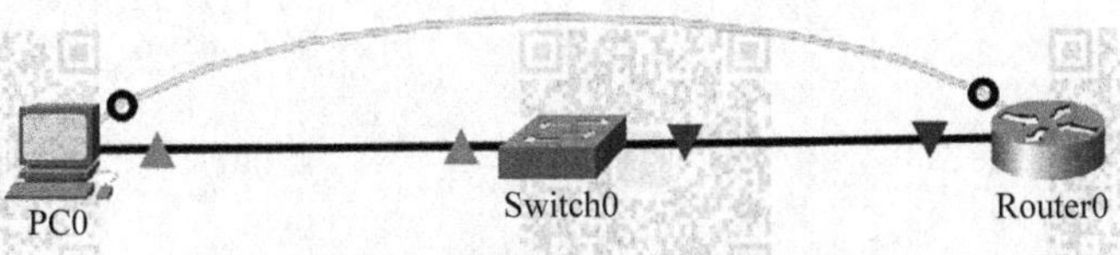

图 2-6　网络设备基本管理设置示例

工作环境与条件

(1) 交换机和路由器(本部分以 Cisco 系列产品为例，也可选用其他品牌型号的产品或使用 Cisco Packet Tracer 等网络模拟和建模工具)；
(2) Console 线缆和相应的适配器；
(3) 安装 Windows 操作系统的 PC；
(4) 组建网络所需的其他设备。

相关知识

2.2.1 IOS 命令的基本结构

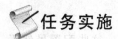

每个 IOS 命令都有特定的结构和格式,并在相应的命令提示符下运行。常规的 IOS 命令结构为命令后加相应的一个或多个关键字和参数。

- 命令是在 CLI 中输入的初始字词,不区分大小写。
- 关键字用于向命令解释程序描述特定的信息。例如,show 命令用于显示设备相关信息,该命令有多个关键字,用于定义要显示的特定输出,如可以在 show 命令后加运行配置关键字,此时将指定把运行配置文件作为输出结果显示。
- 参数是由用户定义的值或变量。例如,description 命令用于设置描述信息,该命令可采用的输入方式为 description HQ Office Switch,其中 HQ Office Switch 为参数,由用户定义。

2.2.2 CDP

CDP(Cisco discovery protocol,Cisco 发现协议)是 Cisco 专有的协议,该协议使 Cisco 网络设备能够发现相邻的、直连的其他 Cisco 设备。CDP 工作于数据链路层,因此使用不同网络层协议的 Cisco 设备也可以获得对方的信息。

【注意】 默认情况下,Cisco 设备的 CDP 是启动的。

任务实施

请扫描数字活页 2.2 的二维码,在任务实施过程中思考并回答数字活页中提出的问题。另外,可以分别扫描微课视频 2.2.1(设置主机名)、微课视频 2.2.2(设置控制台口令)、微课视频 2.2.3(通过 Telnet 连接访问设备)、微课视频 2.2.4(使用 CDP)、微课视频 2.2.5(管理配置文件)的二维码,观看相关工作任务的讲解和操作演示视频。

数字活页 2.2　　微课视频 2.2.1(设置主机名)　　微课视频 2.2.2(设置控制台口令)

微课视频 2.2.3(通过 Telnet 连接访问设备)　　微课视频 2.2.4(使用 CDP)　　微课视频 2.2.5(管理配置文件)

实训1 设置主机名

在CLI提示符中会显示网络设备的主机名，如果未配置主机名，网络设备则会使用出厂时默认的主机名。如果企业计算机网络中的多个设备都使用相同的默认主机名，那么将会在配置和维护时造成混乱。通常在企业计算机网络中应建立统一的设备命名规则，采用一致有效的设备命名方式。网络设备的命名通常应符合以下要求。

- 以字母开头，以字母或数字结尾。
- 由字母、数字和连字符组成，不包含空格。
- 充分考虑设备用途和所在位置，使命名具有标记性并保持良好的可续性。
- 长度不超过63个字符。

【注意】 主机名通常仅供管理员在使用CLI配置和监控网络设备时使用，在没有明确配置的情况下，各网络设备间互相发现和交互操作时不会使用主机名。

在图2-6所示的网络中，如果要将路由器的主机名设置为Qchm-R0，则操作方法如下。

```
Router>enable                                   //进入特权模式
Router#configure terminal                       //进入全局配置模式
Enter configuration commands,one per line. End with CNTL/Z.
Router(config)# hostname Qchm-R0                //设置主机名为Qchm-R0
Qchm-R0(config)#
```

实训2 设置口令和Banner信息

1. 设置口令

虽然在企业计算机网络中会使用机柜和上锁的机架限制对网络设备的实际接触，但是口令仍是防范未授权人员访问网络设备的基本手段。IOS可以通过不同的口令来提供不同的设备访问权限。

- 控制台口令：用于限制通过控制台连接访问设备。
- 使能口令：用于限制访问特权模式。
- 使能加密口令：经过加密的口令，用于限制访问特权模式。
- VTY口令：用于限制通过Telnet连接访问设备。

【注意】 通常应为不同设备访问权限设置不同的口令，尽管使用多个不同口令登录会不太方便，但这是防范未经授权的人员访问网络基础设施的必要举措。

(1) 设置控制台口令。网络设备Console接口的编号为0，操作方法如下。

```
Qchm-R0(config)#line console 0                  //进入控制端口的line配置模式
Qchm-R0(config-line)#password 1234abcd          //设置登录口令为1234abcd
Qchm-R0(config-line)#login                      //使口令生效
```

【注意】 在实际的企业计算机网络中，应尽量使用不容易被破解的复杂口令，复杂口令通常应大于8个字符，并组合使用数字、大写字母、小写字母及特殊符号。

(2) 设置使能口令和使能加密口令。设置进入特权模式口令，可以使用以下两种配置命令：

```
Qchm-R0(config)#enable password abcdef4567    //设置使能口令为 abcdef4567
Qchm-R0(config)#enable secret abcdef4567      //设置使能加密口令为 abcdef4567
```

两者的区别为：使能口令是以明文的方式存储的，在 show running-config 命令中可见；使能加密口令是以密文的方式存储的，在 show running-config 命令中不可见。

【注意】 如果未设置使能口令或使能加密口令，则 IOS 将不允许用户通过 Telnet 连接访问特权模式。

(3) 设置 VTY 口令。VTY 线路使用户可通过 Telnet 连接访问网络设备。Cisco 设备通常支持多条 VTY 线路，可以为所有 VTY 线路设置同一口令，当然更理想的做法是为其中一条线路设置不同的口令，从而为管理员提供一条保留通道。设置 VTY 口令的操作方法如下。

```
Qchm-R0(config)#line vty 0 4                  //对 0~4 共 5 条 VTY 线路进行设置
Qchm-R0(config-line)#password aaa111bbbb      //设置 VTY 口令为 aaa111bbbb
Qchm-R0(config-line)#login                    //使口令生效
```

【注意】 默认情况下，IOS 自动对 VTY 线路执行了 login 命令。如果用户错误地使用了 no login 命令，则会取消身份验证要求，这样未授权人员就可以通过 Telnet 连接访问设备，这会存在极大的安全隐患。

(4) 设置口令加密显示。除使能加密口令外，控制台口令、使能口令、VTY 口令都是以明文方式存储的，在 show running-config 命令中可见。如果要防止未经授权的人员查看配置文件中的口令，可以使用以下操作命令：

```
Qchm-R0(config)#service password-encryption    //设置口令加密显示
```

【注意】 设置口令加密显示后，IOS 可在用户配置口令后对所有未加密的口令进行弱加密。该命令只适用于配置文件中的口令，不适用于通过介质发送的口令。此外，口令一旦被加密，即使取消加密服务，也不会消除加密效果。

2. 设置 Banner 信息

Banner 是一种可以显示给那些试图访问设备的用户的信息。通过该信息可对未授权用户的行为给予警告。Banner 信息的内容应取决于我国法律和企业政策，常见的有以下几种。

- Use of the device is specifically for authorized personnel(仅授权人员才可使用设备)。
- Activity may be monitored(活动可能被监控)。
- Legal action will be pursued for any unauthorized use(未经授权擅自使用设备将引起诉讼)。

【注意】 通常 Banner 信息不能采用欢迎意味的措辞，而应明确说明仅允许授权人员访问设备。此外，Banner 信息可以涉及系统关机提示等影响所有用户的信息。

设置 Banner 信息的操作方法如下。

```
Qchm-R0(config)#banner motd #
//设置每日提示信息命令。当有用户连接设备时,该信息将在所有与该设备相连的设备上显示
  出来
Enter TEXT message.  End with the character '#'.
WARNING: You are connected to Qchm-R0 on the System,Incorporated network. #
//输入每日提示信息,以"#"结束
Qchm-R0(config)#banner login #WARNING: Unauthorized access of this network will
be vigorously prosecuted. #
//设置登录信息命令。该信息会在每日提示信息出现之后及登录提示符出现之前显示
```

实训 3　通过 Telnet 连接访问设备

Telnet 是常用的网络设备远程配置方式。在图 2-6 所示的网络中,如果要在 PC0 上通过 Telnet 连接访问路由器 Router0,除了在路由器上设置 VTY 口令外,还需要完成 IP 地址、接口启用等设置。

1. 在网络设备上开启 Telnet

通过本地控制台登录网络设备,开启 Telnet 的具体操作方法如下。

```
Qchm-R0(config)#interface F0/0              //对路由器的 F0/0 接口进行配置
Qchm-R0(config-if)#ip address 192.168.1.254 255.255.255.0
//将路由器的 F0/0 接口的 IP 地址设置为 192.168.1.254/24
Qchm-R0(config-if)#no shutdown
//启用路由器接口,默认情况下路由器的接口是禁用的
Qchm-R0(config-if)#exit
Qchm-R0(config)#enable secret aaabbb++
Qchm-R0(config)#line vty 0 4
Qchm-R0(config-line)#password cccddd++
Qchm-R0(config-line)#login
```

2. 在计算机上通过 Telnet 连接访问网络设备

在计算机上通过 Telnet 连接访问网络设备的操作方法如下。

(1) 在计算机上设置相应的 IP 地址信息(如 192.168.1.1/24)。

(2) 打开计算机的"命令提示符"窗口,在该窗口中使用 ping 命令测试计算机和路由器相应接口的连通性。

(3) 在"命令提示符"窗口中输入 telnet 192.168.1.254(路由器接口 IP 地址)命令,登录路由器。

实训 4　使用 CDP

1. 查看 CDP 信息

在图 2-6 所示的网络中,查看路由器 CDP 相关信息的操作方法如下。

```
Qchm-R0#show cdp                    //查看 CDP 总体信息
Global CDP information:
    Sending CDP packets every 60 seconds
    Sending a holdtime value of 180 seconds
```

```
    Sending CDPv2 advertisements is enabled
Qchm-R0#show cdp interface            //显示在哪些接口运行 CDP
Vlan1 is administratively down,line protocol is down
  Sending CDP packets every 60 seconds
  Holdtime is 180 seconds
FastEthernet0/0 is up,line protocol is up
  Sending CDP packets every 60 seconds
  Holdtime is 180 seconds
FastEthernet0/1 is administratively down,line protocol is down
  Sending CDP packets every 60 seconds
  Holdtime is 180 seconds
Qchm-R0#show cdp neighbors            //查看 CDP 邻居,即直连的其他设备
Capability Codes: R-Router,T-Trans Bridge,B-Source Route Bridge
                  S-Switch,H-Host,I-IGMP,r-Repeater,P-Phone
Device ID    Local Intrfce   Holdtme    Capability   Platform    Port ID
Switch       Fas 0/0         121        S            2960        Fas 0/2
Qchm-R0#show cdp neighbors detail     //查看 CDP 邻居的详细信息
Device ID: Switch
Entry address(es):
Platform: cisco 2960,Capabilities: Switch
Interface: FastEthernet0/0,Port ID (outgoing port): FastEthernet0/2
...(以下省略)
```

2. 关闭 CDP

关闭 CDP 的操作方法如下。

```
Qchm-R0(config)#no cdp run             //在整个设备上关闭 CDP
Qchm-R0(config)#cdp run                //在整个设备上打开 CDP
Qchm-R0(config)#interface F0/0
Qchm-R0(config-if)#no cdp enable       //在 F0/0 接口上关闭 CDP,其他接口还运行 CDP
```

实训 5　管理配置文件

1. 保存配置文件

网络设备的所有设置会保存在运行配置文件中。由于运行配置文件存储在内存,如果网络设备断电或重新启动,未保存的配置更改将会丢失。因此在配置好网络设备后,必须将配置文件保存在 NVRAM 中,即保存在启动配置文件中。保存配置文件的操作方法如下。

```
Qchm-R0#show running-config                        //查看运行配置文件
Building configuration...
Current configuration : 888 bytes
!
version 15.1
...(以下省略)
Qchm-R0#copy running-config startup-config         //保存配置文件
```

2. 恢复初始设置

如果更改运行配置未能实现预期效果,则可能有必要恢复设备之前的配置。如果没有更改启动配置文件,则可在特权模式中使用 reload 命令,重新启动设备,用启动配置文件来

取代运行配置文件。

【注意】 重新加载启动配置文件时，IOS会检测到用户对运行配置文件的更改尚未保存到启动配置中，此时IOS将提示用户是否保存所做的更改并确认是否重新加载。

3. 删除所有配置

如果将不理想的设置保存到了启动配置文件，则可以将其删除，操作方法如下。

```
Qchm-R0#erase startup-config          //删除启动配置文件
Erasing the nvram filesystem will remove all configuration files! Continue?
[confirm]
```

按Enter键即可确认并删除启动配置文件，按其他任何键将中止该过程。删除完成后应重新启动设备，以从内存中清除当前的运行配置文件，设备重启后会将出厂默认的启动配置文件加载到运行配置中。

【注意】 erase命令可用于删除设备上的任何文件，错误使用该命令可能会删除IOS自身或其他重要文件。

任务拓展

在图2-6所示的网络中，请在PC0上利用本地控制台对交换机进行以下配置。

- 设置交换机的主机名为Qchm-SW0。
- 启用交换机的Telnet连接访问方式。

【注意】 默认情况下，二层交换机的所有端口均属于VLAN 1。VLAN 1是交换机自动创建和管理的，可以有一个活动的管理地址。因此，如果要为交换机设置管理IP地址，应首先选择VLAN 1接口，然后为该接口设置IP地址。

在PC0上利用Telnet连接访问交换机并进行以下配置。

- 为交换机设置控制台登录口令，验证是否生效。
- 为交换机设置每日提示信息，设置内容为：Legal action will be pursued for any unauthorized use。
- 关闭交换机与计算机相连端口的CDP，查看交换机的CDP接口信息。
- 查看交换机的启动配置文件，并与运行配置文件进行比较。
- 保存对交换机的配置，并重新启动交换机。

如果遗失或忘记了使能口令、使能加密口令等口令，Cisco设备可以提供口令恢复机制使管理员仍能访问设备。口令恢复过程通常需要实际接触设备，且不同设备的口令恢复规程可能不同。请查阅相关产品手册或其他相关资料，了解恢复设备口令的操作方法。

任务2.3　检查网络连接并排除故障

任务目的

(1) 熟悉在网络设备上测试网络连通性的常用方法；

(2) 熟悉在网络设备上排除网络故障的常用方法。

任务导入

按照预期目标组建计算机网络后，首要的任务就是检查网络的连接情况。为了保证网络的连通性，单个网络设备或网络设备之间会运行各种协议或交互相关控制信息。有时为了检查这些协议是否正常运行，需要使用相应的调试工具。请在图 2-7 所示的网络中，为网络中的设备分配并设置 IP 地址，通过在网络设备上运行常用测试命令和调试工具，检查网络的连接状况并排除网络故障。

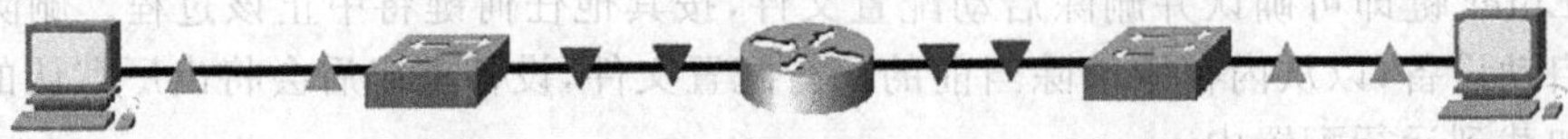

图 2-7 检查网络连接并排除故障示例

工作环境与条件

(1) 交换机和路由器(本部分以 Cisco 系列产品为例，也可选用其他品牌型号的产品或使用 Cisco Packet Tracer 等网络模拟和建模工具)；

(2) Console 线缆和相应的适配器；

(3) 安装 Windows 操作系统的 PC；

(4) 组建网络所需的其他设备。

相关知识

2.3.1 ping

ping 是基于 ICMP 开发的应用程序，是在计算机各种操作系统及网络设备上广泛使用的网络连通性检测工具。通过使用 ping 命令，用户可以检查指定地址的主机或设备是否可达，测试网络连接是否出现故障。ICMP 定义了多种消息类型，ping 主要使用了其中的回波请求和回波响应两种消息。源主机向目的主机发送 ICMP 的回波请求消息探测其是否可达，收到该消息的目的主机则向源主机发送 ICMP 的回波响应消息。源主机收到目的主机回应的消息则可判断其可达，反之则可判断其不可达。

ping 命令的基本使用格式如下。

```
ping IP 地址或主机名
```

在 IOS 系统中运行 ping 命令时，每个收到的 ICMP 响应会生成一个指示符，常见的主要有以下几种。

- "!"：表示成功收到了一个 ICMP 回波响应信息，网络层连通性良好。
- "."：表示等待响应超时。目的主机之间可能存在连通性问题，也可能沿途的某个路由器没有通往目的主机的路由且未发送 ICMP 目标不可达消息，还可能是 ICMP 消息被网络中的安全设施所拦截。

- "U"：表示沿途的某个路由器没有通往目的主机的路由并发回了 ICMP 目标不可达消息。

2.3.2 traceroute

通过 traceroute(可简写为 trace，在 Windows 系统中该命令写为 tracert)命令，用户可以查看数据包从源主机传送到目的主机所经过的路径。该命令主要利用了 TTL 超时机制和 ICMP 的超时错误消息通告功能。在需要探测路径时，源主机的 traceroute 程序将发送一系列数据包并等待每一个响应。在发送第一个数据包时，其 TTL 值将置为 1，当途中第一个路由器收到该数据包时会将其 TTL 值减 1，此时该数据包的 TTL 值将为 0，路由器将丢弃该数据包并向源主机发送一个 ICMP 超时消息，源主机的 traceroute 程序通过该消息即可知道通往目的主机路径上经过的第一个路由器的 IP 地址。之后，源主机的 traceroute 程序将发送一个 TTL 值为 2 的数据包，途中第一个路由器会将其 TTL 值减 1 并转发该数据包，第二个路由器将 TTL 值再减 1 后丢弃该数据包并向源主机发送 ICMP 超时消息，源主机的 traceroute 程序即可得到通往目的主机路径上经过的第二个路由器的 IP 地址。以此类推，traceroute 程序可以逐步获得从源主机到目的主机所经过的每一个路由器的地址，如果出现连通性问题，也可以使管理员了解问题发生的具体位置。

traceroute 命令的基本使用格式如下。

```
traceroute IP 地址或主机名
```

【注意】 和 ping 一样，在 traceroute 的运行过程中也会涉及双向的消息传递，只有在双向都可以成功传输消息时才能正确探测路径。另外，网络中的安全设施也可能会导致路径探测部分或完全失败情况的发生。

任务实施

请扫描数字活页 2.3 的二维码，在任务实施过程中思考并回答数字活页中提出的问题。另外，可以分别扫描微课视频 2.3.1(测试网络连通性)、微课视频 2.3.2(使用 debug 命令进行系统调试)、微课视频 2.3.3(对系统性能进行评估)的二维码，观看相关工作任务的讲解和操作演示视频。

数字活页 2.3　　　**微课视频 2.3.1(测试网络连通性)**

微课视频 2.3.2(使用 debug 命令进行系统调试)　　微课视频 2.3.3(对系统性能进行评估)

实训 1　测试网络连通性

1. 为网络中的设备设置 IP 地址

在图 2-7 所示网络中,若设置 PC0 的 IP 地址为 192.168.1.1/24,默认网关为 192.168.1.254;PC1 的 IP 地址为 192.168.2.1/24,默认网关为 192.168.2.254;交换机 Switch0 的管理 IP 地址为 192.168.1.2/24,默认网关为 192.168.1.254;路由器 F0/0 接口的 IP 地址为 192.168.1.254/24,F0/1 接口的 IP 地址为 192.168.2.254/24,则在路由器上设置 IP 地址的操作过程如下。

```
Qchm-R0(config)#interface F0/0
Qchm-R0(config-if)#ip address 192.168.1.254 255.255.255.0
Qchm-R0(config-if)#no shutdown
9Qchm-R0(config-if)#interface F0/1
Qchm-R0(config-if)#ip address192.168.2.254 255.255.255.0
Qchm-R0(config-if)#no shutdown
```

在交换机上设置 IP 地址的操作过程如下。

```
Qchm-SW0(config)#interface vlan 1
Qchm-SW0(config-if)#ip address 192.168.1.2 255.255.255.0
Qchm-SW0(config-if)#ip default-gateway 192.168.1.254        //设置默认网关
Qchm-SW0(config-if)#no shutdown
```

2. 验证路由器和交换机接口

利用 show ip interface brief 命令可以查看交换机、路由器等网络设备所有接口的重要信息摘要。在路由器上查看接口信息摘要的操作方法如下。

```
Qchm-R0(config)#show ip interface brief          //查看接口信息摘要
Interface          IP-Address     OK?  Method Status                  Protocol
FastEthernet0/0    192.168.1.254  YES  manual up                      up
FastEthernet0/1    192.168.2.254  YES  manual up                      up
Vlan1              unassigned     YES  unset administratively down    down
```

【注意】 show ip interface brief 命令的输出显示中包括每个接口的 IP 地址及工作状态。其中 Status(状态)列中的 up(工作)表明该接口在物理层工作正常,administratively down(管理性关闭)表明该接口未被启用;Protocol(协议)列中的 up 表明该接口数据链路层协议工作正常。

3. 利用 ping 命令测试网络连通性

在确定交换机和路由器的各接口正常工作后,可以利用 ping 命令测试各设备间的连通性。在交换机上的操作方法如下。

```
Qchm-SW0#ping 192.168.1.254                //测试与网关间的连通性
Type escape sequence to abort.
Sending 5,100-byte ICMP Echos to 192.168.1.254,timeout is 2 seconds:
!!!!!
Success rate is 100 percent (5/5),round-trip min/avg/max =  0/0/0 ms
Qchm-SW0#ping 192.168.1.1                  //测试与 PC0 间的连通性
Qchm-SW0#ping 192.168.2.1                  //测试与 PC1 间的连通性
```

【注意】　为扩展 ping 命令的功能,IOS 为其提供了"扩展"模式。可以在特权模式通过输入不带目的地址的 ping 命令来进入该模式。在该模式中系统会显示一系列提示信息,用户可根据需要自行设置相关参数,或按 Enter 键接受默认值。

4. 利用 traceroute 命令探测网络路径

利用 traceroute 命令探测网络路径的基本操作方法如下。

```
Qchm-SW0#traceroute 192.168.1.1            //探测与 PC0 间的网络路径
Type escape sequence to abort.
Tracing the route to 192.168.1.1
  1   192.168.1.1      1 msec     0 msec     0 msec
Qchm-SW0#traceroute 192.168.2.1            //探测与 PC1 间的网络路径
Type escape sequence to abort.
Tracing the route to 192.168.2.1
  1   192.168.1.254    0 msec     0 msec     0 msec
  2   192.168.2.1      0 msec     0 msec     0 msec
```

实训 2　使用 debug 命令进行系统调试

debug 命令是一个在 IOS 特权模式下运行并用于故障排除的命令。debug 命令可以显示网络设备的各种操作信息及其产生或接收到的与流量相关的信息,此外还包括出错信息,这些信息是用户管理员判断系统相关软件或硬件运转是否正常及确定故障原因的关键依据。由于 debug 命令在运行时会消耗大量系统资源,因此不能将其作为简单的监控工具使用,而只能将其作为故障排除工具在相对短的时间内使用。在图 2-7 所示的网络中,如果要在路由器上对运行 ping 和 traceroute 命令的相关信息进行监控和调试,操作方法如下。

```
Qchm-R0#debug ip icmp              //对 ICMP 数据包进行监控和调试
ICMP packet debugging is on
```

此时如果在交换机上运行 ping 192.168.7.1 命令,则在路由器上会显示以下信息:

```
ICMP: echo reply sent,src 192.168.1.254,dst 192.168.1.2
ICMP: echo reply sent,src 192.168.1.254,dst 192.168.1.2
ICMP: echo reply sent,src 192.168.1.254,dst 192.168.1.2
ICMP: echo reply sent,src 192.168.1.254,dst 192.168.1.2
ICMP: echo reply sent,src 192.168.1.254,dst 192.168.1.2
//路由器向交换机回送了 5 个 ICMP 回波响应(Echo Reply)消息
Qchm-R0#no debug ip icmp           //关闭对 ICMP 数据包进行监控和调试
ICMP packet debugging is off
```

实训 3　对系统性能进行评估

当需要对网络设备的性能及其 CPU 利用率进行评估时，可以在特权模式下使用 show processes 命令。该命令可以给出 CPU 的利用率并提供正在运行进程的列表，包括各进程的 ID、优先级、调度程序测试(状态)、使用 CPU 的时间、调用次数等数据。在路由器上运行 show processes 命令的基本过程如下。

```
Qchm-R0#show processes        //查看 CPU 利用率及正在运行的进程列表
CPU utilization for five seconds: 0% /0% ; one minute: 0% ; five minutes: 0%
PID  QTy          PC Runtime(ms)  Invoked  uSecs  Stacks     TTY  Process
1    Csp 602F3AF0 0               1627     0      2600/3000  0    Load Meter
2    Lwe 60C5BE00 4               136      29     5572/6000  0    CEF Scanner
3    Lst 602D90F8 1676            837      2002   5740/6000  0    Check heaps
4    Cwe 602D08F8 0               1        0      5568/6000  0    Chunk Manager
5    Cwe 602DF0E8 0               1        0      5592/6000  0    Pool Manager
6    Mst 60251E38 0               2        0      5560/6000  0    Timers
...(以下省略)
```

【注意】 第一行给出了 CPU 在最近 5s、1min 和 5min 内的利用率。其中，最近 5s 会出现两个百分数，第一个数为总利用率，第二个数为因中断程序运行而达到的利用率。

任务拓展

debug 命令可以对网络中的各类信息进行监控和调试。在图 2-7 所示的网络中，请分别在路由器和交换机上运行 debug ip packet 命令，在 PC0 上运行 ping 192.168.1.254 和 tracert 192.168.2.1 命令，查看路由器和交换机上的输出显示，体会 debug ip packet 命令的作用及数据包在网络中的具体传输过程。

请利用系统帮助查看 debug 命令的其他关键字，理解其作用和使用方法。

任务 2.4　网络设备的数据备份与恢复

任务目的

(1) 熟悉 TFTP 服务器的构建方法；

(2) 理解 IOS 文件系统；

(3) 熟悉备份与恢复 IOS 系统的操作方法；

(4) 熟悉备份与恢复配置文件的操作方法。

任务导入

数据备份是网络安全管理中的基本工作，当网络发生意外时，可以利用备份数据恢复网络的正常运行。对于网络设备来说，需要备份的数据包括操作系统和配置文件，当然也可以利用该方法实现系统的升级。在图 2-8 所示的网络中，请将路由器、交换机的操作系统和配置文件备份到 TFTP 服务器上，并利用备份文件实现操作系统和配置文件的恢复。

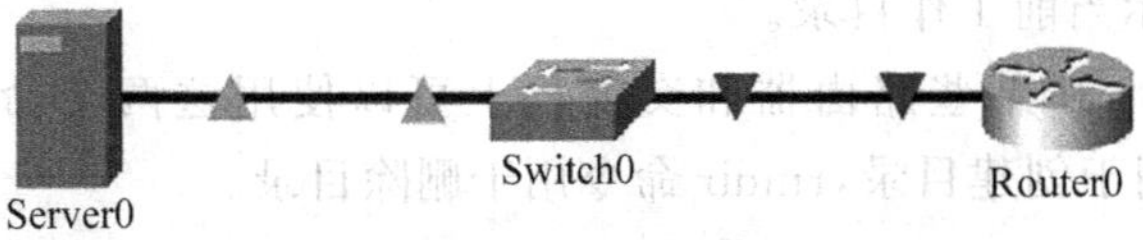

图 2-8　网络设备的数据备份与恢复示例

工作环境与条件

（1）交换机和路由器（本部分以 Cisco 系列产品为例，也可选用其他品牌型号的产品或使用 Cisco Packet Tracer 等网络模拟和建模工具）；

（2）Console 线缆和相应的适配器；

（3）安装 Windows 操作系统的 PC；

（4）组建网络所需的其他设备。

相关知识

2.4.1　TFTP

TFTP(trivial file transfer protocol，简单文件传输协议)是 TCP/IP 中的一个用来在客户机与服务器之间进行简单文件传输的应用层协议，提供不复杂、开销不大的文件传输服务。该协议在传输层使用 UDP 实现，使用 UDP 69 端口。由于 TFTP 设计的主要目标是实现小文件传输，因此它只能从服务器上读取或写入文件，不能列出目录，也不进行认证。目前 TFTP 主要用于网络设备操作系统和配置文件的备份、恢复与升级操作，也可用于其他文件的传输操作。

2.4.2　Cisco IOS 文件系统

Cisco IOS 文件系统(Cisco IFS)为用户提供了查看和对所有文件进行分类的功能，可以使用用户通过 Cisco IFS 命令对相应设备的文件和目录进行操作，就像在 Windows 系统中利用 DOS 命令操作文件和目录一样。常用的用来管理 IOS 的 IFS 命令如下。

- dir：与 DOS 中的功能相同，用户可以通过该命令查看目录下的文件。默认情况下将获得“flash:/”目录下的内容。
- copy：经常用于升级、恢复或备份 IOS。使用时需要注意要复制什么文件，源文件在哪里，要复制到哪里去。
- more：与 UNIX 中的命令功能相同，可以使用该命令检查配置文件或备份的配置文件。
- show file：该命令可以为用户显示一个指定文件或文件系统的信息。
- delete：可以使用该命令执行删除操作。但对于某些类型的路由器，该命令会破坏文件但并不释放文件所占用的空间。若要真正收回空间，需使用 squeeze 命令。
- erase/format：使用这两个命令可以删除 Flash 中的 IOS 文件。erase 是更常被使用的命令,使用 format 命令时要非常慎重。

- cd/pwd:同 UNIX 和 DOS 中的功能相同,可以使用 cd 命令改变目录,可以使用 pwd 命令显示当前工作目录。
- mkdir/rmdir:在某些路由器和交换机上可以使用这两个命令创建和删除目录。mkdir 命令用于创建目录,rmdir 命令用于删除目录。

任务实施

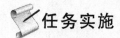

请扫描数字活页 2.4 的二维码,在任务实施过程中思考并回答数字活页中提出的问题。另外,可以分别扫描微课视频 2.4.1(构建 TFTP 服务器)、微课视频 2.4.2(备份与恢复 Cisco IOS)、微课视频 2.4.3(备份与恢复 Cisco 配置文件)的二维码,观看相关工作任务的讲解和操作演示视频。

数字活页 2.4

微课视频 2.4.1(构建 TFTP 服务器)

微课视频 2.4.2(备份与恢复 Cisco IOS)

微课视频 2.4.3(备份与恢复 Cisco 配置文件)

实训 1　构建 TFTP 服务器

在对网络设备操作系统和配置文件进行备份、恢复操作之前,应首先构建 TFTP 服务器。能够实现 TFTP 服务的软件很多,Cisco TFTP Server 是 Cisco 出品的 TFTP 服务器软件,用于 Cisco 网络设备的升级与备份工作。Cisco TFTP Server 的安装方法非常简单,这里不再赘述。

安装完成后双击 TFTPServer.exe 程序,可以打开 Cisco TFTP Server 窗口,在菜单栏依次选择"查看"→"选项"命令,可以看到 TFTP 服务器的根目录和日志文件名。在该软件中附带了一个命令行方式的 TFTP 客户端,文件名为 TFTP.exe。如果网络中 TFTP 服务器的 IP 地址为 192.168.7.251,现将 TFTP.exe 文件安装于另一台计算机的 D 盘根目录下,则可以采用以下步骤对 TFTP 服务器进行测试。

(1) 在客户机上进入命令行模式,在 TFTP.exe 文件所在目录下输入 tftp 命令可以获得该命令的使用帮助。

(2) 输入 tftp -i 192.168.7.251 put 1.txt 命令,可以将本地当前目录下 1.txt 文件上传到 TFTP 服务器根目录。

(3) 输入 tftp -i 192.168.7.251 get 2.txt 命令,可以将 TFTP 服务器根目录下的 2.txt 文件下载到本地当前目录。

实训 2 备份与恢复 Cisco IOS

1. 备份 Cisco IOS

(1) 查看 Flash 容量。Cisco IOS 文件存放在网络设备的 Flash(闪存)中。在备份 Cisco IOS 之前,可以使用 show flash 命令对 Flash 的容量和存储空间使用情况进行验证。操作过程如下。

```
Qchm-R0#show flash
System flash directory:
File  Length    Name/status
  3   33591768  2800nm-advipservicesk9-mz.151-4.M4.bin
  2   28282     sigdef-category.xml
  1   227537    sigdef-default.xml
[33847587 bytes used,221896413 available,255744000 total]
249856K bytes of processor board System flash (Read/Write)
```

【注意】 如果 Flash 没有足够的空间同时容纳已有的和用户要新加载的映像文件,原有的映像文件将会被删除。另外,也可以使用 show version 命令更精确地显示闪存容量。

(2) 备份 Cisco IOS。可以使用 copy flash tftp 命令将 Cisco IOS 备份到 TFTP 服务器。为了确保与 TFTP 服务器的连通性,可以先使用 ping 命令进行检查。操作过程如下。

```
Qchm-R0#ping 192.168.1.251
Type escape sequence to abort.
Sending 5,100-byte ICMP Echos to 192.168.1.251,timeout is 2 seconds:
!!!!!
Success rate is 100 percent (5/5),round-trip min/avg/max = 0/0/1 ms
Qchm-R0#copy flash tftp
Source filename []? 2800nm-advipservicesk9-mz.151-4.M4.bin
//提示输入源文件名,通常只需从 show flash 命令或 show version 命令的显示输出中复制该文
  件名并粘贴即可
Address or name of remote host []? 192.168.1.251  //输入 TFTP 服务器的 IP 地址
Destination filename [2800nm-advipservicesk9-mz.151-4.M4.bin]?
//提示输入目标文件名,直接按 Enter 键将与源文件同名
Writing
2800nm-advipservicesk9-mz.151-4.M4.bin...!!!!!!!!i!!!!!!!!!!!!!!!!!!!!!!!!!!!!!
!!!!!!!!!! !!!!
!!!!!!!!!!!!!!!!!!!!!!!!!!!!!!!!!!!!!!!!!!!!!!!!!!!!!!!!!!!!!!!!!!!!!!!!!!!
[OK-33591768 bytes]
33591768 bytes copied in 0.707 secs (4988680 bytes/sec)
```

2. 恢复或升级 Cisco IOS

如果需要用已备份到 TFTP 服务器的 IOS 文件替换 Flash 中已被损害的文件,或需要升级 IOS,则可使用 copy tftp flash 命令将文件从 TFTP 服务器下载到 Flash 中。在开始操作前,要确保相应文件存放在 TFTP 服务器根目录下,操作方法如下。

```
Qchm-R0#copy tftp flash
Address or name of remote host []? 192.168.1.251
Source filename []? 2800nm-advipservicesk9-mz.151-4.M4.bin
Destination filename [2800nm-advipservicesk9-mz.151-4.M4.bin]?
% Warning:There is a file already existing with this name
Do you want to over write? [confirm]
Accessing tftp://192.168.1.251/2800nm-advipservicesk9-mz.151-4.M4.bin...
Loading2800nm-advipservicesk9-mz.151-4.M4.bin from 192.168.1.251: !!!!!!!!!!!
!!!!!!!!!!!!!!!!!!!!!!!!!!!!!!!!!!!!!!!!!!!!!!!!!!!!!!!!!!!!!!!!!!!!!!!!!!!!!!!
[OK-33591768 bytes]
33591768 bytes copied in 0.695 secs (5074815 bytes/sec)
```

【注意】 当将相同文件名文件复制到 Flash 中时，系统会询问是否覆盖前一个文件，如果文件由于被覆盖而遭到破坏，只有网络设备重新启动时才能被发现。如果文件被破坏，将需要从 ROM 监控模式恢复 IOS。

实训 3　备份与恢复 Cisco 配置文件

1. 备份 Cisco 配置文件

若要将网络设备的配置文件复制到 TFTP 服务器，可以使用 copy running-config tftp 命令或 copy startup-config tftp 命令。前一个命令用于备份当前正在 DRAM 中运行配置文件，后一个命令用于备份存储在 NVRAM 的启动配置文件。操作过程如下。

```
Qchm-R0#show running-config        //查看 running-config 配置文件的大小和内容
Building configuration...
Current configuration : 619 bytes
!
version 15.1
...(以下省略)
Qchm-R0#copy running-config tftp
Address or name of remote host []? 192.168.1.251
Destination filename [Router-confg]?
Writing running-config...!!
[OK-619 bytes]
619 bytes copied in 0 secs
```

2. 恢复 Cisco 配置文件

如果需要用已备份到 TFTP 服务器的配置文件替换网络设备的运行配置文件或启动配置文件，可以使用 copy tftp running-config 命令或 copy tftp startup-config 命令，操作方法如下。

```
Qchm-R0#copy tftp running-config
Address or name of remote host []? 192.168.1.251
Source filename []? Router-confg
Destination filename [running-config]?
Accessing tftp://192.168.1.251/Router-confg...
Loading Router-confg from 192.168.1.251: !
[OK-619 bytes]
619 bytes copied in 0 secs
```

【注意】 网络设备的配置文件是一个 ASCII 文本文件，可以在 TFTP 服务器上使用文本编辑器对其修改。

任务拓展

SDM(security device manager，安全设备管理器)是 Cisco 公司提供的一套易用的、基于浏览器的设备管理工具，可简化网络设备的基本配置过程。请查阅相关技术资料和产品手册，了解使用 SDM 对网络设备基本配置的操作方法。

习 题 2

1. 简述网络设备的基本组成结构。
2. 简述网络设备的启动过程。
3. 常用的网络设备连接方式有几种？
4. 简述 CDP 的作用。
5. 简述 ping 命令的作用和基本工作过程。
6. 为确保备份完成，在将 IOS 映像文件备份到 TFTP 服务器前需要做哪些准备工作？
7. 请按照图 2-9 所示的网络拓扑结构组建网络，并完成以下设置。

(1) 为网络中的所有设备分配 IP 地址实现网络的连通，并利用 ping 命令进行测试。

(2) 将交换机的主机名设置为 SW0，路由器的主机名设置为 R0。

(3) 在路由器上开启 Telnet，使管理员可以通过 Telnet 对路由器进行远程配置。

(4) 关闭交换机与计算机相连的接口上的 CDP。

(5) 在路由器上对 ICMP 数据包进行监控调试。

(6) 在 Server0 上安装 TFTP 服务，将路由器和交换机的操作系统和运行配置文件备份到 TFTP 服务器。

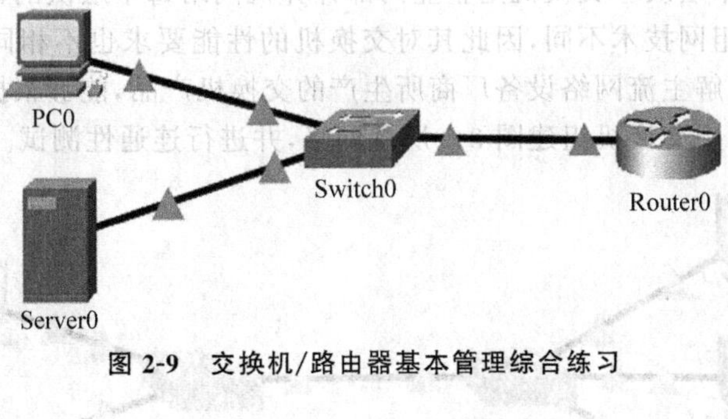

图 2-9 交换机/路由器基本管理综合练习

工作单元3　利用交换机连接企业内部网络

早期的以太网主要使用总线型拓扑结构或以集线器为中心的星形拓扑结构，而以太网交换机的广泛应用使以太网克服了冲突域的限制，以交换机为中心的星形或树形拓扑结构已成为目前组建企业内部计算机网络的基本结构。本单元的主要目标是能够根据实际需求正确选择与安装交换机；掌握二层交换机的基本配置方法；理解 VLAN 和生成树协议的作用并掌握其基本配置方法。

任务 3.1　选择与安装交换机

任务目的

（1）了解交换机的类型和选购方法；

（2）掌握使用交换机连接企业内部计算机网络的方法。

任务导入

企业内部计算机网络主要采用分层设计方法，典型的分层网络模型将网络分为接入层、汇聚层和核心层 3 个层次。交换机是企业内部计算机网络每个层次的核心设备。由于不同层次的功能需求和组网技术不同，因此其对交换机的性能要求也不相同。目前市场上交换机的类型很多，请了解主流网络设备厂商所生产的交换机产品，能够根据不同网络需求正确选择交换机产品，利用交换机组建图 3-1 所示网络，并进行连通性测试。

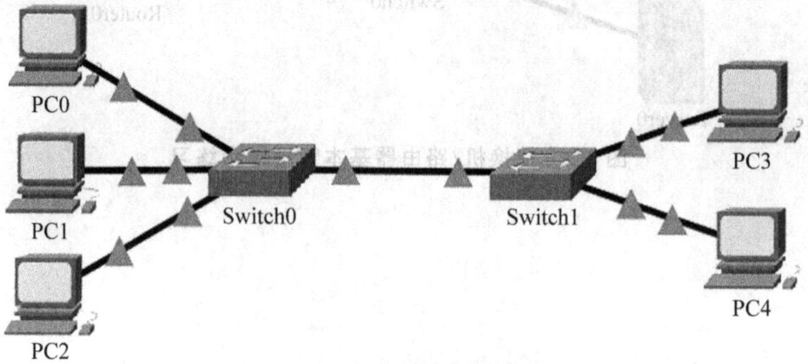

图 3-1　利用交换机连接网络示例

工作环境与条件

(1) 交换机(本部分以 Cisco 系列产品为例,也可选用其他品牌型号的产品或使用 Cisco Packet Tracer 等网络模拟和建模工具);

(2) 双绞线、RJ-45 压线钳及 RJ-45 连接器若干;

(3) 安装 Windows 操作系统的 PC。

相关知识

3.1.1 交换机的分类

计算机网络使用的交换机分为两种:广域网交换机和局域网交换机。广域网交换机主要在电信领域用于提供数据通信的基础平台。局域网交换机用于将个人计算机、共享设备和服务器等网络应用设备连接成用户计算机局域网。局域网交换机可按以下方法进行分类。

1. 按照网络类型分类

按照支持的网络类型,局域网交换机可以分为以太网交换机、快速以太网交换机、千兆位以太网交换机、万兆位以太网交换机等。

【注意】 *为适应分层网络的需要,局域网交换机通常会支持多种不同类型的接口。*

2. 按照应用规模分类

(1) 桌面交换机。桌面交换机价格便宜,只具备最基本的交换机特性,支持的接口数量也比较少,被广泛用于家庭、一般办公室、小型机房等小型网络环境。

【注意】 *桌面交换机通常不符合 19 英寸标准尺寸,不能安装 19 英寸标准机柜。*

(2) 工作组级交换机。工作组级交换机主要用于局域网的接入层。与桌面交换机相比,工作组级交换机符合 19 英寸标准尺寸,配有数量较多的网络接口,具有一定的网络安全和管理能力,更适合于大中型企业计算机网络环境。

(3) 部门级交换机。部门级交换机比工作组级交换机具有更强的数据交换和管理能力,通常可作为小型企业计算机网络的核心交换机或用于大中型企业计算机网络的汇聚层。低端的部门级交换机通常提供 8~16 个接口,高端的部门级交换机可以提供 48 个接口或更多。

(4) 企业级交换机。企业级交换机是功能最强的交换机,在大中型企业计算机网络中作为骨干设备使用,提供高速、高效、稳定和可靠的中心交换服务。企业级交换机除了支持冗余电源供电外,还支持许多不同类型的功能模块,并提供强大的数据交换能力。用户选择企业级交换机时,可以根据需要选择千万兆位以太网光纤通信模块、万兆位以太网双绞线通信模块、路由模块等。企业级交换机通常还有非常强大的管理功能,但其价格也比较昂贵。

3. 按照设备结构分类

(1) 机架式交换机。机架式交换机是一种插槽式的交换机,用户可以根据需求,选购不同的模块插入插槽中。这种交换机功能强大,扩展性较好,可支持不同的网络类型。像企业级交换机这样的高端产品大多采用机架式结构。机架式交换机使用灵活,但价格比较昂贵。

(2) 带扩展槽固定配置式交换机。带扩展槽固定配置式交换机是一种配置固定接口并带有少量扩展槽的交换机。这种交换机可以通过在扩展槽插入相应模块来扩展网络功能,为用户提供了一定的灵活性,其价格相对比较适中。

(3) 不带扩展槽固定配置式交换机。不带扩展槽固定配置式交换机仅支持单一的网络功能,产品价格便宜,在企业计算机网络的接入层中被广泛使用。

(4) 可堆叠交换机。可堆叠交换机通常是指在固定配置式交换机上扩展了堆叠功能的设备。具备可堆叠功能的交换机可以类似普通交换机那样按常规使用。当需要扩展接入时,可通过各自专门的堆叠端口,将若干台同样的物理设备"串联"起来作为一台逻辑设备使用。

4. 按照网络体系结构层次分类

按照网络体系的分层结构,交换机可以分为二层交换机、三层交换机、四层交换机和七层交换机。这里的层是 OSI 参考模型中的层,表示交换机会根据哪一层的信息进行数据转发。二层交换机是工作于数据链路层的交换机,可以根据数据帧的相关信息(如以太网的 MAC 地址)进行数据帧的转发。三层交换机是工作于网络层的交换机,可以根据 IP 数据包的相关信息(如 IP 地址)进行数据包的转发。当然,由于不同层次交换机转发数据的依据不同,其具体能够实现的网络功能、系统配置及价格成本也各不相同。

【注意】 交换机常用的分类方法还有:按照可管理性,交换机可分为可网管交换机和不可网管交换机;按照在分层网络设计中的应用,交换机可分为核心层交换机、汇聚层交换机和接入层交换机。

3.1.2 交换机的选择

1. 交换机的技术指标

交换机的技术指标较多,全面反映了交换机的技术性能和功能,是选择产品时参考的重要数据依据。选择交换机产品时,应主要考查以下内容。

(1) 系统配置情况。主要考查交换机所支持的最大硬件配置指标,如可以安插的最大模块数量、可以支持的最多接口数量、背板最大带宽、吞吐率或包转发率、系统的缓冲区空间等。

(2) 所支持的协议和标准情况。主要考查交换机对国际标准化组织所制定的联网规范和设备标准支持情况,特别是对数据链路层、网络层、传输层和应用层各种标准和协议的支持情况。

(3) 所支持的路由功能。主要考查路由的技术指标和功能扩展能力。

(4) 对 VLAN 的支持。主要考查交换机实现 VLAN 的方式和允许的 VLAN 数量。对 VLAN 的划分可以基于接口、MAC 地址,还可以基于第 3 层协议或用户。IEEE 802.1Q 是定义 VLAN 的标准,不同厂商的设备只要都支持该标准,就可以共同进行 VLAN 的划分和互联。

(5) 网管功能。主要考查交换机对网络管理协议的支持情况。利用网络管理协议,管理员能够对网络上的资源进行集中化管理操作,包括配置管理、性能管理、记账管理、故障管理等。交换机所支持的管理程度反映了该设备的可管理性及可操作性。

(6) 容错功能。主要考查交换机的可靠性和抵御单点故障的能力。作为企业计算机网络主干设备的交换机,特别是核心层交换机,不允许因为单点故障而导致整个网络瘫痪。

2. 选择交换机的一般原则

交换机的类型和品牌很多,通常在选择时应注意遵循以下原则。

- 尽可能选择在国内或国际网络建设中占有一定市场份额的主流产品。
- 尽可能选取同一厂商的产品，以便使用户从技术支持、价格等方面获得更多便利。
- 在网络的层次结构中，核心层设备通常应预留一定的能力，以便于将来扩展。接入层设备够用即可。
- 所选设备应具有较高的可靠性和性能价格比。如果是旧网改造项目，应尽可能保留可用设备，减少资金投入的浪费。

任务实施

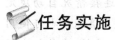

请扫描数字活页3.1的二维码，在任务实施过程中思考并回答数字活页中提出的问题。另外，可以扫描微课视频3.1（利用交换机连接网络）的二维码，观看相关工作任务的讲解和操作演示视频。

数字活页 3.1　　微课视频 3.1（利用交换机连接网络）

实训1　认识企业网络中的交换机

(1) 根据实际条件，现场考察典型校园网或企业网，记录该网络中使用的交换机的品牌、型号及相关技术参数，查看交换机各接口的连接与使用情况。

(2) 访问交换机主流厂商的网站（如Cisco、华为、锐捷、H3C等），查看该厂商生产的接入层交换机和其他交换机产品，记录其型号、价格及相关技术参数。

实训2　利用交换机实现网络连接

1. 利用单一交换机连接网络

把所有计算机通过通信线路连接到单一交换机上，就可以组成一个星形结构的小型局域网。在进行网络连接时应主要注意以下问题。

- 交换机上的RJ-45接口可以分为普通接口（MDI-X接口）和Uplink接口（MDI-II接口）。一般来说，计算机应该连接到交换机的普通接口上，而Uplink接口主要用于交换机与交换机间的级联。
- 在将计算机网卡上的RJ-45接口连接到交换机的普通接口时，双绞线跳线应该使用直通线，网卡的速度与通信模式应与交换机的接口相匹配。

2. 多交换机实现网络连接

当网络中的计算机位置比较分散或超过单一交换机所能提供的接口数量时，需要进行多个交换机之间的连接。交换机之间的连接方式有三种，即级联、堆叠和冗余连接，其中级联是最常用的方式。

(1) 通过 Uplink 端口进行交换机的级联。如果交换机有 Uplink 端口,则可直接采用该端口进行级联,在级联时下层交换机使用专门的 Uplink 端口,通过双绞线跳线连入上一级交换机的普通端口,在这种级联方式中使用的级联跳线应为直通线。

(2) 通过普通端口进行交换机的级联。如果交换机没有 Uplink 端口,可以利用普通端口进行级联,此时交换机和交换机之间的级联跳线应为交叉线。由于计算机在连接交换机时仍然接入交换机的普通端口,因此计算机和交换机之间的跳线仍然使用直通线。

【注意】 目前交换机的接口通常都具有自适用功能,能够根据实际连接情况自动决定其为普通端口还是 Uplink 端口,因此在很多交换机间进行级联时既可使用直通线也可使用交叉线。另外在大中型企业网络中,交换机间的级联更多会采用光缆进行连接,交换机光纤模块及接口的类型较多,连接时应认真阅读产品手册。

实训 3 判断网络的连通性

无论是网卡还是交换机都提供 LED 指示灯,通过对这些指示灯的观察可以得到一些非常有帮助的信息,并解决一些简单的连通性故障。

(1) 观察网卡指示灯。在使用网卡指示灯判断网络是否连通时,一定要先打开交换机的电源,保证交换机处于正常工作状态。网卡有多种类型,不同类型网卡的指示灯数量及其含义并不相同,需注意查看网卡说明书。目前很多计算机的网卡集成在主板上,通常集成网卡只有两个指示灯,黄色指示灯用于表明连接是否正常,绿色指示灯用于表明计算机主板是否已经为网卡供电,使其处于待机状态。如果绿色指示灯亮而黄色指示灯没有亮,则表明发生了连通性故障。

(2) 观察交换机指示灯。交换机的每个接口都会有一个 LED 指示灯用于指示该接口是否处于工作状态。只有该接口所连接的设备处于开机状态,并且链路连通性完好的情况下,指示灯才会被点亮。

【注意】 交换机有多种类型,不同类型交换机的指示灯的作用并不相同,在使用时应认真阅读产品手册。

(3) 利用 ping 命令测试网络的连通性。利用 ping 命令判断网络连通性的基本步骤如下。

① 为计算机设置 IP 地址信息,如可将两台计算机 IP 地址分别设为 192.168.1.1、192.168.1.2,子网掩码均为 255.255.255.0,默认网关和 DNS 服务器为空。

【注意】 默认情况下交换机的所有接口都属于 VLAN1。在由交换机组建的网络中,所有计算机处于同一个广播域(网段),其 IP 地址的网络标识应该相同。

② 在 IP 地址为 192.168.1.1 的计算机上,在传统桌面模式中右击左下角的"开始"图标,在弹出的菜单中单击 Windows PowerShell,进入 Windows PowerShell 环境。

③ 在 Windows PowerShell 环境中输入 ping 192.168.1.2,测试本机与另一台计算机的连接是否正常。如果运行结果如图 3-2 所示,则表明连接正常;如果运行结果如图 3-3 所示,则表明连接可能有问题。

【注意】 ping 命令测试出现错误有多种可能,并不能确定是网络的连通性故障。当前很多的防病毒软件包括操作系统自带的防火墙都有可能屏蔽 ping 命令,因此在利用 ping 命令进行连通性测试时需要关闭防病毒软件和防火墙,并对测试结果进行综合考虑。

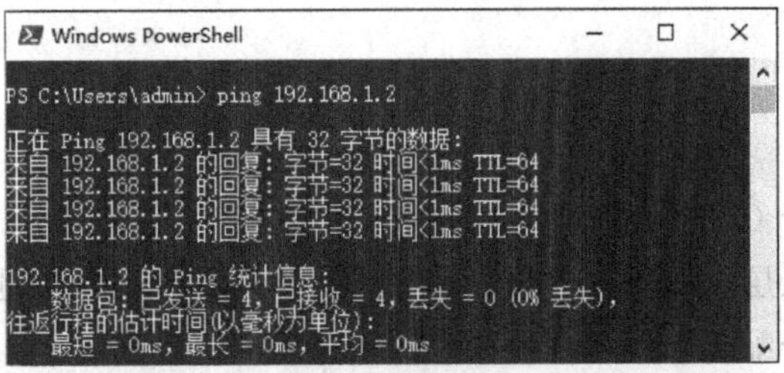

图 3-2　用 ping 命令测试连接正常

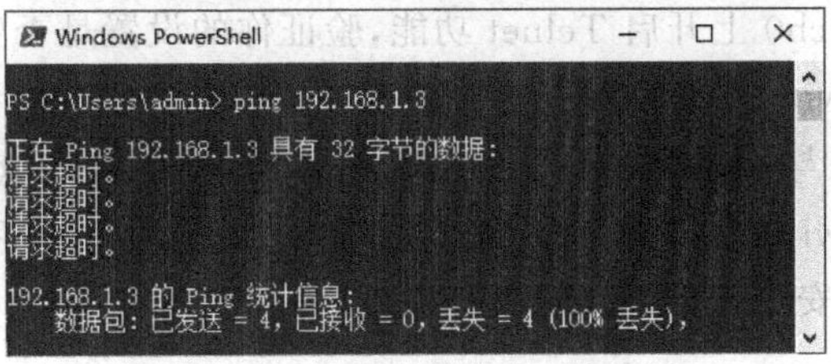

图 3-3　用 ping 命令测试超时错误

任务拓展

企业内部计算机网络通常会采用综合布线系统进行网络布线。在综合布线系统中，交换机和交换机之间、交换机和计算机之间都不是直接相连的。图 3-4 所示为某企业计算机网络中的计算机与该网络核心交换机之间的物理链路(其中 FD 为楼层配线架、BD 为建筑物配线架、CD 为建筑群配线架)。请查阅相关资料，了解综合布线系统的基本结构，现场考察所在校园网或其他企业网络中某台计算机到达网络核心交换机的物理链路，记录这条链路经过的缆线和设备，并与图 3-4 进行比较。

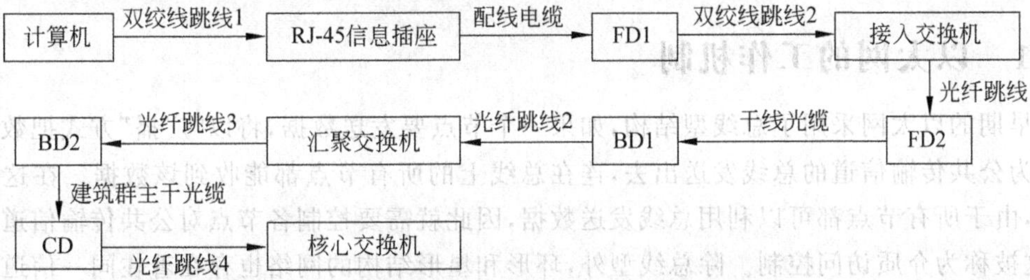

图 3-4　企业网络计算机和核心交换机典型物理链路

任务 3.2　二层交换机基本配置

任务目的

(1) 理解以太网的基本工作机制；
(2) 理解二层交换机的功能和工作原理；
(3) 掌握二层交换机的基本配置命令。

任务导入

二层交换机工作于 OSI 参考模型的数据链路层,目前一般应用于小型局域网或大中型企业计算机网络的接入层。如图 3-1 所示的网络中,若两台交换机通过 F0/24 接口相连,请为网络中的相关设备分配 IP 地址,并完成以下配置。

(1) 在两台交换机上设置容易区分的主机名。

(2) 在交换机 Switch0 上开启 Telnet 功能,验证你的设置是否生效。

(3) 配置交换机 Switch0 的 MAC 地址表,使 PC1 在连接交换机 Switch0 时只能连接在其 F0/2 接口,否则无法与其他 PC 进行通信,验证你的设置是否生效。

(4) 设置交换机 Switch0 与 PC1 的端口通信模式为全双工,速度为 100Mb/s。

(5) 提高交换机的安全性,避免未授权的接入和访问。

工作环境与条件

(1) 交换机(本部分以 Cisco 系列产品为例,也可选用其他品牌型号的产品或使用 Cisco Packet Tracer 等网络模拟和建模工具);

(2) Console 线缆和相应的适配器;

(3) 安装 Windows 操作系统的 PC;

(4) 组建网络所需的其他设备。

相关知识

3.2.1 以太网的工作机制

早期的以太网采用了总线型结构,如果一个节点要发送数据,将以"广播"方式把数据通过作为公共传输信道的总线发送出去,连在总线上的所有节点都能收到该数据。在这种结构中,由于所有节点都可以利用总线发送数据,因此就需要控制各节点对公共传输信道的使用,这被称为介质访问控制。除总线型外,环形和星形结构的网络也存在着在同一信道上连接多个节点的情况。局域网采用的介质访问控制方式主要有竞争方式和令牌传送方式。在竞争方式中,多个节点可使用同一信道,节点之间通过竞争获取信道的使用权,获得使用权的节点才可传送数据。CSMA/CD(carrier sense multiple access/collision detect,载波监听多路访问/冲突检测方法)和 CSMA/CA(carrier sense multiple access/collision avoidance,载波监听多路访问/避免冲突方法)都是典型的竞争方式,其中 CSMA/CD 是以太网的基本工作机制,而 CSMA/CA 则主要用于 IEEE 802.11 无线局域网中。

CAMA/CD 介质访问控制的基本流程如图 3-5 所示。主要包括以下步骤。

(1) 想发送数据的节点要确保没有其他节点在使用公共传输信道,所以该节点首先要监听信道。

(2) 如果信道在一定时间间隔内没有数据传输,则该节点开始传输数据。

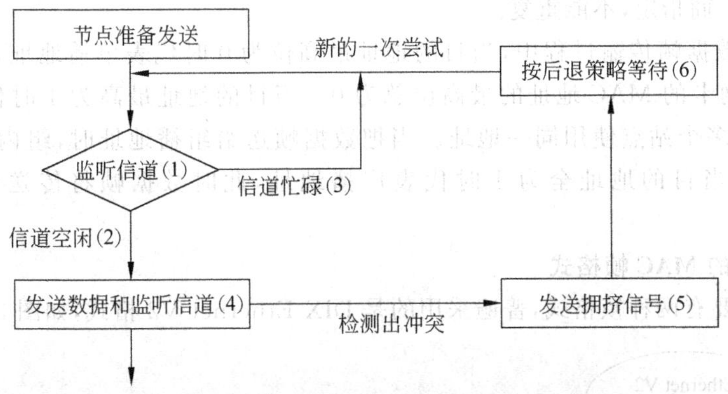

图 3-5　CAMA/CD 介质访问控制的基本流程

(3) 如果信道一直忙碌,节点就一直监视信道,直到出现信道空闲。

(4) 如果两个或更多节点在监听到信道空闲后同时发送数据,则会导致冲突,双方发送的数据都会被损坏,因此节点在发送数据的同时要不断监听信道,以检测冲突。

(5) 如果节点在发送数据期间检测出冲突,则将立即停止发送数据,并向信道发出拥挤信号,以确保其他节点也发现该冲突,从而摒弃接收到的已受损的数据。

(6) 发生冲突后,节点需等待一段时间再试图进行新的发送,具体等待时间是由一种叫二进制指数退避策略的算法决定的。

CAMA/CD 的优势在于节点不需要依靠中心控制就能进行数据发送。当网络通信量较小,冲突很少发生时,CSNA/CD 是快速而有效的方式。在以太网中,如果两台计算机在同时通信时会发生冲突,那么这两台计算机就处于同一个冲突域。连接在一条总线上的计算机构成的以太网属于同一个冲突域。如果以太网以中继器或集线器连接,由于中继器和集线器只能将接收到的数据以广播方式发出,因此其所连接的网络仍是一个冲突域。

【注意】 IEEE 802.4(令牌总线)、IEEE 802.5(令牌环)等采用的介质访问控制方式是令牌传送方式。所谓令牌是一个有特殊目的的数据帧,在令牌传送方式中,令牌在网络中沿各节点依次传递,一个节点只在持有令牌时才能发送数据。令牌传送方式能提供优先权服务,网络上站点的增加不会对性能产生大的影响,但其控制电路复杂,可靠性不高。

3.2.2　以太网的 MAC 帧格式

1. 以太网的 MAC 地址

在 CSMA/CD 的工作机制中,接收数据的计算机必须通过数据帧中的地址来判断此数据帧是否发给自己,因此为了保证网络正常运行,每台计算机必须有一个与其他计算机不同的硬件地址。MAC 地址也称为物理地址,是 IEEE 802 标准为局域网规定的全球唯一地址。以太网网卡在生产时,MAC 地址就被固化在了网卡的 ROM(read-only memory,只读存储器)中,计算机在安装网卡后,就可利用该网卡固化的 MAC 地址进行数据通信。对于计算机来说,一般只要其网卡不换,则其使用的 MAC 地址就不会改变。

IEEE 802 标准规定 MAC 地址长度为 48bit,在计算机和网络设备中一般以 12 个 16 进制数的形式表示,如 00-05-5D-6B-29-F5。MAC 地址中的前 3 字节一般由网卡生产厂商向 IEEE 的注册管理委员会申请购买,称为机构唯一标识号或公司标识符;MAC 地址中的后

3 字节一般由厂商指定,不能重复。

在 MAC 数据帧传输过程中,当目的地址最高位为 0 时代表单播地址,即接收端为单一站点,所以网卡的 MAC 地址的最高位总为 0。当目的地址最高为 1 时代表组播地址,组播地址允许多个站点使用同一地址。当把数据帧送给组播地址时,组内所有的站点都会收到该帧。当目的地址全为 1 时代表广播地址,此时数据帧将传送到网上的所有站点。

2. 以太网的 MAC 帧格式

以太网主要有两种帧格式,普遍采用的是 DIX Ethernet V2 格式,如图 3-6 所示。

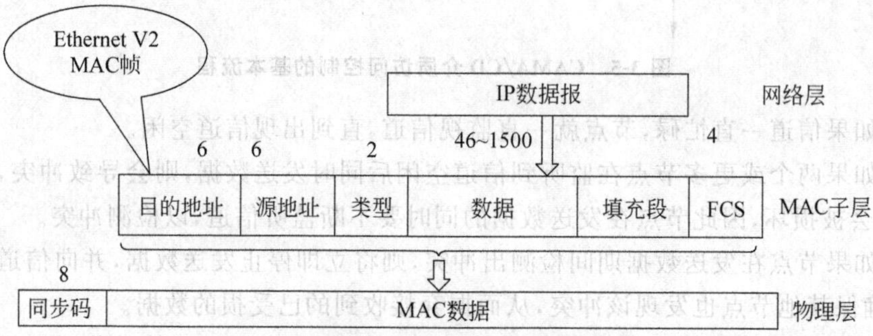

图 3-6 DIX Ethernet V2 MAC 帧结构

- 目的地址:6 字节,为目的站点的 MAC 地址。
- 源地址:6 字节,本站点的 MAC 地址。
- 类型:2 字节,高层协议标识,说明上层使用何种协议。例如,若值为 0x0800 时,则上层使用 IP。上层协议不同,MAC 帧的长度范围会有所变化。
- 数据:长度在 0~1500 字节,是上层传下来的数据。由于 DIX Ethernet V2 没有单独定义 LLC 子层,如果上层使用 TCP/IP,则该部分就是 IP 数据包。
- 填充字段:为保证 MAC 帧的长度不少于 64 字节,当上层数据小于 46 字节时,会自动添加字节。接对方收到 MAC 帧时,会将填充数据丢掉。
- FCS:该部分是长度为 4 字节的循环容余校验码,接收方可以利用其判断数据帧在传输过程中是否发生了错误。
- 同步码:MAC 帧传送到物理层时会加上 10101010 的同步码,以保证接收方与发送方同步。

3.2.3 二层交换机的功能和工作原理

在计算机网络中,交换概念的提出是对于共享工作模式的改进。集线器就是一种共享设备,本身不能识别目的地址,数据帧在以集线器为中心节点的网络上是以广播方式传输的,由每一台终端设备通过验证数据帧的地址信息来确定是否接收。也就是说,在这种工作方式下,同一时刻网络上只能传输一组数据帧,因此用集线器连接的网络属于同一个冲突域,所有的节点共享网络带宽。

二层交换机工作于 OSI 参考模型的数据链路层,它可以识别数据帧中的 MAC 地址信息,并将 MAC 地址与其对应的接口记录在自己内部的 MAC 地址表中。二层交换机拥有一条很高带宽的背板总线和内部交换矩阵,所有接口都挂接在背板总线上。控制电路在收到数据帧后，会查找内存中的 MAC 地址表，并通过内部交换矩阵迅速将数据帧传送到目的接口。其具体的工作流程如下。

- 当二层交换机从某个接口收到一个数据帧，将先读取数据帧头中的源 MAC 地址，这样就可知道源 MAC 地址的计算机连接在哪个接口。
- 二层交换机读取数据帧头中的目的 MAC 地址，并在 MAC 地址表中查找该 MAC 地址对应的接口。
- 若 MAC 地址表中有对应的接口，则交换机将把数据帧转发到该接口。
- 若 MAC 地址表中找不到相应的接口，则交换机将把数据帧广播到所有接口。当目的计算机对源计算机回应时，交换机就可以知道其对应的接口，在下次传送数据时就不需要对所有接口进行广播了。

通过不断地循环上述过程，交换机就可以建立和维护自己的 MAC 地址表，并将其作为数据交换的依据。

通过对二层交换机工作流程的分析不难看出，二层交换机的每一个接口是一个冲突域，不同的接口属于不同的冲突域。因此二层交换机在同一时刻可进行多个接口对之间的数据传输，连接在每一接口上的设备独自享有全部的带宽，无须同其他设备竞争使用，同时由于交换机连接的每个冲突域的数据信息不会在其他接口上广播，也就提高了数据的安全性。二层交换机采用全硬件结构，提供了足够的缓冲器并通过流量控制来消除拥塞，具有转发延迟小的特点。当然由于二层交换机只提供最基本的二层数据转发功能，目前一般应用于小型局域网或大中型企业计算机网络的接入层。

3.2.4 交换机的交换方式

1. 存储转发交换

在存储转发交换方式中，当交换机收到数据帧时，会将其存储在缓冲区中，直到收到完整的数据帧。在存储过程中，交换机将分析数据帧以获得其目的主机信息，同时还将利用 MAC 帧的循环冗余校验部分来进行错误检查。如果查到错误，该数据帧将被交换机丢弃。在确认数据帧的完整性之后，交换机会将其从相应接口转发出去。

【注意】 在融合网络中，通常应对数据帧进行分类以确定流量优先级(如 IP 语音数据流应优先于 Web 浏览数据流)，要实现这种服务质量(QoS)分析，必须采用存储转发交换。

2. 直通交换

在直通交换方式中，交换机在收到数据帧时会立即进行数据处理，即使此时数据传输尚未完成。在 MAC 帧中，目的 MAC 地址位于前导码后面的前 6 字节，交换机只要缓存并读取数据帧的目的地址，即可确定其转发接口并进行转发。由于交换机不必等待收到完整的数据帧，且不执行任何错误检查，因此直通交换比存储转发交换要快。当然，由于不进行错误检查，因此交换机会转发损坏的数据帧，导致网络带宽的浪费。

3. 免分片交换

免分片交换是存储转发交换与直通交换之间的折中。由于大部分的数据帧错误都发生在其前 64 字节，因此，在免分片交换中，交换机将首先存储所收到数据帧的前 64 字节并对其进行检查以确保未发生冲突，然后确定其转发接口并进行转发。

【注意】免分片交换实际上是直通交换的一种特殊变体,传统的交换机可以使用存储转发或直通方式进行端口间的数据交换。而在 Cisco Catalyst 交换机中,存储转发是其唯一使用的交换方式。

任务实施

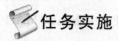

请扫描数字活页 3.2 的二维码,在任务实施过程中思考并回答数字活页中提出的问题。另外,可以分别扫描微课视频 3.2.1(交换机基本管理配置)、微课视频 3.2.2(配置 MAC 地址表)、微课视频 3.2.3(配置交换机接口)、微课视频 3.2.4(保证接口安全)的二维码,观看相关工作任务的讲解和操作演示视频。

数字活页 3.2　微课视频 3.2.1(交换机基本管理配置)　微课视频 3.2.2(配置 MAC 地址表)

微课视频 3.2.3(配置交换机接口)　微课视频 3.2.4(保证接口安全)

实训 1　交换机基本管理配置

交换机的基本配置命令这里不再赘述。在图 3-1 所示的网络中,为交换机 Switch0 配置主机名并开启 Telnet 功能的基本操作过程如下。

```
Switch>enable
Switch#configure terminal
Switch(config)#hostname Qchm-SW0
Qchm-SW0(config)#enable secret aaa111++
Qchm-SW0(config)#interface vlan 1
Qchm-SW0(config-if)#ip address 192.168.1.100 255.255.255.0
Qchm-SW0(config-if)#no shutdown
Qchm-SW0(config-if)#exit
Qchm-SW0(config)#line vty 0 4
Qchm-SW0(config-line)#password te123++
Qchm-SW0(config-line)#login
Qchm-SW0(config-line)#end
Qchm-SW0#show running-config
Qchm-SW0#copy running-config startup-config
```

实训 2　配置 MAC 地址表

交换机内维护着一个 MAC 地址表,用于存放交换机接口与其所连设备 MAC 地址的对应信息，是交换机正常工作的基础。

【注意】 不同型号的交换机，允许保存的MAC地址数目不同。

1. 查看交换机MAC地址表

要查看交换机MAC地址表，可在特权模式运行show mac-address-table命令，此时将显示MAC地址表中的所有MAC地址信息。具体操作方法如下。

```
Qchm-SW0#show mac-address-table                  //显示交换机 MAC 地址表
Mac Address Table
-------------------------------------------
Vlan    Mac Address         Type        Ports
----   -----------        --------    -----
  1     0001.64a1.2a49      DYNAMIC     Fa0/3
  1     0001.c9d2.a118      DYNAMIC     Fa0/24
  1     0002.17db.87d5      DYNAMIC     Fa0/2
  1     000a.f3ac.21a6      DYNAMIC     Fa0/1
  1     000c.8553.0e2a      DYNAMIC     Fa0/24
  1     000c.cf39.38e1      DYNAMIC     Fa0/24
```

显示交换机MAC地址表还可以使用以下命令：

```
Qchm-SW0#show mac-address-table dynamic        //显示交换机动态学习到的 MAC 地址
Qchm-SW0#show mac-address-table static         //显示交换机静态指定的 MAC 地址表
Qchm-SW0#show mac-address-table interface f0/24
//显示交换机 F0/24 接口对应的 MAC 地址
```

2. 设置静态MAC地址

如果要指定静态的MAC地址，可以使用以下命令：

```
Qchm-SW0(config)#mac address-table static 0002.17db.87d5 vlan 1 interface f0/2
//指定静态 MAC 地址 0002.17db.87d5 连接于交换机 F0/2 接口
```

实训3 配置交换机接口

1. 选择交换机接口

对于使用IOS的交换机，交换机接口(interface)也称为端口(port)，由接口类型、模块号和接口号共同进行标识。例如，Cisco 2960-24交换机只有一个模块，模块编号为0，该模块有24个快速以太网接口。若要选择第2号接口，则配置命令如下。

```
Qchm-SW0(config)#interface f0/2
```

对于Cisco 2960、Cisco 3560系列交换机，可以使用range关键字来指定接口范围，从而选择多个接口，并对其进行统一配置，具体操作方法如下。

```
Qchm-SW0(config)#interface range f0/1-24       //选择交换机的第 1～24 号接口
Qchm-SW0(config-if-range)#                     //交换机多接口配置模式提示符
```

2. 配置接口描述

可以为交换机的接口设置描述性的说明文字，以方便记忆。若交换机的24号快速以太网接口为 Trunk 链路接口,可为该接口添加备注说明,操作方法如下。

```
Qchm-SW0(config)#interface f0/24
Qchm-SW0(config-if)#description "-----Trunk Port------"
//为该接口添加备注说明文字为"-----Trunk Port------"
```

3. 启用或禁用接口

可以根据需要启用或禁用正在工作的交换机接口。例如,若发现连接在交换机某一接口的计算机因感染病毒正大量向外发送数据包,则可禁用该接口,操作方法如下。

```
Qchm-SW0(config)#interface f0/2
Qchm-SW0(config-if)#shutdown                //禁用接口
Qchm-SW0(config-if)#no shutdown             //启用接口
```

4. 配置接口通信模式

默认情况下,交换机的接口通信模式为 auto(自动协商),此时链路的两个端点将协商选择双方都支持的最大速度和通信模式。配置接口通信模式的操作方法如下。

```
Qchm-SW0(config)#interface f0/2
Qchm-SW0(config-if)#duplex full
//将该接口设置为全双工模式,half 为半双工,auto 为自动协商
Qchm-SW0(config-if)#speed 100
//将该接口的传输速度设置为 100Mb/s,10 为 10Mb/s,auto 为自动协商
```

实训 4　保证接口安全

1. 禁用未使用的接口

默认情况下,只要有设备连接到了交换机接口,交换机的接口即会启用。管理员可以禁用交换机上所有未使用的接口,以避免未经授权的访问。在图 3-1 所示的网络中,若要禁用交换机 Switch0 所有未使用的接口,操作方法如下。

```
Qchm-SW0(config)#interface range fa0/4-22
Qchm-SW0(config-if-range)#shutdown
```

2. 配置端口安全性

端口安全性可以限制每个接口所允许转发数据帧的有效 MAC 地址。如果交换机的接口启用了端口安全性,那么当数据帧的源地址不是已定义的地址时将不会被交换机转发。

(1) 配置动态端口安全性。如果交换机接口启用了动态端口安全性,则该交换机接口所连接的 MAC 地址数量将受到限制。若在该接口检测到超过数量限制的 MAC 地址时,该接口将自动关闭或采取其他保护措施。配置动态端口安全性的操作方法如下。

```
Qchm-SW0(config)#interface f0/1
Qchm-SW0(config-if)#switchport mode access
//设置接口工作模式为 access,默认为 dynamic
Qchm-SW0(config-if)#switchport port-security          //启用动态端口安全性
Qchm-SW0(config-if)#switchport port-security maximum 1
```

```
//设置该接口下的安全 MAC 地址最大数量为 1,若不设置具体数量则默认也为 1
Qchm-SW0(config-if)#switch port-securitiy violation shutdown
//如果连入接口的 MAC 地址超过安全 MAC 地址限制,则该接口将被关闭。除 shutdown 外,还可以
  设置为 protect 和 restrict。protect 是在超出安全 MAC 地址限制时,新的计算机无法接入,
  而原有的计算机不受影响;restrict 是所有计算机仍能正常接入,但交换机会发出警告信息。
  若不设置该命令,则默认情况下接口将自动关闭
```

(2) 配置静态端口安全性。静态端口安全性是通过命令设置交换机接口可以连接的安全 MAC 地址,并将其存储于 MAC 地址表和运行配置文件中。若在该接口检测到有其他未授权的 MAC 地址时,该接口将自动关闭或采取其他保护措施。配置静态端口安全性的操作方法如下。

```
Qchm-SW0(config)#interface f0/1
Qchm-SW0(config-if)#switchport mode access
Qchm-SW0(config-if)#switchport port-security
Qchm-SW0(config-if)#switchport port-security mac-address 000a.f3ac.21a6
//指定该接口可以连接设备的 MAC 地址
```

(3) 配置黏滞端口安全性。如果交换机接口启用了黏滞端口安全性,交换机会将该接口所有的动态安全 MAC 地址(包括在启用黏滞获取之前动态获得的 MAC 地址)转换为黏滞安全 MAC 地址,并将其添加到运行配置文件中。配置黏滞端口安全性的操作方法如下。

```
Qchm-SW0(config)#interface fa 0/1
Qchm-SW0(config-if)#switchport mode access
Qchm-SW0(config-if)#switchport port-security
Qchm-SW0(config-if)#switchport port-security maximum 5
Qchm-SW0(config-if)#switchport port-security mac-address sticky
//启用黏滞端口安全性
```

(4) 查看交换机端口安全性。查看交换机端口安全性的操作方法如下。

```
Qchm-SW0#show port-security interface f0/1      //查看某接口的端口安全性
Port Security                  : Enabled
Port Status                    : Secure-up
Violation Mode                 : Shutdown
Aging Time                     : 0 mins
Aging Type                     : Absolute
SecureStatic Address Aging     : Disabled
Maximum MAC Addresses          : 1
Total MAC Addresses            : 1
Configured MAC Addresses       : 1
Sticky MAC Addresses           : 0
Last Source Address:Vlan       : 0000.0000.0000:0
Security Violation Count       : 0
Qchm-SW0#show port-security address             //查看安全 MAC 地址
```

```
Secure Mac Address Table
-------------------------------------------------------------------
VLAN   Mac Address      Type             Ports              Remaining Age(mins)
---    ------------     ------------     -----              ---------------
1      000A.F3AC.21A6   SecureConfigured FastEthernet0/1 -
-------------------------------------------------------------------
Total Addresses in System (excluding one mac per port)     : 0
Max Addresses limit in System (excluding one mac per port) : 1024
```

任务拓展

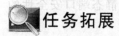

在图 3-7 所示的某企业网络中，办公室 1、办公室 2 和公共办公区的计算机通过二层交换机 Switch0 进行连接，该网络的基本配置要求如下。

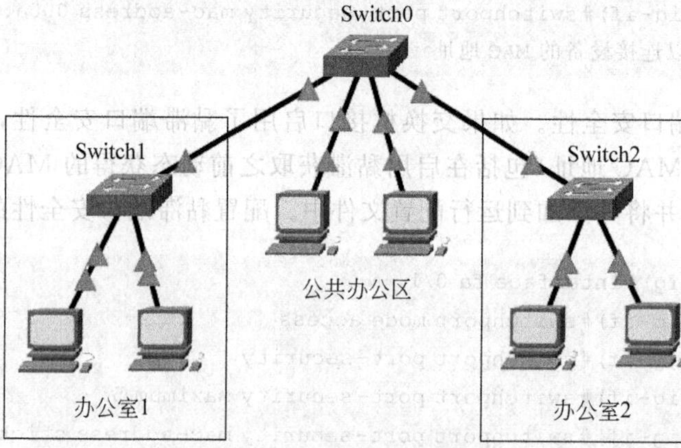

图 3-7 二层交换机基本配置任务拓展

- 管理员可以对交换机 Switch0 进行远程配置，若使用本地控制台登录时需输入安全口令。
- 交换机 Switch0 的 F0/23 接口为办公室 1 中的用户提供接入，办公室 1 中的用户利用交换机 Switch1 接入企业网络。要求交换机 Switch1 与 Switch0 之间通信模式为全双工，速度为 100Mb/s。办公室 1 中的用户可以自带计算机接入企业网络，但同时接入的计算机数量不能超过 6 台。
- 交换机 Switch0 的 F0/0～F0/22 接口为公共办公区域的用户提供接入，要求每个接口只能够连接一台计算机，且该计算机必须由管理员指定，用户不能随意更换。
- 交换机 Switch0 的 F0/24 接口为办公室 2 中的用户提供接入，办公室 2 中的用户可以利用交换机自行组建小型网络，最多可选择 3 台计算机接入公司网络，但这 3 台计算机一旦选定，用户将不能随意更换。

请构建网络运行模型，为网络中的设备分配 IP 地址实现网络的连通，对交换机 Switch0 进行相关配置实现相应配置要求并进行验证。

任务 3.3　划分虚拟局域网

任务目的

（1）理解 VLAN 的作用；

（2）掌握在交换机上划分 VLAN 的方法。

任务导入

默认情况下，二层交换机所有的接口都在同一个广播域，不具有隔离广播帧的能力。因此使用二层交换机连接的网络规模不能太大，否则会大大降低二层交换机的效率，甚至导致广播风暴。为了克服这种广播域（网段）的限制，目前很多二层交换机都支持 VLAN 功能，通过划分 VLAN，可以实现广播帧的隔离。在图 3-8 所示的某企业网络中，建筑物 A 中的计算机都连接到了交换机 Switch0 上，建筑物 B 中的计算机都连接到了交换机 Switch1 上，两台交换机之间通过 F0/24 接口相连。企业的研发部和销售部在两栋建筑物中各有一个办公室，研发部办公室 1 的计算机连接在交换机 Switch0 的 F0/1 接口，销售部办公室 1 的计算机连接在交换机 Switch0 的 F0/2 接口，研发部办公室 2 的计算机连接在交换机 Switch1 的 F0/1 接口，销售部办公室 2 的计算机连接在交换机 Switch1 的 F0/2 接口。请对该网络进行配置，以部门为单位对网络中的计算机进行逻辑分组，以实现各部门计算机间的相对隔离并便于进行安全设置及带宽控制。

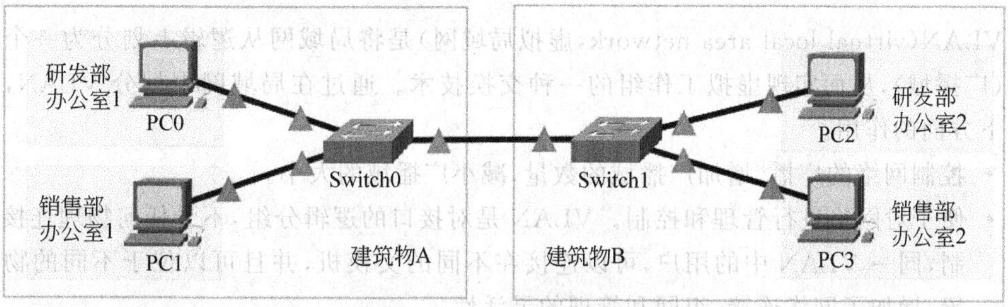

图 3-8　划分虚拟局域网示例

工作环境与条件

（1）交换机（本部分以 Cisco 系列产品为例，也可选用其他品牌型号的产品或使用 Cisco Packet Tracer 等网络模拟和建模工具）；

（2）Console 线缆和相应的适配器；

（3）安装 Windows 操作系统的 PC；

（4）组建网络所需的其他设备。

相关知识

3.3.1 广播域

为了让网络中的每一台主机都收到某个数据帧,主机必须采用广播的方式发送该数据帧,这个数据帧被称为广播帧。网络中能接收广播帧的所有设备的集合称为广播域。由于广播域内的所有设备都必须监听所有广播帧,因此如果广播域太大,包含的设备过多,就需要处理太多的广播帧,从而延长网络响应时间。当网络中充斥着大量广播帧时,网络带宽将被耗尽,会导致网络正常业务不能运行,甚至彻底瘫痪,这就发生了广播风暴。

二层交换机可以通过自己的 MAC 地址表转发数据帧,但每台二层交换机的接口都只支持一定数目的 MAC 地址,也就是说二层交换机的 MAC 地址表的容量是有限的。当二层交换机接收到一个数据帧,只要其目的站的 MAC 地址不存在于该交换机的 MAC 地址表中,那么该数据帧会以广播方式发向交换机的每个接口。另外,当二层交换机收到的数据帧其目的 MAC 地址为全 1 时,这种数据帧的接收端为广播域内所有的设备,此时二层交换机也会把该数据帧以广播方式发向每个接口。

从上述分析可知,虽然二层交换机的每一个接口是一个冲突域,但在默认情况下,其所有的接口都在同一个广播域,不具有隔离广播帧的能力。因此使用二层交换机连接的网络规模不能太大,否则会大大降低二层交换机的效率,甚至导致广播风暴。为了克服这种广播域的限制,目前的二层交换机大都支持 VLAN 功能,以实现广播帧的隔离。

【注意】 习惯上也会把广播域称为网段,不同的广播域就是不同的网段。

3.3.2 VLAN 的作用

VLAN(virtual local area network,虚拟局域网)是将局域网从逻辑上划分为一个个的网段(广播域),从而实现虚拟工作组的一种交换技术。通过在局域网中划分 VLAN,可起到以下方面的作用。

- 控制网络的广播,增加广播域的数量,减小广播域的大小。
- 便于对网络进行管理和控制。VLAN 是对接口的逻辑分组,不受任何物理连接的限制,同一 VLAN 中的用户,可以连接在不同的交换机,并且可以位于不同的物理位置,增加了网络连接、组网和管理的灵活性。
- 增加网络的安全性。默认情况下,VLAN 间是相互隔离的,不能直接通信。管理员可以通过应用 VLAN 的访问控制列表,来实现 VLAN 间的安全通信。

3.3.3 VLAN 的实现

从实现方式上看,所有 VLAN 都是通过交换机软件实现的,从实现的机制或策略来划分,VLAN 可以分为静态 VLAN 和动态 VLAN。

1. 静态 VLAN

静态 VLAN 就是明确指定各接口所属 VLAN 的设定方法,通常也称为基于接口的 VLAN,其特点是将交换机的接口进行分组,每一组定义为一个 VLAN,属于同一个 VLAN

的接口,可来自一台交换机,也可来自多台交换机,即可以跨越多台交换机设置 VLAN,如图 3-9 所示。静态 VLAN 是目前最常用的 VLAN 划分方式,配置简单,网络的可监控性较强。但该种方式需要逐个接口进行设置,当要设定的接口数目较多时,工作量会比较大。另外当用户在网络中的位置发生变化时,必须由管理员重新配置交换机的接口。因此,静态 VLAN 通常适合于用户或设备位置相对稳定的网络环境。

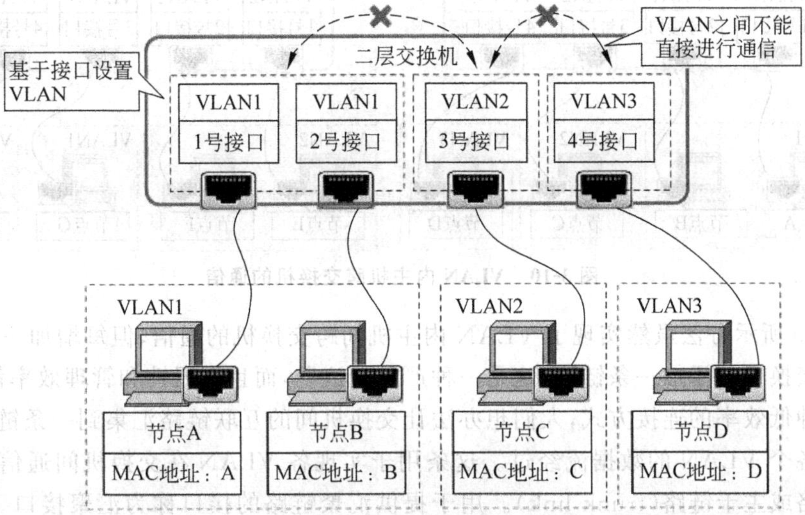

图 3-9 基于接口的 VLAN

【注意】 在图 3-9 所示的网络中,节点 A 和节点 C 所连接的接口属于不同的 VLAN,而不同的 VLAN 是不同的广播域,因此节点 C 无法收到节点 A 发出的广播。而 ARP 是基于广播的,因此节点 A 无法通过 ARP 获得节点 C 的 MAC 地址,也就无法与节点 C 直接通信。要实现不同 VLAN 设备间的通信,需要通过三层设备进行中转。

2. 动态 VLAN

动态 VLAN 是根据每个接口所连的计算机的情况,动态设置接口所属 VLAN 的方法。动态 VLAN 通常有以下几种实现方式。

- 基于 MAC 地址的 VLAN：根据接口所连计算机的网卡 MAC 地址决定其所属的 VLAN。
- 基于子网的 VLAN：根据接口所连计算机的 IP 地址决定其所属的 VLAN。
- 基于用户的 VLAN：根据接口所连计算机的登录用户决定其所属的 VLAN。

动态 VLAN 的优点在于只要用户的应用性质不变,并且其所使用的主机不变(如网卡不变或 IP 地址不变),则用户在网络中移动时,并不需要对网络进行额外配置或管理。但动态 VLAN 需要使用 VLAN 管理软件建立和维护 VLAN 数据库,工作量会比较大。

3.3.4 Trunk

在实际应用中,通常需要跨越多台交换机划分 VLAN。VLAN 内的主机彼此间应可以自由通信,当 VLAN 成员分布在多台交换机上时,可以在交换机上各拿出一个接口,专门用于提供该 VLAN 内主机跨交换机的相互通信。有多少个 VLAN,就对应地需要占用多少个接口,如图 3-10 所示。

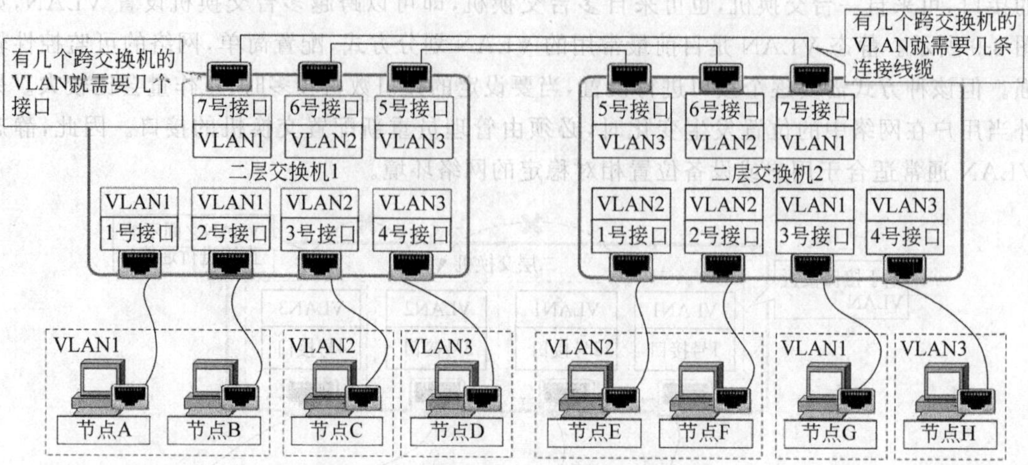

图 3-10 VLAN 内主机跨交换机的通信

图 3-10 所示方法虽然实现了 VLAN 内主机间跨交换机的通信,但每增加一个 VLAN,就需要在交换机间添加一条链路,这是一种严重的浪费,而且扩展性和管理效率都很差。为了避免这种低效率的连接方式,人们想办法让交换机间的互联链路汇集到一条链路上,让该链路允许各个 VLAN 的数据流经过。这条用于实现各 VLAN 在交换机间通信的链路,称为汇聚链路或主干链路(trunk link)。用于提供汇聚链路的接口称为汇聚接口。由于汇聚链路承载了所有 VLAN 的通信流量,因此只有通信速度在 100Mb/s 及以上的接口,才能作为汇聚接口使用。

引入汇聚链路后,交换机的接口就分为了访问(access)接口和汇聚(trunk)接口。访问端口只属于某一个 VLAN,主要用于提供网络接入服务。汇聚接口则为所有 VLAN 或部分 VLAN 共有,承载多个 VLAN 在交换机间的通信流量。由于汇聚链路承载了多个 VLAN 的通信流量,为了标识各数据帧属于哪个 VLAN,需要对流经汇聚链路的数据帧进行打标封装,以附加 VLAN 信息,这样交换机就可通过 VLAN 标识,将数据帧转发到对应的 VLAN 中。交换机支持的打标封装协议主要有 IEEE 802.1Q 和 ISL。ISL 是 Cisco 独有的协议,与 IEEE 802.1Q 互不兼容。如果网络中使用的全部是 Cisco 系列交换机,既可以使用 ISL,也可以使用 IEEE 802.1Q;如果使用了多个厂商的交换机,则应使用 IEEE 802.1Q。图 3-11 给出了利用主干链路实现各 VLAN 内主机跨交换机通信的基本过程。

【注意】 IEEE 802.1Q 和 ISL 的基本用途是保证交换机间的 VLAN 通信,其标记只用于主干链路内部,即当交换机从属于某一 VLAN(如 VLAN2)的接口接收到数据,在送往主干链路进行传输前,会为其打标。当数据到达对方交换机,交换机会将该标记去掉,只发送到属于 VLAN2 的接口。另外,交换机的 Access 端口以本机格式发送和接收数据流,不进行 VLAN 标记,若收到标记过的数据,会将其丢弃。

3.3.5 VTP

VTP(VLAN trunking protocol,VLAN 链路聚集协议)是在建立了主干链路的交换机之间同步和传递 VLAN 配置信息的协议。在使用 VTP 创建和管理 VLAN 之前,应首先定义 VTP 管理域,通过 VTP,可以在同一个 VTP 管理域内将一台交换机的 VLAN 配置同步

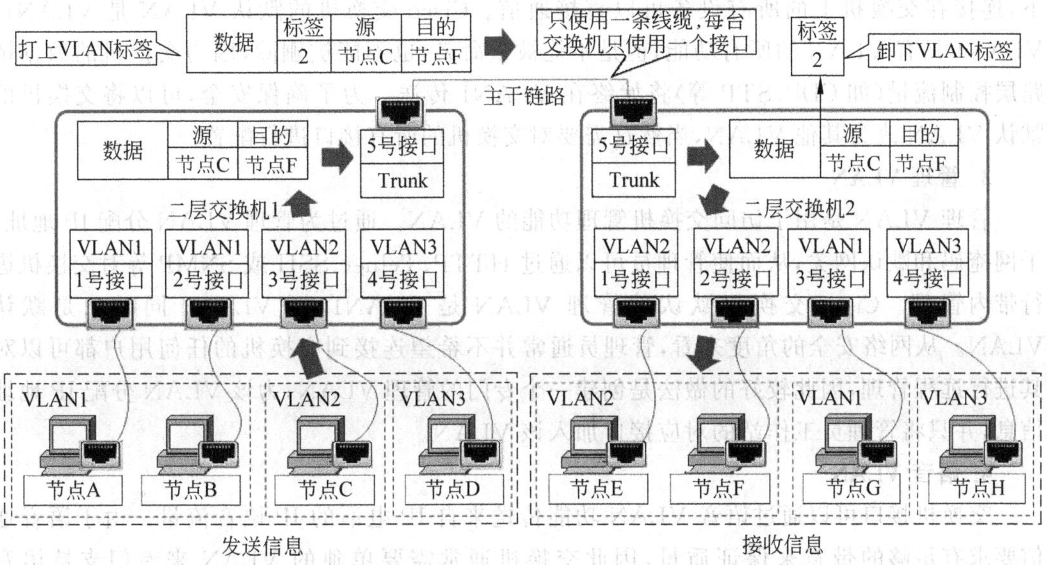

图 3-11 利用主干链路实现各 VLAN 内主机跨交换机的通信

传送给网络中的其他交换机。另外，利用 VTP，还能从汇聚链路中修剪掉不需要的 VLAN 流量。同一 VTP 管理域内的交换机可以有以下工作模式。

1. Server 模式

Server 模式是交换机默认的工作模式，工作于该模式的交换机，可以创建、修改和删除本地 VLAN 数据库中的 VLAN，并可以设置一些针对整个 VTP 管理域的配置参数。在对本地 VLAN 数据库进行设置之后，VLAN 数据库的变化将传送给 VTP 管理域内的其他交换机，以实现对 VLAN 信息的同步。另外，Server 模式的交换机也可接收同一 VTP 管理域内其他交换机传送来的同步信息。

2. Client 模式

工作于 Client 模式的交换机不能创建、修改和删除 VLAN，也不能在 NVRAM 中存储 VLAN 配置，如果系统掉电，将丢失所有的 VLAN 信息。工作于 Client 模式的交换机，主要通过同一 VTP 管理域内其他交换机传送的 VLAN 配置信息来更新自己的 VLAN 配置。

3. Transparent 模式

Transparent 模式也可以创建、修改和删除本地 VLAN 数据库中的 VLAN。与 Server 模式不同的是，工作于 Transparent 模式的交换机对 VLAN 配置的设置，仅对自身有效，不会传播给其他交换机。

3.3.6 VLAN 的类型

1. 数据 VLAN

数据 VLAN 只用于传送用户的数据。实际上，VLAN 既可以传送用户的数据，也可以传送语音或交换机的管理流量，从网络管理和安全角度出发，会要求将语音流量、管理流量与用户数据流量分开，由不同的 VLAN 传送。

2. 默认 VLAN

在交换机初始启动时，交换机的所有接口会属于同一个默认 VLAN，因此在默认情况下,连接在交换机上的所有设备可以直接通信。Cisco 交换机的默认 VLAN 是 VLAN1,VLAN1 具有 VLAN 的所有功能,但是不能被重命名,也不能被删除,因为交换机的数据链路层控制流量(如 CDP、STP 等)将始终在 VLAN1 传送。为了确保安全,可以将交换机的默认 VLAN 改为其他 VLAN,当然这需要对交换机的所有接口进行配置。

3. 管理 VLAN

管理 VLAN 是用于访问交换机管理功能的 VLAN。通过为管理 VLAN 分配 IP 地址、子网掩码和默认网关,从而使管理员可以通过 HTTP、Telnet、SSH 或 SNMP 等对交换机进行带内管理。Cisco 交换机默认的管理 VLAN 是 VLAN1,而 VLAN1 同时又是默认 VLAN。从网络安全的角度来看,管理员通常并不希望连接到交换机的任何用户都可以对其进行远程管理,因此较好的做法是创建一个专门的管理 VLAN,为该 VLAN 分配 IP 地址信息,并只将管理员工作站的对应接口加入该 VLAN。

4. 语音 VLAN

交换机接口可以通过语音 VLAN 功能传送来自 IP 电话的 IP 语音流量。由于语音通信要求有足够的带宽来保证质量,因此交换机通常需要单独的 VLAN 来专门支持语音传送。

5. 本征 VLAN

本征 VLAN 是分配给 802.1Q 汇聚接口的。汇聚接口可以传输带 VLAN 标记的流量,也可以传输无 VLAN 标记的流量,当汇聚接口收到无 VLAN 标记的数据帧时,它会将其转发给本征 VLAN。Cisco 交换机默认的本征 VLAN 是 VLAN1,也就是说默认情况下,当 Cisco 交换机从属于 VLAN1 的接口收到需要送往主干链路的数据帧时,若该数据帧带 VLAN 标记,则该数据帧将被丢弃;若该数据帧不带 VLAN 标记,则该数据帧将被转发,并在到达另一交换机后会被转发到属于本征 VLAN(即 VLAN1) 的接口。

任务实施

请扫描数字活页 3.3 的二维码,在任务实施过程中思考并回答数字活页中提出的问题。另外,可以分别扫描微课视频 3.3.1(划分 VLAN)、微课视频 3.3.2(利用 VTP 划分 VLAN)的二维码,观看相关工作任务的讲解和操作演示视频。

数字活页 3.3　　**微课视频 3.3.1(划分 VLAN)**　　**微课视频 3.3.2(利用 VTP 划分 VLAN)**

实训 1　划分 VLAN

在图 3-8 所示的网络中,可以通过将同一部门的计算机划分到同一 VLAN 的方法实现网络的逻辑分组,从而实现各部门计算机间的相对隔离并便于进行安全设置及带宽控制。

具体操作方法如下。

1. 创建 VLAN

由于同一部门的计算机连接在不同的交换机上，因此应在两台交换机上创建相同标识的 VLAN。在交换机 Switch0 上的配置过程如下。

```
Qchm-SW0(config)#vlan10                  //创建 ID 为 10 的 VLAN
Qchm-SW0(config-vlan)#name RDD           //将 VLAN10 命名为 RDD
Qchm-SW0(config-vlan)#vlan20             //创建 ID 为 20 的 VLAN
Qchm-SW0(config-vlan)#name SD            //将 VLAN120 命名为 SD
```

在交换机 Switch1 上的配置过程如下。

```
Qchm-SW1(config)#vlan10
Qchm-SW1(config-vlan)#name RDD
Qchm-SW1(config-vlan)#vlan20
Qchm-SW1(config-vlan)#name SD
```

【注意】 Cisco 系列交换机的 VLAN ID 有两种范围，普通范围为 1～1005，扩展范围为 1006～4094，其中 1 和 1002～1005 是保留 ID 号。在配置普通范围的 VLAN 时，相应配置信息会存储在单独的文件中(flash:/vlan.dat)。若要完全清除交换机的配置，除删除配置文件外，还要使用"delete flash:/vlan.dat"命令将 VLAN 数据删除。

2. 将交换机接口加入 VLAN

在交换机 Switch0 上的配置过程如下。

```
Qchm-SW0(config)#interface f0/1
Qchm-SW0(config-if)#switchport mode access
//设置接口的工作模式为 Access，默认情况下可不配置该命令
Qchm-SW0(config-if)#switchport access vlan10         //将 F0/1 接口加入 VLAN10
Qchm-SW0(config-if)#interface f0/2
Qchm-SW0(config-if)#switchport mode access
Qchm-SW0(config-if)#switchport access vlan20         //将 F0/2 接口加入 VLAN20
```

在交换机 Switch1 上的配置过程如下。

```
Qchm-SW1(config)#interface f0/1
Qchm-SW1(config-if)#switchport mode access
Qchm-SW1(config-if)#switchport access vlan10
Qchm-SW1(config-if)#interface f0/2
Qchm-SW1(config-if)#switchport mode access
Qchm-SW1(config-if)#switchport access vlan20
```

3. 配置 Trunk

由于交换机之间的链路要承载各 VLAN 之间的数据流量，因此该链路对应的交换机接口应工作于 Trunk 模式。在交换机 Switch0 上的配置过程如下。

```
Qchm-SW0(config)#interface f0/24
Qchm-SW0(config)#swithport mode trunk          //将端口设置为汇聚接口
```

在交换机 Switch1 上的配置过程如下。

```
Qchm-SW1(config)#interface fa 0/24
Qchm-SW1(config)#swithport mode trunk
```

【注意】 有的 Cisco 交换机(如 2960 系列)只支持 IEEE 802.11Q。而有的 Cisco 交换机(如 3560 系列)既支持 IEEE 802.11Q,也支持 ISL,此时在配置 Trunk 时需要选择打标协议,命令为 switchport trunk encapsulation dot1q(isl)。

4. 查看 VLAN 配置情况

VLAN 划分完成后,可以在特权模式使用 show vlan 或者 show vlan brief 命令查看本交换机的 VLAN 信息。在交换机 Switch0 上查看 VLAN 配置情况的方法如下。

```
Qchm-SW0#show vlan brief                    //查看 VLAN 配置
VLAN Name                          Status     Ports
--------------------------------------------------------------
1    default                       active     Fa0/3,Fa0/4,Fa0/5,Fa0/6
                                              Fa0/7,Fa0/8,Fa0/9,Fa0/10
                                              Fa0/11,Fa0/12,Fa0/13,Fa0/14
                                              Fa0/15,Fa0/16,Fa0/17,Fa0/18
                                              Fa0/19,Fa0/20,Fa0/21,Fa0/22
                                              Fa0/23,Gig0/1,Gig0/2
10   RDD                           active     Fa0/1
20   SD                            active     Fa0/2
1002 fddi-default                  active
1003 token-ring-default            active
1004 fddinet-default               active
1005 trnet-default                 active
Qchm-SW0#show interfaces f0/24 switchport     //查看 F0/24 接口信息
Name: Fa0/24
Switchport:Enabled
Administrative Mode: trunk
Operational Mode: trunk
Administrative Trunking Encapsulation: dot1q
Operational Trunking Encapsulation: dot1q
Negotiation of Trunking: On
...(以下省略)
```

5. 测试 VLAN 的连通性

VLAN 划分完成后,可以为每台计算机分配 IP 地址信息,并利用 ping 命令测试各计算机之间的连通性。

实训 2 利用 VTP 划分 VLAN

当网络中需要在多台交换机上统一划分 VLAN 时,通常应进行 VTP 的设置。在图 3-8 所示的网络中利用 VTP 划分 VLAN 的操作方法如下。

1. 设置 VTP

在交换机 Switch0 上的配置过程如下。

```
Qchm-SW0(config)#vtp domain VTP-Test          //创建 VTP 域名为 VTP-Test
Qchm-SW0(config)#vtp mode server              //设置交换机的 VTP 模式为 Server
```

在交换机 Switch1 上的配置过程如下。

```
Qchm-SW1(config)#vtp domain VTP-Test
Qchm-SW1(config)#vtp mode client              //设置 VTP 模式为 Client
```

2. 配置 Trunk

在交换机 Switch0 上的配置过程如下。

```
Qchm-SW0(config)#interface f0/24
Qchm-SW0(config)#swithport mode trunk         //将端口设置为汇聚接口
```

在交换机 Switch1 上的配置过程如下。

```
Qchm-SW1(config)#interface fa 0/24
Qchm-SW1(config)#swithport mode trunk
```

3. 创建 VLAN

由于已经建立了 VTP 域,并且交换机 Switch0 工作于 Server 模式,交换机 Switch1 工作于 Client 模式,在交换机 Switch0 上所建的 VLAN 将通过 VTP 通告给交换机 Switch1。因此只需要在交换机 Switch0 上创建 VLAN 即可,配置过程如下。

```
Qchm-SW0(config)#vlan10
Qchm-SW0(config-vlan)#name RDD
Qchm-SW0(config-vlan)#vlan20
Qchm-SW0(config-vlan)#name SD
```

4. 将交换机接口加入 VLAN

如果要将交换机的某个接口划入某个 VLAN,则必须在该接口所属的交换机上进行设置。因此和上例相,需要分别在交换机 Switch0 和 Switch1 上将相应接口加入相应 VLAN 中,具体配置过程不再赘述。

5. 查看配置情况

可以在工作于 Client 模式的交换机上,使用 show vlan 或者 show vlan brief 命令查看其通过 VTP 学习到的 VLAN 信息。另外,也可以使用 show vtp status 命令查看 VTP 的工作状态,查看过程如下。

```
Qchm-SW1#show vtp status
VTP Version capable                : 1 to 2
VTP version running                : 2
VTP Domain Name                    : VTP-Test
VTP Pruning Mode                   : Disabled
VTP Traps Generation               : Disabled
Device ID                          : 0010.116B.9100
```

```
Configuration last modified by 0.0.0.0 at 3-1-9300:07:22
Feature VLAN:
---------------
VTP Operating Mode                    : Client
Maximum VLANs supportedlocally        : 255
Number of existing VLANs              : 7
Configuration Revision                : 2
MD5 digest                            : 0xAC 0x3F 0xB1 0x09 0x6A 0x1E 0x08 0xFB
                                        0x8C 0xFF 0x3C 0x34 0xEA 0x13 0x3E 0x86
```

6. 测试 VLAN 的连通性

VLAN 划分完成后,可以为每台计算机分配 IP 地址信息,并利用 ping 命令测试各计算机之间的连通性。

任务拓展

在图 3-12 所示的网络中,交换机 Switch1 和 Switch2 分别通过其 F0/24 接口与交换机 Switch0 的 F0/23 与 F0/24 接口相连,计算机 PC0～PC2 分别连接在交换机 Switch1 的 F0/1～F0/3 接口,PC3～PC5 分别连接在交换机 Switch2 的 F0/1～F0/3 接口,PC6 连接在交换机 Switch0 的 F0/22 接口。

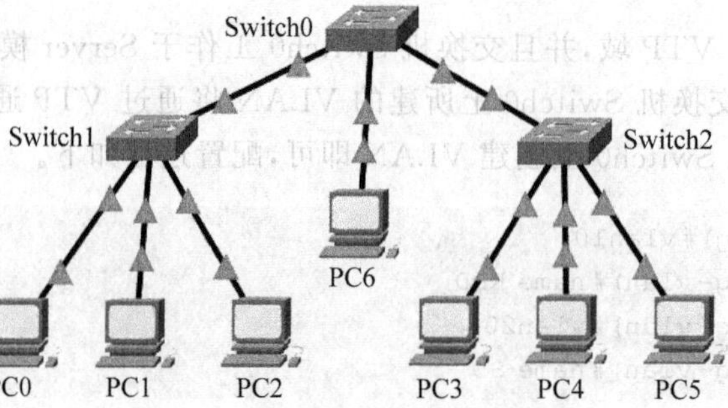

图 3-12 划分虚拟局域网任务拓展

请构建该网络并完成以下配置。

- 在交换机 Switch0 上开启 Telnet,只允许 PC6 对其进行远程配置。
- 使计算机 PC0 和 PC2 属于一个 VLAN,PC1 和 PC3 属于一个 VLAN,PC4 和 PC5 属于一个 VLAN。交换机 Switch1 和 Switch2 的所有空余接口接入计算机时,这些计算机将属于另一个 VLAN。

任务 3.4 配置生成树协议

任务目的

(1) 理解生成树协议的原理和作用;

(2) 掌握生成树协议的配置方法。

任务导入

在企业计算机网络中，为了确保网络连接的可靠性和稳定性，常常需要网络提供冗余链路和故障的快速恢复功能，因此会采用多条链路连接交换设备形成备份链接的方式。在图 3-13 所示的网络中，计算机 PC0 和 PC3 之间存在着两条链路，当交换机 Switch0 与 Switch1 之间的链路发生故障时，PC0 和 PC3 之间仍然能够通信。但是由于二层交换机不能使用路由协议，无法进行路由选择，因此这两条链路并不能同时工作，否则会形成交换回路，从而导致多帧复制、MAC 地址表不稳定和广播风暴。生成树协议(spanning tree protocol，STP)是在网络有环路时，通过一定的算法将交换机的某些接口进行阻塞，从软件层面修改网络物理拓扑结构构建一个无环路逻辑转发拓扑结构，不但可以提供物理线路的冗余连接，而且可以消除网络风暴，提高网络的稳定性。请将图 3-13 所示网络中的计算机划分到 2 个 VLAN 中，其中 PC0、PC1 和 PC3 属于一个 VLAN，PC2、PC4 和 PC5 属于另一个 VLAN，并在交换机上进行适当设置，使网络避免环路且实现负载均衡。

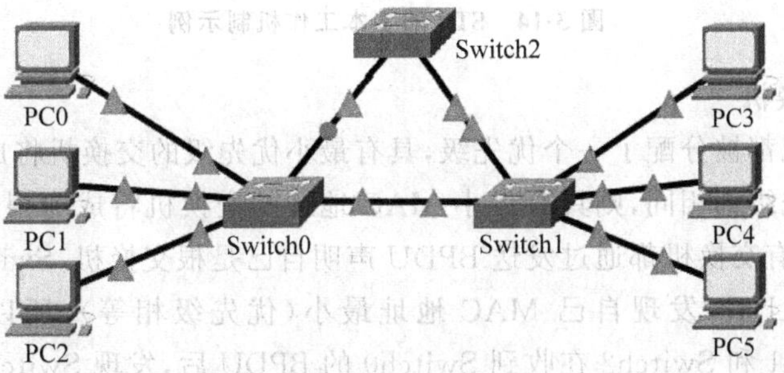

图 3-13　配置生成树协议示例

工作环境与条件

(1) 交换机(本部分以 Cisco 系列产品为例，也可选用其他品牌型号的产品或使用 Cisco Packet Tracer 等网络模拟和建模工具)；

(2) Console 线缆和相应的适配器；

(3) 安装 Windows 操作系统的 PC；

(4) 组建网络所需的其他设备。

相关知识

3.4.1　STP 的基本工作机制

STP 的基本思路是阻塞交换机的某些接口，从软件层面修改网络物理拓扑结构来构建一个无环路逻辑转发拓扑结构。当交换机运行 STP 时，其将利用 BPDU(bridge protocol data unit，桥协议数据单元)与其他交换机进行通信，BPDU 中包含了根 ID、路径开销、端口 ID、网桥 ID 等信息，从而可以确定哪个交换机应该阻塞哪个接口。STP 的基本工作机制包括以下几个方面。

- STP将选择一个根交换机,该交换机的所有接口都将作为指定端口处于转发状态。
- 每一个非根交换机将从其接口中选择一个到根交换机路径开销最低的接口作为根端口,根端口将处于转发状态。
- 每一个非根交换机的剩余端口将被确定为指定端口和非指定端口。任意两台交换机之间的链路必须要有一个且只能有一个指定端口,该端口应能够提供到根交换机的最低路径开销。指定端口将处于转发状态,非指定端口将被阻塞。

下面以图3-14所示的网络拓扑为例描述STP的基本工作机制。

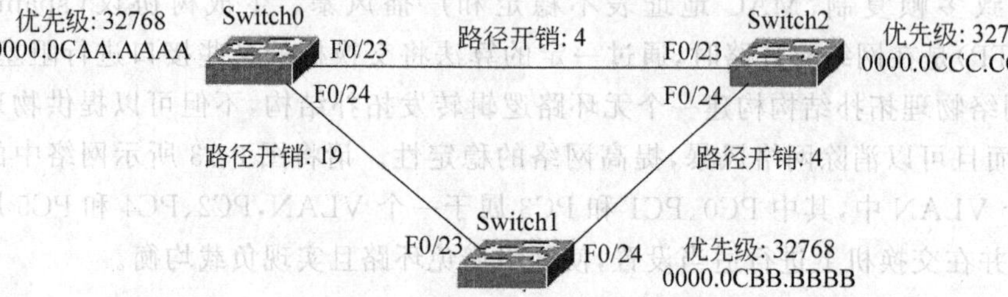

图3-14　STP的基本工作机制示例

1. 选择根交换机

所有的交换机都被分配了一个优先级,具有最小优先级的交换机将成为根交换机,如果所有交换机的优先级都相同,则具有最小MAC地址的交换机将成为根交换机。在图3-14所示的网络中,所有交换机都通过发送BPDU声明自己是根交换机,Switch0在收到另外两台交换机的BPDU后,发现自己MAC地址最小(优先级相等),所以不再转发它们的BPDU。而Switch1和Switch2在收到Switch0的BPDU后,发现Switch0的MAC地址小于自己的MAC地址,则将转发Switch0的BPDU,认为Switch0为根交换机。

2. 选择根端口

除根交换机外,每个交换机都要选择一个根端口。在图3-14所示的网络中,对于交换机Switch1来说,F0/23接口到根交换机Switch0的路径开销为19,F0/24接口到根交换机Switch0的路径开销为4+4=8,因此应选择F0/24接口为其根端口。对于交换机Switch2来说,F0/23接口到根交换机Switch0的路径开销为4,F0/24接口到根交换机Switch0的路径开销为4+19=23,因此应选择F0/23接口为其根端口。

【注意】 STP的路径开销是路径中所有路径的累积成本,路径开销与链路速度有关(对于Cisco交换机来说,默认情况下,10Gbps链路的开销为2,1Gbps为4,100Mbps为19,10Mbps为100)。当交换机的多个端口路径开销相同时,将选择端口优先级小的接口为根端口;若端口优先级相同,则将选择端口编号小的接口为根端口。

3. 选择指定端口

在图3-14所示的网络中,交换机间共有3条链路,其中根交换机Switch0与Switch1、Swtich2连接的2条链路中,根交换机Switch0的接口会作为指定端口。在交换机Switch1和Swtich2连接的链路中,交换机Switch1到根交换机的路径开销为19,交换机Switch2到根交换机的路径开销为4,因此Switch2将作为指定交换机,其F0/24接口将作为指定端口。

【注意】 若两台交换机到根交换机的路径开销相同，则将比较交换机的优先级及MAC地址。指定端口的选择与根交换机和根端口的选择同时发生，因此指定端口在STP收敛过程中可能多次改变，直到确定最终根交换机后才能稳定下来。

4. 阻塞端口

非根交换机的根端口和指定端口将进入转发状态，其他端口将被设置阻塞状态。在图3-14所示的网络中，Switch1的F0/23接口将被阻塞，从而使网络形成无环路的树形结构，如图3-15所示。

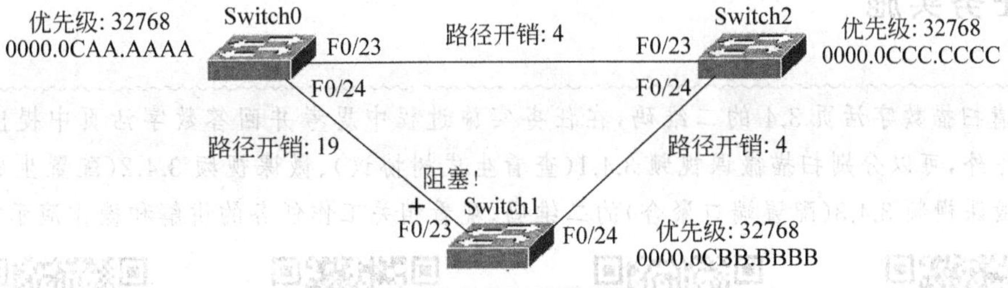

图3-15 形成无环路的树形结构

【注意】 当接口被阻塞时，将不能发送和接收数据帧，只允许接收BPDU。当网络拓扑结构发生变化时，交换机会通过根端口不断发送拓扑变更通告BPDU，网络将根据该信息对根交换机、根端口、指定端口等进行重新选择。

3.4.2 RSTP、PVST和MSTP

1. RSTP

STP的最大缺点是收敛时间太长，当拓扑结构发生变化时新的配置消息要经过一定的时延才能传播到整个网络，在所有交换机收到这个变化的消息之前，可能存在临时环路。为了解决STP的缺陷，出现了快速生成树协议(rapid spanning tree protocol，RSTP)。RSTP与STP完全兼容，在STP基础上主要做了以下改进。

- 为根端口和指定端口设置了快速切换用的替换端口和备份端口两种角色，当根端口或指定端口失效时，替换端口/备份端口就会无时延地进入转发状态。
- 增加了交换机之间的协商机制，在只连接了两个交换接口的点对点链路中，指定端口只需与相连的交换机进行一次握手就可以无时延地进入转发状态。
- 将直接与终端相连的端口定义为边缘端口。边缘端口可以直接进入转发状态。

2. PVST

当网络上有多个VLAN时，必须保证每一个VLAN都不存在环路。Cisco的每VLAN生成树协议(per VLAN spanning tree，PVST)会为每个VLAN构建一棵STP树，其优点是每个VLAN可以单独选择根交换机和转发端口，从而实现负载均衡；其缺点是如果VLAN数量很多，会给交换机带来沉重的负担。为了携带更多信息，PVST BPDU的格式与STP不同，所以PVST不兼容STP和RSTP。除PVST外，Cisco还开发了PVST+(增强型每VLAN生成树协议)和快速PVST+，PVST+可以支持IEEE 802.1Q主干链路，快速PVST+基于IEEE 802.1W标准，具有更快地收敛速度。

3. MSTP

MSTP(multiple spanning tree protocol，多生成树协议)定义了“实例”的概念。所谓实

例,是多个VLAN的集合,每个实例仅运行一个快速生成树。在使用时可以将多个相同拓扑结构的VLAN映射到一个实例中,这些VLAN在端口上的转发状态将取决于实例的状态。MSTP可以把支持MSTP的交换机和不支持MSTP交换机划分成不同的区域,分别称为MST域和SST域。在MST域内部运行多实例化的生成树,在MST域的边缘运行与RSTP兼容的内部生成树(internal spanning tree,IST)。MSTP兼容STP和RSTP,既有PVST的VLAN认知能力和负载均衡能力,又节省了通信开销和资源占用率。

任务实施

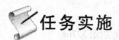

请扫描数字活页3.4的二维码,在任务实施过程中思考并回答数字活页中提出的问题。另外,可以分别扫描微课视频3.4.1(查看生成树协议)、微课视频3.4.2(配置生成树协议)、微课视频3.4.3(配置端口聚合)的二维码,观看相关工作任务的讲解和操作演示视频。

数字活页 3.4　　**微课视频 3.4.1(查看生成树协议)**　　**微课视频 3.4.2(配置生成树协议)**　　**微课视频 3.4.3(配置端口聚合)**

实训1　查看生成树协议

在图3-13所示的网络中,若交换机Switch0的F0/24接口与Switch1的F0/23接口相连,交换机Switch0的F0/23接口与Switch2的F0/23接口相连,交换机Switch1的F0/24接口与Switch2的F0/24接口相连,PC0～PC2分别接入交换机Switch0的F0/1～F0/3接口,PC3～PC5分别接入交换机Switch1的F0/1～F0/3接口。默认情况下,交换机会自动运行STP,可以分别在各交换机上运行show spanning-tree命令,查看STP的运行状况。

在交换机Switch0上的查看过程如下。

```
Qchm-SW0#show spanning-tree                    //查看生成树协议的配置情况
VLAN0001
Spanning tree enabled protocol ieee            //运行的STP为IEEE 802.1D(STP)
  Root ID    Priority    32769
             Address     0030.F2A8.D6A1
             Cost        19
             Port        24(FastEthernet0/24)
             Hello Time  2 sec  Max Age 20 sec  Forward Delay 15 sec
//以上为根交换机信息,通过优先级和物理地址可知本例中的根交换机为Switch1
  Bridge ID  Priority    32769  (priority 32768 sys-id-ext 1)
             Address     0090.21B4.8E69
             Hello Time  2 sec  Max Age 20 sec  Forward Delay 15 sec
             Aging Time  20
//以上为本交换机的信息,可以看到交换机Switch0与根交换机Switch1优先级相同,但MAC地
  址大于根交换机
```

```
Interface    Role   Sts   Cost   Prio.Nbr   Type
---------    -----  ----  -----  --------   -------
Fa0/23       Altn   BLK   19     128.23     P2p
Fa0/24       Root   FWD   19     128.24     P2p
Fa0/3        Desg   FWD   19     128.3      P2p
Fa0/1        Desg   FWD   19     128.1      P2p
Fa0/2        Desg   FWD   19     128.2      P2p
//以上为本交换机各接口状态,F0/24 为根端口,F0/23 被阻塞
```

在交换机 Switch1 上的查看过程如下。

```
Qchm-SW1#show spanning-tree
VLAN0001
  Spanning tree enabled protocol ieee
  Root ID     Priority     32769
              Address      0030.F2A8.D6A1
              This bridge is the root
              Hello Time   2 sec  Max Age 20 sec  Forward Delay 15 sec
  Bridge ID   Priority     32769  (priority 32768 sys-id-ext 1)
              Address      0030.F2A8.D6A1
              Hello Time   2 sec  Max Age 20 sec  Forward Delay 15 sec
              Aging Time   20
//本例中 Switch1 是根交换机,本交换机的信息与根交换机相同
Interface    Role   Sts   Cost   Prio.Nbr   Type
---------    -----  ----  -----  --------   -------
Fa0/3        Desg   FWD   19     128.3      P2p
Fa0/23       Desg   FWD   19     128.23     P2p
Fa0/24       Desg   FWD   19     128.24     P2p
Fa0/2        Desg   FWD   19     128.2      P2p
Fa0/1        Desg   FWD   19     128.1      P2p
//以上为本交换机各接口状态,根交换机的所有接口为指定端口
```

在交换机 Switch2 上的查看过程如下。

```
Qchm-SW2#show spanning-tree
VLAN0001
  Spanning tree enabled protocol ieee
  Root ID     Priority     32769
              Address      0030.F2A8.D6A1
              Cost         19
              Port         24(FastEthernet0/24)
              Hello Time   2 sec  Max Age 20 sec  Forward Delay 15 sec
  Bridge ID   Priority     32769  (priority 32768 sys-id-ext 1)
              Address      0090.21A2.93E3
              Hello Time   2 sec  Max Age 20 sec  Forward Delay 15 sec
              Aging Time   20
Interface    Role   Sts   Cost   Prio.Nbr   Type
---------    -----  ----  -----  --------   -------
Fa0/24       Root   FWD   19     128.24     P2p
Fa0/23       Desg   FWD   19     128.23     P2p
//以上为本交换机各接口状态,F0/24 为根端口,F0/23 为指定端口
```

实训 2 配置生成树协议

默认情况下,MAC 地址小的交换机(优先级相等)会被选择为 STP 的根交换机。通常早期生产的交换机可能会具有更小 MAC 地址,显然将性能较差的交换机选择为根交换机是不合适的。另外,当交换机的接口被阻塞后,该接口对应的链路将不再转发除 BPDU 外的其他数据帧,这也会造成资源的浪费。在 Cisco 设备中,管理员可以为不同的 VLAN 指定不同的根交换机,以实现负载均衡。在图 3-13 所示的网络中,将计算机划分到 2 个 VLAN 并实现负载均衡的基本操作方法如下。

1. 划分 VLAN

在交换机 Switch0 上的配置过程如下。

```
Qchm-SW0(config)#vlan10
Qchm-SW0(config-vlan)#name VLAN10
Qchm-SW0(config-vlan)#vlan20
Qchm-SW0(config-vlan)#name VLAN20
Qchm-SW0(config-vlan)#exit
Qchm-SW0(config)#interface f0/1
Qchm-SW0(config-if)#switchport access vlan10
Qchm-SW0(config-if)#interface f0/2
Qchm-SW0(config-if)#switchport access vlan10
Qchm-SW0(config-if)#interface f0/3
Qchm-SW0(config-if)#switchport access vlan20
Qchm-SW0(config-if)#interface range f0/23-24
Qchm-SW0(config-if-range)#switchport mode trunk
```

交换机 Switch1 和 Switch2 的配置与 Switch0 基本相同。需要注意的是在不使用 VTP 的情况下,在每台交换机上需要创建相同的 VLAN,并将相应端口加到相应 VLAN 中。具体配置过程不再赘述。

2. 在各台交换机上配置生成树

在交换机 Switch0 上的配置过程如下。

```
Qchm-SW0(config)#spanning-tree mode rapid-pvst    //指定生成树协议类型
Qchm-SW0(config)#spanning-tree vlan10 priority 0
//配置交换机 Switch0 为 VLAN10 的根交换机,设置的数值越小则优先级越高
```

在交换机 Switch1 上的配置过程如下。

```
Qchm-SW1(config)#spanning-tree mode rapid-pvst
Qchm-SW1(config)#spanning-tree vlan20 priority 0
```

在交换机 Switch2 上的配置过程如下。

```
Qchm-SW2(config)#spanning-tree mode rapid-pvst
```

配置完成后,可在各交换机上查看生成树配置信息。另外可以将交换机间的任何一条

链路断开，测试网络连通性并查看生成树的变化。

3. 配置 PortFast

STP 的收敛时间通常需要 30～50 秒。如果交换机的接口连接的是计算机、路由器等不需要运行 STP 的设备，则可以对该接口配置 PortFast，使其一旦有设备接入，就立即进入转发状态。

在交换机 Switch0 上的配置过程如下。

```
Qchm-SW0(config-if)#interface range f0/1-3
Qchm-SW0(config-if-range)#spanning-tree portfast    //对接口配置 PortFast
```

在交换机 Switch1 上的配置过程如下。

```
Qchm-SW1(config-if)#interface range f0/1-3
Qchm-SW1(config-if-range)#spanning-tree portfast
```

实训3 配置端口聚合

端口聚合是通过配置软件的设置，将多物理连接当作一个单一的逻辑连接来处理。端口聚合技术可以以较低的成本通过捆绑多接口提高带宽，还具有容错功能。当端口聚合中的某条链路出现故障时，该链路的流量将自动转移到其余链路上。端口聚合可采用手工方式进行配置，也可使用动态协议。PagP 是 Cisco 专有的端口聚合协议，LACP(link aggregation control protocol，链路聚合控制协议)则是一种标准的协议。参与聚合的接口必须具备相同的属性，如相同的速度、单双工模式、Trunk 模式、Trunk 封装方式等。

在图 3-16 所示的网络中，若交换机 Switch0 和交换机 Switch1 之间分别利用 F0/23 接口和 F0/24 接口通过两条链路相连，请将网络中的计算机划分到 2 个 VLAN 中，其中 PC0、PC1 和 PC3 属于一个 VLAN，PC2、PC4 和 PC5 属于另一个 VLAN，并利用端口聚合提高交换机之间的带宽。

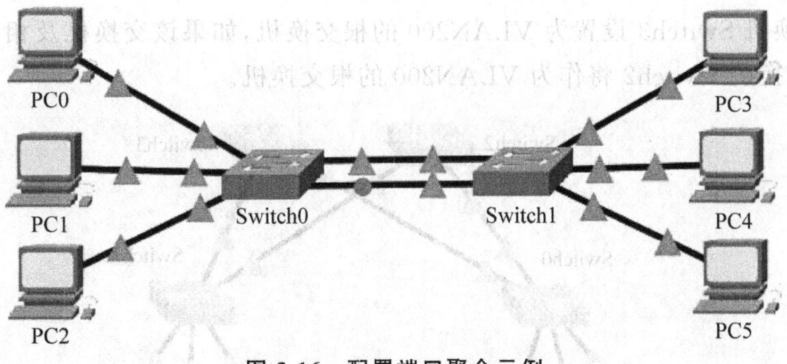

图 3-16 配置端口聚合示例

在交换机 Switch0 配置端口聚合的过程如下。

```
Qchm-SW0(config)#interface port-channel 1      //创建交换机的 EtherChannel
Qchm-SW0(config-if)#switchport mode trunk      //设置 EtherChannel 为 Trunk 模式
```

```
Qchm-SW0(config-if)#interface f0/23
Qchm-SW0(config-if)#switchport mode trunk
Qchm-SW0(config-if)#channel-group 1 mode on
//将交换机端口加入 EtherChannel 1。on 表示使用 EtherChannel,但不发送 PagP 分组
Qchm-SW0(config-if)#interface f0/24
Qchm-SW0(config-if)#switchport mode trunk
Qchm-SW0(config-if)#channel-group 1 mode on
Qchm-SW0(config-if)#exit
Qchm-SW0(config)#port-channel load-balance dst-mac
//设置交换机的 EtherChannel 的负载均衡方式为按照目的 MAC 地址
```

在交换机 Switch1 配置端口聚合的过程与 Switch0 相同,划分 VLAN 的基本过程与上例类似,这里不再赘述。

【注意】 在 channel-group number mode 命令中除 on 外,还可以选择其他参数,如 auto 表示交换机被动形成一个 EtherChannel,不发送 PagP 分组,为默认值;desirable 表示交换机主动要形成一个 EtherChannel,并发送 PagP 分组;non-silient 表示在激活 EtherChannel 之前先进行 PagP 协商。

任务拓展

在图 3-17 所示的网络中,为了保证数据传输的安全,接入层交换机 Switch0、Switch1 分别和两台上一级交换机 Switch2、Switch3 相连。请对该网络中的设备进行配置,以实现以下功能。

- 在网络中创建 2 个 VLAN(VLAN100 和 VLAN200),将接入层交换机 Switch0、Switch1 连接的设备分别划分到 2 个 VLAN 中。
- 将交换机 Switch2 设置为 VLAN100 的根交换机,如果该交换机及相关链路出现问题,交换机 Switch3 将作为 VLAN100 的根交换机。
- 将交换机 Switch3 设置为 VLAN200 的根交换机,如果该交换机及相关链路出现问题,交换机 Switch2 将作为 VLAN200 的根交换机。

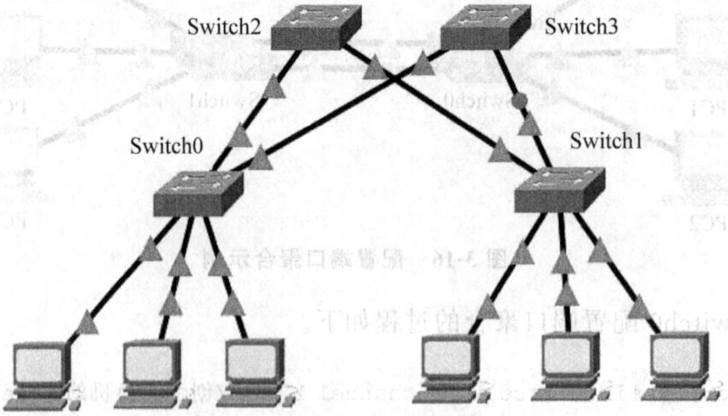

图 3-17 配置生成树任务拓展

习 题 3

1. 简述交换机的分类方法。

2. 交换机和交换机之间有哪些连接方式？在局域网中最常见的是哪一种？

3. 简述以太网的CSMA/CD的工作机制。

4. 交换机有哪几种交换方式？各有什么区别。

5. 什么是以太网的冲突域？什么是广播域？

6. 简述VLAN的作用和实现方法。

7. 简述STP的作用和基本工作机制。

8. 按照图3-18所示的网络拓扑结构组建网络，其中交换机Switch0、Switch1和Switch2分别利用其F0/23和F0/24接口通过两条链路与交换机Switch3相连。网络组建后请对网络中的相关设备进行适当配置以完成以下功能。

(1) 通过端口聚合提高交换机之间的传输带宽。

(2) 将交换机Switch0、Switch1和Switch2的接口划分为3个VLAN，其中每台交换机的F0/1～F0/10接口属于一个VLAN，F0/11～F0/15接口属于一个VLAN，F0/16～F0/22接口属于另一个VLAN。

(3) 在交换机Switch3上开启Telnet功能，在该交换机的F0/1接口连接一台计算机，该计算机可以作为管理工作站对交换机Switch3进行远程管理。

(4) 交换机Switch0、Switch1和Switch2的F0/1～F0/10接口中，每个接口只能够连接一台计算机。如果接入的计算机超过一台，则该接口的所有计算机将不能正常接入。

(5) 为网络中的设备分配IP地址信息，测试网络的连通性并验证你的设置。

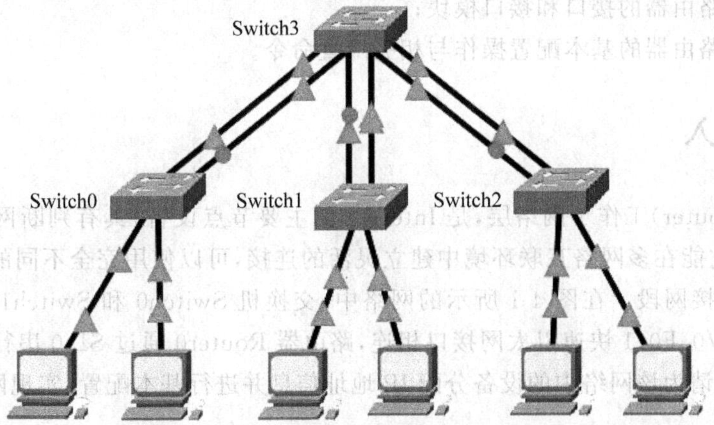

图3-18 利用交换机连接企业内部网络综合练习

工作单元4　利用三层设备实现企业内部网络互联

如果企业计算机网络中存在多个网段(广播域),那么必须利用三层设备实现各网段间的路由和通信。企业计算机网络中使用的三层设备主要包括路由器和三层交换机。通常企业内部网络的路由主要由三层交换机实现;路由器主要用于企业计算机网络的边界,实现企业内部网络与城域网或Internet的连接。本单元的主要目标是能够根据企业需求正确选择与安装三层设备,掌握路由器和三层交换机的基本配置方法,能够利用路由器和三层交换机实现企业内部网络互联。

任务4.1　路由器的选择与基本配置

任务目的

(1) 理解路由器的作用;

(2) 了解路由器的类型和选购方法;

(3) 认识路由器的接口和接口模块;

(4) 掌握路由器的基本配置操作与相关配置命令。

任务导入

路由器(router)工作于网络层,是Internet的主要节点设备,具有判断网络地址和选择路径的功能,它能在多网络互联环境中建立灵活的连接,可以使用完全不同的数据分组和介质访问方法连接网段。在图4-1所示的网络中,交换机Switch0和Switch1分别与路由器Router0的F0/0、F0/1快速以太网接口相连,路由器Router0通过S1/0串行接口与路由器Router1相连,请为该网络中的设备分配IP地址信息并进行基本配置,实现网络的连通。

工作环境与条件

(1) 路由器和交换机(本部分以Cisco系列产品为例,也可选用其他品牌型号的产品或使用Cisco Packet Tracer等网络模拟和建模工具);

(2) Console线缆和相应的适配器;

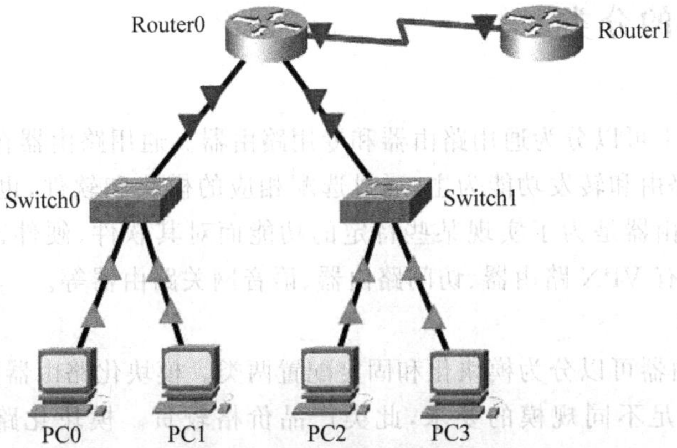

图 4-1　路由器基本配置示例

(3) 安装 Windows 操作系统的 PC；

(4) 组建网络所需的其他设备。

相关知识

4.1.1 路由器的作用

路由器的作用主要有以下几个方面。

1. 网络的互联

路由器可以真正实现网络(网段)互联，它不仅可以实现不同类型局域网的互联，而且可以实现局域网与广域网的互联以及广域网间的互联。在通过路由器实现的多网络互联环境中，各网络可以使用不同的硬件设备，但要遵循相同的网络层协议。

2. 路由选择

路由器的主要工作是为经过它的每个数据包寻找一条最佳的传输路径，并将该数据包有效地送达目标主机。由此可见，如何选择最佳路由即路由算法是路由器的关键所在。为了完成这项工作，路由器中保存着载有各种传输路径相关数据的路由表，供路由选择时使用。

3. 拆包/打包

路由器在转发数据包的过程中，为了便于在网络间传送数据包，可按照预定的规则把大的数据包分解成适当大小的数据包，到达目的地后再把分解的数据包封装成原有形式。

4. 网络隔离

路由器可以根据网络标识、数据类型等来监控、拦截和过滤信息，因此路由器具有一定的网络隔离能力。这种隔离能力不仅可以避免广播风暴，而且有利于提高网络的安全性。目前许多网络安全管理工作是在路由器上实现的，如可以在路由器上实现防火墙技术。

5. 流量控制

路由器具有很强的流量控制能力，可以采用优化的路由算法来均衡网络负载，从而有效地控制拥塞，避免因拥塞而使网络性能下降。

4.1.2 路由器的分类

1. 按功能分类

路由器从功能上可以分为通用路由器和专用路由器。通用路由器在网络系统中最为常见,以实现一般的路由和转发功能为主,通过选配相应的模块和软件,也可以实现专用路由器的功能。专用路由器是为了实现某些特定的功能而对其软件、硬件、接口等作了专门设计。其中较常用的有 VPN 路由器、访问路由器、语音网关路由器等。

2. 按结构分类

从结构上,路由器可以分为模块化和固定配置两类。模块化路由器配置灵活,可以通过配置不同的模块满足不同规模的要求,此类产品价格较贵。模块化路由器又分为三种:①处理器和网络接口均设计为模块化;②处理器是固定配置(随机箱一起提供),网络接口为模块设计;③处理器和部分常用接口为固定配置,其他接口为模块化。固定配置的路由器常见于低端产品,价格低,易于安装调试。

【注意】 为了连接不同类型的网络设备,路由器支持以太网的接口类型较多。

3. 按在网络中所处的位置分类

按在网络中所处的位置,可以把路由器分为以下类型。

- 接入路由器:也称宽带路由器,用于家庭或小型企业客户与运营商网络的连接。
- 企业级路由器:处于企业级网络中心位置,对外接入公共网络,对内连接各分支机构。该类路由器能够提供对各种路由协议和网络接口的广泛支持,还支持防火墙、包过滤、VLAN 以及大量的管理和安全策略。
- 电信骨干路由器:一般常用于城域网,承担大吞吐量的网络服务。骨干路由器必须保证其速度和可靠性,通常都支持热备份、双电源、双数据通路等技术。

【注意】 为满足不同的应用场景,家庭网络中广泛使用的接入路由器(如有无线接入功能,则可称为无线路由器)与企业网络中使用的企业级路由器在结构、功能和价格等方面都有很大的不同。除特别声明外,本书所说的路由器主要指企业级路由器。

4.1.3 路由器的接口

为了连接不同类型的网络,路由器会提供不同类型的接口,除控制台接口和辅助接口外,路由器的其余物理接口可分为局域网接口和广域网接口。常用的局域网接口有以太网接口、快速以太网接口、千兆位以太网接口等,常用的广域网接口有异步串口、ISDN 等。

1. 路由器的接口模块

为了让用户可以根据需要灵活选择接口,企业级路由器主要采用模块化结构,用户只要在路由器插槽中插入不同的接口模块,就可以实现接口的变更。在 Cisco 中低端模块化路由器中,主要适用 NM 网络模块(包括 NME 模块)和 WIC 广域网接口卡(包括 HWIC 高速广域网接口卡)两类模块。Cisco 模块的命名规范为"模块类型—接口数量接口类型"。例如型号为 NM-4A/S 的模块,其模块类型为 NM 模块,A/S 代表接口类型为同/异步串口,4 代表该模块共有 4 个同/异步串口。又如型号为 WIC-1ENET 的模块,其接口类型为 WIC,1ENET 代表该模块有 1 个 10Mb/s 以太网接口。另外有的 NM 模块会带有 WIC 扩展槽,为 WIC 广域网接口卡提供物理接口。例如型号为 NM-1FE2W 的模块,1FE 代表该模块提供 1 个使用双绞线的快速以太网接口，2W 代表该模块提供 2 个 WIC 广域网接口卡扩展槽。图 4-2 所示为 Cisco NM-8A/S 模块。

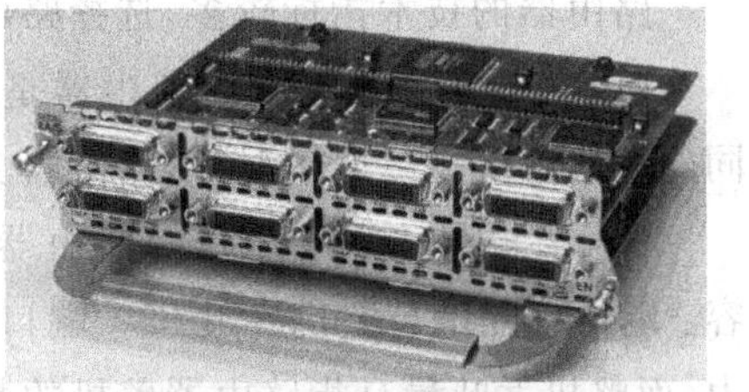

图 4-2 Cisco NM-8A/S 模块

2. 路由器接口的编号

路由器接口的命名规则与交换机类似，也采用“接口类型名 编号”这种格式，其中“接口类型名”是接口类型的英文名称，如 Ethernet（以太网）、FastEthernet（快速以太网）、Serial（串行口）等；“编号”为从 0 开始的阿拉伯数字。在 Cisco 系列路由器中，其接口编号主要有以下几种形式。

- 固定接口的路由器或采用部分模块接口的路由器（如 Cisco 1700 系列和 2500 系列）在接口命名中只采用一个数字，并根据它们在路由器中的物理顺序进行编号，例如，Ethernet0 表示第 1 个以太网接口，Serial1 代表第 2 个串口。
- 能够动态更改物理接口配置的模块化路由器（如 Cisco 2600 系列和 3600 系列）在接口命名中至少包含两个数字，中间用“/”分割，第 1 个数字代表的是插槽的编号，第 2 个数字代表的是接口模块内的接口编号。例如，Serial 1/0 代表位于 1 号插槽上的第 1 个串口。
- Cisco 集成多业务路由器（如 Cisco 2800 系列和 3800 系列）对于固定接口和模块化接口采用从小到大、自右向左的命名方式。对固定接口采用“接口类型 0/接口号”的方式，例如 FastEthernet 0/0 代表位于主机上的第 1 个快速以太网接口。对 NM 模块上的接口采用“接口类型 NM 模块号/接口号”的形式。例如，FastEthernet 1/0 代表 1 号 NM 模块上的第 1 个快速以太网接口。而对于安装在 NM 模块上的 WIC 广域网接口卡上的接口则采用“接口类型 NM 模块号/WIC 插槽号/接口号”的形式。例如，Serial 1/1/0，代表了 1 号 NM 模块上 1 号 WIC 接口卡上的 0 号串口。

例如，在 Cisco 2811 路由器的 NM 插槽上安装了 1 个 NM-2FE2W 模块（2 个快速以太网接口和 2 个 WIC 插槽），在这个 NM 模块上又安装了 2 个 WIC-1T 模块（1 个串口）。在 Cisco 2811 路由器的第 1 个 WIC 插槽上安装了 1 个 WIC-2T 模块（2 个串口），在其他模块上安装了 3 个 WIC-1T 模块。Cisco 2811 路由器上还有 2 个固定的快速以太网接口。该路由器的所有接口编号如图 4-3 所示。

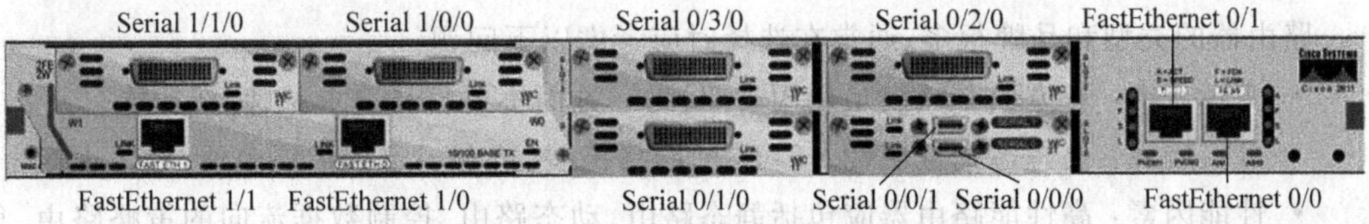

图 4-3 Cisco 2811 路由器接口编号示例

4.1.4 路由器的选择

路由器是企业网络的中枢设备，是企业网络对外界进行数据交流的主要通道，其性能优劣将直接影响企业通信的效率。

1. 路由器的技术指标

路由器的技术指标较多,选择路由器产品时应主要考察以下内容。

(1) 支持的路由协议。路由器是用来连接不同网络的,所连接的网络可能采用的是不同的通信协议。一般情况下,路由器支持的路由协议越多,其通用性越强。

(2) 吞吐量。吞吐量是指路由器的包转发能力。路由器的吞吐量涉及两个方面的内容:端口吞吐量与整机吞吐量。端口吞吐量是指路由器的具体一个接口的数据包转发能力,而整机吞吐量是指路由器整机的数据包转发能力。吞吐量与路由器的接口数量、接口速率、数据包长度、数据包类型、路由计算模式以及测试方法有关,一般泛指处理器处理数据包的能力。

(3) 背板能力。背板是路由器输入端与输出端之间的物理通道。传统路由器采用的是共享背板的结构,高性能路由器一般采用可交换式背板的设计。背板能力能够体现在路由器的吞吐量上。需要注意的是,背板能力一般只能在设计中体现,无法测试。

(4) 丢包率。丢包率是指在稳定的持续负荷情况下,由于路由器转发数据包能力的限制而造成包丢失的概率。丢包率是衡量路由器超负荷工作时的重要性能指标。

(5) 路由表容量。路由器通常依靠所建立及维护的路由表来决定数据包的转发。路由表容量是指路由表内所容纳路由表项数量的极限,其与路由器自身所带的缓存大小有关。

(6) 时延与时延抖动。

① 时延是指数据包的第一个比特进入路由器到最后一个比特从路由器输出所经历的时间间隔,即路由器转发数据包的处理时间。时延与吞吐量、背板能力等指标密切相关。

② 时延抖动是指时延的变化量。由于数据业务对时延抖动要求不高,因此通常可不把其作为衡量路由器性能的主要指标,但语音、视频业务对该指标要求较高。

(7) 网络管理能力。大中型企业网络的维护和管理负担越来越重,因此与交换机相比,路由器对标准网络管理系统的支持能力尤为重要。在选择路由器时,必须关注其对网络管理相关协议的支持及其管理的精细程度。

(8) 可靠性。作为企业网络的核心设备,在选择路由器时必须保证其可靠性。路由器的可靠性主要体现在其冗余功能(包括接口冗余、插卡冗余、电源冗余、系统板冗余等)、热插拔组件、无故障工作时间、故障恢复时间等方面。

2. 选择路由器时需考虑的因素

路由器的类型和品牌很多,通常在选择时应考虑以下问题。

- 实际需求:一方面必须满足使用需要,另一方面不要盲目追求品牌、新功能。
- 可扩展性:要考虑到近期(2~5 年)的网络扩展,留有一定的扩展余地。
- 性能因素:高性能路由器应包括静态路由、动态路由、控制数据流向的策略路由、负载均衡、双协议栈等功能。在价格限定下,应重点考察路由器的包转发能力。
- 价格因素:在满足实际使用需求下,可选用价格低一些的产品,以降低费用。
- 服务支持:路由器的售前、售后支持和服务是非常重要的,必须要选择能绝对保证服务质量的品牌产品。
- 品牌因素:尽可能选择在国内或国际网络建设中占有一定市场份额的主流产品。

任务实施

请扫描数字活页 4.1 的二维码，在任务实施过程中思考并回答数字活页中提出的问题。另外，可以分别扫描微课视频 4.1.1(配置路由器接口)、微课视频 4.1.2(利用单臂路由实现 VLAN 互联)的二维码，观看相关工作任务的讲解和操作演示视频。

数字活页 4.1　**微课视频 4.1.1(配置路由器接口)**　**微课视频 4.1.2(利用单臂路由实现 VLAN 互联)**

实训 1　认识路由器

(1) 根据实际条件，现场考察典型校园网或企业网，记录该网络中使用的路由器的品牌、型号及相关技术参数，查看路由器各接口的连接与使用情况。

(2) 访问路由器主流厂商的网站(如 Cisco、华为、锐捷、H3C 等)，查看该厂商生产的企业级路由器产品，记录其型号、价格及相关技术参数。

实训 2　路由器基本管理配置

路由器的基本管理配置命令这里不再赘述。以下给出在图 4-1 所示的网络中，路由器 Router0 的部分基本管理配置命令如下。

```
Router>enable
Router#configure terminal
Router(config)#hostname Qchm-R0
Qchm-R0(config)#enable secret abcdef123+
Qchm-R0(config)#line console 0
Qchm-R0(config-line)#password con123456+
Qchm-R0(config-line)#login
Qchm-R0(config-line)#line vty 0 4
Qchm-R0(config-line)#password tel23456
Qchm-R0(config-line)#login
Qchm-R0(config-line)#end
Qchm-R0#show version
Qchm-R0#show running-config
```

实训 3　配置路由器接口

1. 配置以太网接口

在图 4-1 所示的网络中，交换机 Switch0 和 Switch1 分别与路由器 Router0 的 F0/0、F0/1 快速以太网接口相连。由于路由器的每个接口连接的是一个网段，并可以作为相应网段的网关,因此要实现网络的连通,必须对路由器的以太网接口进行配置,基本操作方法如下。

(1) 为计算机分配 IP 地址。路由器的每个接口连接的是一个广播域,因此连接在路由器同一接口的计算机的 IP 地址应具有相同的网络标识,连接在路由器不同接口的计算机应具有不同的网络标识。可以为路由器 F0/0 接口所连网段选择 192.168.1.0/24 地址段的地址,如 PC0 可设为 192.168.1.1/24,PC1 可设为 192.168.1.2/24。可以为路由器 F0/1 接口所连网段选择 192.168.2.0/24 地址段的地址,如 PC2 可设为 192.168.2.1/24,PC3 可设为 192.168.2.2/24。连接在路由器不同接口的计算机之间是不能直接通信的。

(2) 配置路由器接口。在路由器 Router0 上的配置过程如下。

```
Qchm-R0(config)#interface f0/0
Qchm-R0(config-if)#ip address 192.168.1.254 255.255.255.0
//配置路由器 F0/0 接口的 IP 地址为 192.168.1.254,子网掩码为 255.255.255.0
Qchm-R0(config-if)#no shutdown
Qchm-R0(config-if)#interface f0/1
Qchm-R0(config-if)#ip address 192.168.2.254 255.255.255.0
Qchm-R0(config-if)#no shutdown
```

【注意】 与交换机类似,路由器以太网接口也可以进行通信模式、传输速度等的配置。

(3) 为各计算机设置默认网关。通常路由器接口的 IP 地址就是其所对应网段的默认网关,因此,PC0 和 PC1 的默认网关应设为 192.168.1.254,PC3 和 PC4 的默认网关应设为 192.168.2.254,此时连接在路由器不同接口的计算机之间就可以相互通信了。

2. 配置串行接口

在广域网串行通信中,运营商提供的设备一般称为 DCE(data circuit equipment,数据电路设备),用户端的设备称为 DTE(data terminal equipment,数据终端设备),DTE 和 DCE 通过广域网串行线缆进行连接。因此配置串行接口通常应考虑其在广域网互联和实验室背靠背连接时的位置,串行接口的配置可以分为 DCE 端配置和 DTE 端配置。在图 4-1 所示的网络中,两台路由器通过串行接口(实验室中主要利用背靠背连接的 V.35 线缆)相连,对串行接口进行配置实现路由器之间连通的基本操作方法如下。

(1) 查看串行接口的工作模式。在配置串行接口前,必须确定串行接口的工作模式,即该接口是 DCE 端还是 DTE 端。可以在特权模式下使用 show controllers 命令查看接口的工作模式,其运行过程如下。

```
Qchm-R0#show controllers s1/0                      //查看 S1/0 接口工作模式
Interface Serial1/0
Hardware is PowerQUICC MPC860
DTE V.35 TX and RX clocks detected                 //该接口为 DTE 接口
idb at 0x81081AC4,driver data structure at 0x81084AC0
SCC Registers:
...(以下省略)
```

(2) 配置 DCE 接口。在图 4-1 所示的网络中,路由器 Router1 的 S1/0 接口为 DCE 接口,其基本配置过程如下。

```
Qchm-R1(config)#interface s1/0
Qchm-R1(config-if)#ip address 10.1.1.1 255.255.255.252
Qchm-R1(config-if)#clock rate 2000000          //设置接口的时钟速率为 2Mb/s
Qchm-R1(config-if)#bandwidth 2000              //设置接口的带宽为 2000kbps
Qchm-R1(config-if)#no shutdown
```

【注意】 通常在 DCE 中应配置接口的时钟速率。

3. 配置 DTE 接口

在图 4-1 所示的网络中，路由器 Router0 的 S1/0 接口为 DTE 接口，其基本配置过程如下。

```
Qchm-R0(config)#interface s1/0
Qchm-R0(config-if)#ip address 10.1.1.2 255.255.255.252
Qchm-R0(config-if)#bandwidth 2000
Qchm-R0(config-if)#no shutdown
```

【注意】 DCE 接口与 DTE 接口处于同一网段，IP 地址网络标识要相同。在 DTE 端不需配置接口的时钟速率。DTE 接口的带宽设置应与 DTE 接口相同，也可以都使用默认配置。

实训 4　利用单臂路由实现 VLAN 互联

对于没有路由功能的二层交换机，若要实现 VLAN 间的相互通信，可借助外部的路由器实现。由于路由器的以太网接口数量较少（2～4 个），因此通常会采用单臂路由解决方案。在单臂路由解决方案中，路由器只需要通过一个以太网接口和交换机连接，交换机的接口需设置为 Trunk 模式，而在路由器上应创建多个子接口和不同的 VLAN 连接。

【注意】 子接口可以理解为建立在路由器物理接口上的逻辑接口。

在图 4-1 所示的网络中，若在交换机 Switch1 的 F0/3 和 F0/4 接口增加 2 台计算机 PC4 和 PC5，现要求在交换机 Switch1 上创建 2 个 VLAN，使 PC2 和 PC3 属于一个 VLAN，PC4 和 PC5 属于另一个 VLAN，并利用路由器实现各网段的互联。基本操作方法如下。

1. 规划与分配 IP 地址

增加 PC 并划分 VLAN 后，网络中共有 3 个网段。路由器 F0/0 接口所连网段保持不变，仍使用 192.168.1.0/24 地址段的地址。路由器 F0/1 接口所连交换机 Switch1 上划分的两个 VLAN 是两个不同的网段，其中一个 VLAN 可以使用 192.168.2.0/24 地址段的地址，如 PC2 的 IP 地址可设置为 192.168.2.1/24，PC3 的 IP 地址可设置为 192.168.2.2/24，路由器 F0/1 相应子接口的 IP 地址可设置为 192.168.2.254/24；另一个 VLAN 可以使用 192.168.3.0/24 地址段的地址，如 PC4 的 IP 地址可设置为 192.168.3.1/24，PC5 的 IP 地址可设置为 192.168.3.2/24，路由器 F0/1 相应子接口的 IP 地址可设置为 192.168.3.254/24。

2. 在交换机上划分 VLAN

在交换机 Switch1 上的配置过程如下。

```
Qchm-SW1(config)#vlan2
Qchm-SW1(config-vlan)#name VLAN2
Qchm-SW1(config-vlan)#vlan3
Qchm-SW1(config-vlan)#name VLAN3
```

```
Qchm-SW1(config)#interface f0/1
Qchm-SW1(config-if)#switchport access vlan 2
Qchm-SW1(config-if)#interface f0/2
Qchm-SW1(config-if)#switchport access vlan 2
Qchm-SW1(config-if)#interface f0/3
Qchm-SW1(config-if)#switchport access vlan 3
Qchm-SW1(config-if)#interface f0/4
Qchm-SW1(config-if)#switchport access vlan 3
Qchm-SW1(config-if)#interface f0/24
Qchm-SW1(config-if)#switchport mode trunk
```

3. 配置路由器子接口

在路由器 Router0 上的配置过程如下。

```
Qchm-R0(config)#interface f0/1                //选择配置路由器的 Fa0/1 端口
Qchm-R0(config-if)#no ip address              //删除原来设置的 IP 地址
Qchm-R0(config-if)#no shutdown
Qchm-R0(config-if)#interface f0/1.1           //创建子接口
Qchm-R0(config-subif)#encapsulation dot1q 2
//指明子接口承载 VLAN2 的流量,并定义封装类型
Qchm-R0(config-subif)#ip address 192.168.2.254 255.255.255.0
//配置子接口的 IP 地址为 192.168.2.254/24,该子接口为 VLAN2 的网关
Qchm-R0(config-subif)#interface f0/1.2
Qchm-R0(config-subif)#encapsulation dot1q 3
Qchm-R0(config-subif)#ip address 192.168.3.254 255.255.255.0
//配置子接口的 IP 地址为 192.168.3.254/24,该子接口为 VLAN3 的网关
Qchm-R0(config-subif)#end
Qchm-R0#show ip route                         //查看路由表
```

4. 配置计算机接口

路由器的子接口是其对应 VLAN 中计算机的默认网关,因此 PC2 和 PC3 的默认网关应设为 192.168.2.254,PC4 和 PC5 的默认网关应设为 192.168.3.254。为每台计算机设置相应的 IP 地址、子网掩码和默认网关后,各计算机之间就可以相互通信了。

任务拓展

在图 4-4 所示的网络中,交换机 Switch1 和 Switch2 分别通过其 F0/24 接口与交换机 Switch0 的 F0/22 与 F0/23 接口相连,交换机 Switch0 和 Switch3 和分别通过其 F0/24 接口与路由器 Router0 的 F0/0 与 F0/1 接口相连。现要求将交换机 Switch0 连接的网络部分分为 3 个 VLAN,其中交换机 Switch0、Switch1 和 Switch2 和 F0/1～F0/10 接口属于一个 VLAN,交换机 Switch0、Switch1 和 Switch2 和 F0/11～F0/20 接口属于一个 VLAN,交换机 Switch0、Switch1 和 Switch2 的剩余接口属于一个 VLAN。请构建该网络并为网络中的所有设备分配 IP 地址,实现全网的连通。

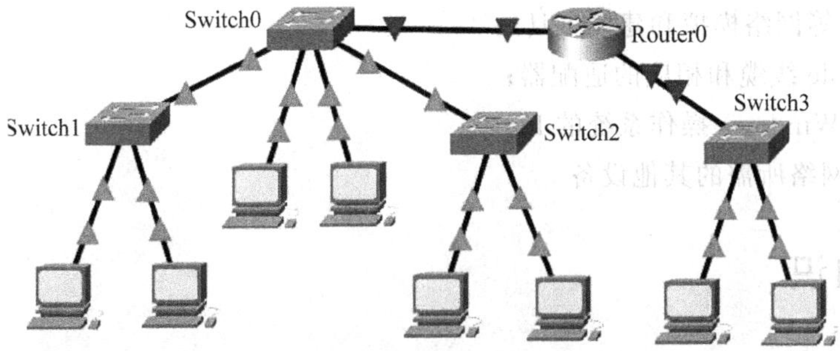

图 4-4 路由器基本配置任务拓展

任务 4.2 三层交换机的选择与基本配置

任务目的

(1) 理解三层交换机的作用;

(2) 掌握三层交换机的基本配置操作与相关配置命令。

任务导入

出于安全和管理方便的考虑,特别是为了减少广播风暴的危害,必须把大型局域网按功能或地域等因素划分为一个个网段,各网段之间的通信需要经过路由器,在网络层完成转发。然而由于路由器的接口数量有限,而且路由速度较慢,因此如果单纯使用路由器来实现网段间的访问,必将使网络的规模和访问速度受到限制。三层交换机是具备网络层路由功能的交换机,其接口可以实现基于网络层寻址的数据包转发。在图 4-5 所示的网络中,两台二层交换机 Switch1 和 Switch2 分别通过其 F0/24 接口与三层交换机 Switch0 的 F0/23 和 F0/24 接口相连。请对该网络进行配置,利用三层交换机实现网段的划分和互联。

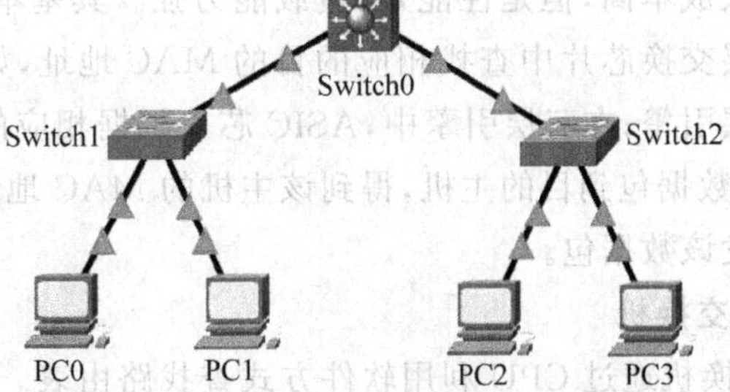

图 4-5 三层交换机基本配置示例

工作环境与条件

(1) 交换机(本部分以 Cisco 系列产品为例,也可选用其他品牌型号的产品或使用 Cisco

Packet Tracer 等网络模拟和建模工具);

(2) Console 线缆和相应的适配器;

(3) 安装 Windows 操作系统的 PC;

(4) 组建网络所需的其他设备。

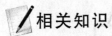

相关知识

4.2.1 三层交换机的作用

三层交换机的主要作用是加快大型局域网内部的数据交换,其所具有的路由功能也是为这一目的服务。三层交换机在对第一个数据包进行路由后,将会产生 MAC 地址与 IP 地址的映射表,当同样的数据包再次通过时,将根据该映射表进行直接交换,从而消除了路由器进行路由选择而造成的网络延迟,提高了数据包的转发效率。

三层交换机可以实现路由器的部分功能,但路由器一般是通过微处理器执行数据包转发(软件实现路由),而三层交换机则主要通过硬件执行数据包转发。因此与三层交换机相比,路由器的功能更强大,其 NAT、VPN、传输层网络管理等能力是三层交换机不具备的,而且三层交换机也不具备同时处理多个协议的能力,不能实现异构网络的互联,因此三层交换机并不等于路由器,也不可能完全取代路由器。在企业计算机网络的构建中,通常内部各网段的互联,可以使用三层交换机来实现,但若要实现与广域网或 Internet 的互联,则路由器是不可缺少的。

4.2.2 三层交换机的分类

根据处理数据方式的不同,可以将三层交换机分为纯硬件的三层交换机和基于软件的三层交换机两种类型。

1. 纯硬件的三层交换机

纯硬件的三层交换机采用 ASIC 芯片,利用硬件方式进行路由表的查找和刷新。这种类型的交换机技术复杂、成本高,但是性能好,负载能力强。其基本工作过程为:交换机接收数据后,将首先在二层交换芯片中查找相应的目的 MAC 地址,如果查到,则进行二层转发,否则将数据送至三层引擎;在三层引擎中,ASIC 芯片根据相应的目的 IP 地址查找路由表信息,然后发送 ARP 数据包到目的主机,得到该主机的 MAC 地址,将 MAC 地址发到二层芯片,由二层芯片转发该数据包。

2. 基于软件的三层交换机

基于软件的三层交换机通过 CPU 利用软件方式查找路由表。这种类型的交换机技术较简单,但由于低价 CPU 处理速度较慢,因此不适合作为核心交换机使用。其基本工作过程为:当交换机接收数据后,将首先在二层交换芯片中查找相应的目的 MAC 地址,如果查到则进行二层转发,否则将数据送至 CPU;CPU 根据相应的目的 IP 地址查找路由表信息,然后发送 ARP 数据包到目的主机,得到该主机的 MAC 地址,将 MAC 地址发到二层芯片,由二层芯片转发该数据包。

任务实施

请扫描数字活页 4.2 的二维码，在任务实施过程中思考并回答数字活页中提出的问题。另外，可以分别扫描微课视频 4.2.1（配置三层交换机接口）、微课视频 4.2.2（三层交换机的 VLAN 配置）的二维码，观看相关工作任务的讲解和操作演示视频。

数字活页 4.2 **微课视频 4.2.1（配置三层交换机接口）** **微课视频 4.2.2（三层交换机的 VLAN 配置）**

实训 1 认识三层交换机

(1) 根据实际条件，现场考察典型校园网或企业网，记录该网络中使用的三层交换机的品牌、型号及相关技术参数，查看三层交换机各接口的连接与使用情况。

(2) 访问三层交换机主流厂商的网站（如 Cisco、华为、锐捷、H3C 等），查看该厂商生产的三层交换机产品，记录其型号、价格及相关技术参数。

实训 2 配置三层交换机接口

三层交换机的基本配置方法与二层交换机相同，这里不再赘述。对于三层交换机应重点注意其接口配置。三层交换机的接口既可用作数据链路层的交换接口，也可用作网络层的路由接口。如果作为交换接口，则其功能与基本配置方法与二层交换机的接口相同；如果作为路由接口，该接口连接的将为一个独立的网段，应为其配置 IP 地址，该地址将成为其所连网段内其他设备的网关地址。在图 4-5 所示的网络中，如果使三层交换机 Swicth0 的 F0/23 和 F0/24 接口作为网络层的路由接口，则即可将该网络划分为 2 个网段，三层交换机可以像路由器一样实现网段的划分与互联。基本操作方法如下。

1. 规划与分配 IP 地址

三层交换机的接口作为路由接口时，其功能与路由器接口相同。因此，可为三层交换机 Swicth0 的 F0/23 接口所连网段选择 192.168.1.0/24 地址段的地址，如 PC0 的 IP 地址可设置为 192.168.1.1/24，PC1 的 IP 地址可设置为 192.168.1.2/24，三层交换机 Swicth0 的 F0/23接口 IP 地址可设置为 192.168.1.254/24；可为三层交换机 Swicth0 的 F0/24 接口所连网段选择 192.168.2.0/24 地址段的地址，如 PC2 的 IP 地址可设置为 192.168.2.1/24，PC3 的 IP 地址可设置为 192.168.2.2/24，三层交换机 Swicth0 的 F0/24 接口 IP 地址可设置为 192.168.2.254/24。

2. 配置三层交换机接口

在三层交换机 Switch0 上的配置过程如下。

```
Switch(config)#hostname Qchm-L3
Qchm-L3(config)#interface f0/23
Qchm-L3(config-if)#no switchport
//将接口设置为路由接口，默认为交换接口，可以使用 switchport 命令将交换机接口设置为交换
  接口
Qchm-L3(config-if)#ip address 192.168.1.254 255.255.255.0
Qchm-L3(config-if)#no shutdown
Qchm-L3(config-if)#interface f0/24
Qchm-L3(config-if)#no switchport
Qchm-L3(config-if)#ip address 192.168.2.254 255.255.255.0
Qchm-L3(config-if)#no shutdown
Qchm-L3(config-if)#exit
Qchm-L3(config)#ip routing                    //开启三层交换机路由功能
```

3. 配置计算机接口

通常三层交换机路由接口的 IP 地址就是其对应网段内各计算机的默认网关。为每台计算机设置相应的 IP 地址、子网掩码和默认网关后，各计算机之间就可以相互通信了。

实训 3 三层交换机的 VLAN 配置

与二层交换机相同，在三层交换机上同样可以创建 VLAN，作为交换接口的三层交换机接口可以加到不同的 VLAN 中，从而实现基于接口的 VLAN 划分。由于三层交换机具有网络层的路由功能，因此在三层交换机上可以为每个 VLAN 创建逻辑接口并设置 IP 地址，实现各 VLAN 间的路由。在图 4-5 所示的网络中，若要使 PC0 和 PC2 属于一个网段，PC1 和 PC3 属于一个网段，则可以在交换机上划分 VLAN，并通过三层交换机实现 VLAN 间的相互通信。基本操作方法如下。

1. 规划与分配 IP 地址

由于不同的 VLAN 是不同的网段，因此可为 PC0 和 PC1 所在 VLAN 选择 192.168.10.0/24 地址段的地址，为 PC2 和 PC3 所在 VLAN 选择 192.168.20.0/24 地址段的地址，在三层交换机上可以为每个 VLAN 的虚拟接口设置 IP 地址，作为每个 VLAN 的网关。

2. 创建 VLAN

在三层交换机 Switch0 上的配置过程如下。

```
Qchm-L3(config)#vlan10
Qchm-L3(config-vlan)#name VLAN10
Qchm-L3(config-vlan)#vlan20
Qchm-L3(config-vlan)#name VLAN20
```

在二层交换机 Switch1、Switch2 上的配置与 Switch0 相同，这里不再赘述。

3. 配置 Trunk

在三层交换机 Switch0 上的配置过程如下。

```
Qchm-L3(config)#interface f0/23
Qchm-L3(config-if)#switchport
Qchm-L3(config-if)#switchport trunk encapsulation dot1q
//设置打标封装协议为 802.1Q
```

```
Qchm-L3(config-if)#switchport mode trunk
Qchm-L3(config-if)#interface f0/24
Qchm-L3(config-if)#switchport
Qchm-L3(config-if)#switchport trunk encapsulation dot1q
Qchm-L3(config-if)#switchport mode trunk
```

在二层交换机 Switch1 上的配置过程如下。

```
Qchm-SW1(config)#interface f0/24
Qchm-SW1(config-if)#switchport mode trunk
```

在二层交换机 Switch2 上的配置与 Switch1 相同，这里不再赘述。

4. 将交换机的端口划入 VLAN

在二层交换机 Switch1 上的配置过程如下。

```
Qchm-SW1(config)#interface f0/1
Qchm-SW1(config-if)#switchport access vlan10
Qchm-SW1(config-if)#interface f0/2
Qchm-SW1(config-if)#switchport access vlan20
```

在二层交换机 Switch2 上的配置与 Switch1 相同，这里不再赘述。

5. 配置 VLAN 间路由

在三层交换机 Switch0 上的配置过程如下。

```
Qchm-L3(config)#interface vlan10
Qchm-L3(config-if)#ip address 192.168.10.254 255.255.255.0
Qchm-L3(config-if)#no shutdown
Qchm-L3(config-if)#interface vlan20
Qchm-L3(config-if)#ip address 192.168.20.254 255.255.255.0
Qchm-L3(config-if)#no shutdown
Qchm-L3(config-if)#exit
Qchm-L3(config)#ip routing
```

6. 配置计算机接口

通常三层交换机每个 VLAN 虚拟接口的 IP 地址就是其对应网段内各计算机的默认网关。为每台计算机设置相应的 IP 地址、子网掩码和默认网关后，各计算机之间就可以相互通信了。

任务拓展

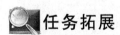

在图 4-6 所示的网络中，二层交换机 Switch1、Switch2 和 Switch3 分别通过其 F0/24 接口与三层交换机 Switch0 的 F0/22、F0/23 和 F0/24 接口相连。现要求将该网络划分为 4 个网段，其中交换机 Switch1 连接的计算机属于一个网段，交换机 Switch2 和 Switch3 的 F0/1～F0/15 接口连接的计算机属于一个网段，交换机 Switch2 和 Switch3 其他接口连接的计算机属于一个网段，直接连接在三层交换机 Switch0 上的计算机属于另一个网段。请

对网络中的相关设备进行配置并实现网络的连通。

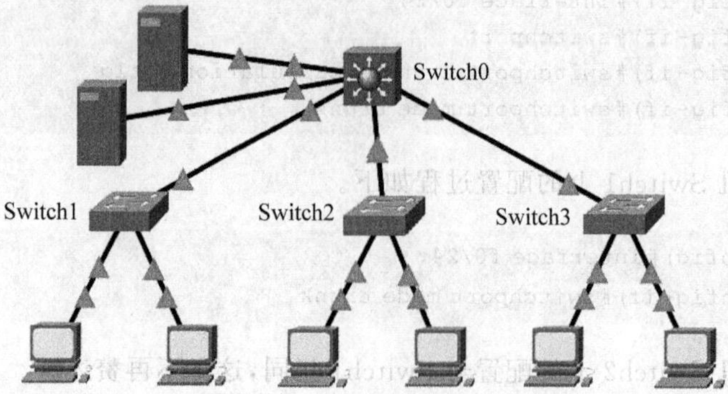

图 4-6　三层交换机基本配置任务拓展

任务 4.3　利用静态路由实现网络互联

任务目的

(1) 理解路由表的作用和结构；

(2) 理解直连路由、静态路由和动态路由的相关概念；

(3) 能够在路由器上利用静态路由实现网络的连通；

(4) 能够在三层交换机上利用静态路由实现网络的连通。

任务导入

在通常的术语中，路由就是在不同网段之间转发数据包的过程。对于基于 TCP/IP 的网络，路由是网际协议(IP)与其他网络协议结合使用提供的在不同网段主机之间转发数据包的能力，这个基于 IP 传送数据包的过程叫作 IP 路由。路由选择是 TCP/IP 中非常重要的功能，它确定了数据包到达目的主机的最佳路径，是 TCP/IP 得到广泛使用的主要原因。在图 4-7 所示的网络中，两台路由器之间通过 S1/0 串行接口相连，如果只对各路由器的接口进行配置，则只能实现连接在同一路由器网段的互联，连接在不同路由器的网段之间是不能通信的。请对该网络进行配置，利用静态路由实现整个网络的互联和通信。

工作环境与条件

(1) 路由器和交换机(本部分以 Cisco 系列产品为例，也可选用其他品牌型号的产品或使用 Cisco Packet Tracer 等网络模拟和建模工具)；

(2) Console 线缆和相应的适配器；

(3) 安装 Windows 操作系统的 PC；

(4) 组建网络所需的其他设备。

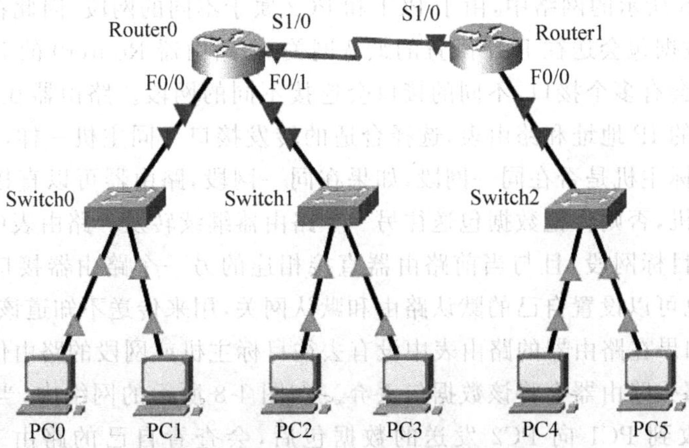

图 4-7　利用静态路由实现网络互联示例

相关知识

4.3.1　路由的基本机制

二层交换机是根据 MAC 地址表来转发数据帧的。与之类似，路由器、三层交换机和计算机等在网络层是依据路由表来转发 IP 数据包的，路由表(routing table)由目标网络、下一跳 IP 地址、转发接口等多种信息组成。在图 4-8 所示的网络中，路由器 Router0 和 Router1 连接了 3 个不同的网段，网络中各设备的 IP 地址和路由表如图所示，下面以 PC1 向 PC2 发送数据包的过程为例，看一下数据包是如何在网络中路由的。

Router0的路由表

目标网络	下一跳地址	接口
192.168.1.0	直接连接	F0/0
192.168.2.0	192.168.3.2	S1/0
192.168.3.0	直接连接	S1/0

Router1的路由表

目标网络	下一跳地址	接口
192.168.1.0	192.168.3.1	S1/0
192.168.2.0	直接连接	F0/0
192.168.3.0	直接连接	S1/0

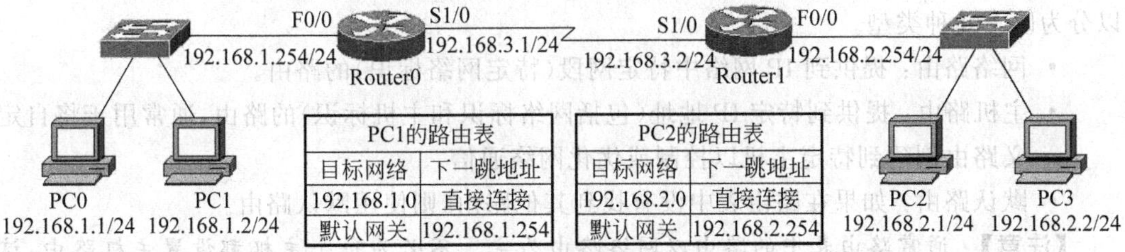

PC1的路由表

目标网络	下一跳地址
192.168.1.0	直接连接
默认网关	192.168.1.254

PC2的路由表

目标网络	下一跳地址
192.168.2.0	直接连接
默认网关	192.168.2.254

图 4-8　路由基本过程示例

当主机要发送 IP 数据包给另一台主机时，会首先查询自己的路由表，如果目标主机与其在同一网段，它可以直接通过 ARP 获取对方的 MAC 地址，并把该数据包送给目标主机；如果目标主机与其不在同一网段，则需要选择一个能够到达目标主机所在网段的路由器，由路由器完成数据包的转发。通常在主机上都会配置默认网关(default gateway)，它是与主机连接在同一网段的某路由器接口的 IP 地址。如果在主机路由表中没有专门为相应网段设置转发路由器的接口地址，则主机发往不同网段的数据包都会送往默认网关对应的路由器接口。在图4-8所示的网络中,由于PC1和PC2属于不同的网段,因此在PC1向PC2发送数据包时,该数据包会送往PC1配置的默认网关,即路由器Router0的F0/0接口。

路由器通常会有多个接口,不同的接口会连接不同的网段。路由器在转发数据包时会根据数据包的目的IP地址和路由表,选择合适的转发接口。同主机一样,路由器也要判断该转发接口与目标主机是否在同一网段,如果在同一网段,路由器可以直接通过ARP把数据包发往目标主机,否则将把数据包送往另一个路由器继续转发。路由表中的下一跳IP地址就是能够到达目标网段,且与当前路由器直接相连的另一个路由器接口的IP地址。当然,在路由器上也可以设置自己的默认路由和默认网关,用来传送不知道该由哪个接口转发的IP数据包。如果在路由器的路由表中没有去往目标主机或网段的路由信息,而且也没有设置默认路由,那么路由器会将该数据包丢弃。在图4-8所示的网络中,当路由器Router0通过F0/0接口收到PC1向PC2发送的数据包后,会查看自己的路由表。根据路由器Router0的路由表,PC2对应的192.168.2.0/24网段并未与路由器Router0直接相连,该数据包应从路由器Router0的S1/0接口发出,发往IP地址为192.168.3.2的路由器接口,即路由器Router1的S1/0接口。路由器Router1通过S1/0接口收到数据包后,会查看自己的路由表。根据路由器Router1的路由表,PC2对应的192.168.2.0/24网段与路由器Router1的F0/0接口直接相连,路由器Router1可以在F0/0接口直接通过ARP获得PC2的MAC地址,将数据包发送给PC2。

【注意】 路由器的以太网接口除具有IP地址外还具有MAC地址,可以成为以太网数据帧的发送方和接收方。在数据的传输过程中,IP地址和MAC地址是通过ARP彼此协作、共同发挥作用的。数据帧中的源MAC地址和目的MAC地址只在同一网段中有效,当需要跨网段进行数据发送时,需要更换为相应路由器接口的MAC地址,以保证数据的中转。而IP数据包中的源IP地址和目的IP地址则能够跨网段,以确保数据的源主机和目标主机始终不变。

4.3.2 路由表的结构

路由表由多个路由表项组成,路由表中的每一个表项都被看作是一条路由,路由表项可以分为以下几种类型。

- 网络路由:提供到IP网络中特定网段(特定网络标识)的路由。
- 主机路由:提供到特定IP地址(包括网络标识和主机标识)的路由,通常用于将自定义路由创建到特定主机以控制或优化网络通信。
- 默认路由:如果在路由表中没有找到其他路由,则使用默认路由。

【注意】 通常路由表中的路由以网络路由为主。不必为每个主机都设置主机路由,这是IP路由选择机制的基本属性,从而可以极大地缩小路由表的规模。

路由表中的每个路由表项主要由以下信息字段组成。

- 目的地址:目标网段的网络标识或目的主机的IP地址。
- 网络掩码:与目的地址相对应的网络掩码。
- 下一跳IP地址:数据包转发的地址,即数据包应传送的下一个路由器的IP地址。对于主机或路由器直接连接的网络,该字段可能是本主机或路由器连接到该网络的接口地址。

- 转发接口：将数据包转发到目的地址时所使用的路由器接口，该字段可以是一个接口号或其他类型的逻辑标识符。

【注意】 不同设备路由表中的信息字段并不相同。在 Cisco 设备的路由表中还会包含路由信息的来源（直连路由、静态路由或动态路由）、管理距离（路由的可信度）、量度值（路由的可到达性）、路由的存活时间等信息字段。

路由设备在转发 IP 数据包时主要遵循以下规则。

- 搜索路由表，寻找能与目的 IP 地址完全匹配的表项，如果找到，则把 IP 数据包由该表项指定的接口转发，发送给指定的下一个路由器或直接连接的网络接口。
- 搜索路由表，寻找能与目的 IP 地址网络标识匹配的表项，如果找到，则把 IP 数据包由该表项指定的接口转发，发送给指定的下一个路由器或直接连接的网络接口。若存在多个表项，则选用网络掩码最长的那条路由。
- 按照路由表的默认路由转发，若无默认路由则将 IP 数据包丢弃。

4.3.3　路由的生成方式

路由表是 IP 数据包转发的依据，因此如何建立路由表就是实现网际互联的关键。路由表中路由的生成方式有以下几种。

1. 直连路由

直连路由是路由设备自动添加的与其直接相连的网段的路由。由于直连路由反映的是路由设备各接口直接连接的网段，因此具有较高的可信度。

2. 静态路由

静态路由是由管理员手工配置的路由。静态路由在默认情况下是私有的，不会传递给其他的路由设备，当然，管理员也可以通过设置使之共享。静态路由一般适用于比较简单的网络环境，在这样的环境中，管理员可以清楚地了解网络的拓扑结构，便于设置正确的路由信息。大型和复杂的网络环境通常不宜采用静态路由。一方面，管理员很难全面了解整个网络的拓扑结构；另一方面，当网络的拓扑结构和链路状态发生变化时，路由设备中的静态路由信息需要大范围地调整，这一工作的难度和复杂程度非常高。

3. 动态路由

动态路由是各个路由设备利用路由协议动态交换各自的路由信息，然后按照一定的算法优化出来的路由，并且这些路由可以在一定时间间隙里不断更新。当网络拓扑结构发生变化，或网络某个节点或链路发生故障时，与之相邻的路由设备会重新计算路由，并向外发送路由更新新息，从而引发所有路由设备重新计算和调整其路由表，以适应网络的变化。与静态路由相比，动态路由可以大大减轻大型网络的管理负担，但其对路由设备的性能要求较高，会占用网络的带宽，并且存在一定的安全隐患。

在一个路由器中，可同时配置静态路由和一种或多种动态路由。它们各自维护的路由表之间可能会发生冲突，这种冲突可以通过配置各路由表的管理距离（可信度）来解决，管理距离值越低，学到的路由越可信。表 4-1 给出了 Cisco 路由器默认情况下各种路由源的管理距离值。由表 4-1 可知，默认情况下静态路由优先于动态路由，采用复杂量度路由协议生成的动态路由优先于采用简单量度路由协议生成的动态路由。

表 4-1 Cisco 路由器默认情况下各种路由源的管理距离值

路 由 源	默认管理距离
直连路由	0
指明转发接口的静态路由	0
指明下一跳 IP 地址的静态路由	1
利用 EIGRP 生成的动态路由	90
利用 IGRP 生成的动态路由	100
利用 OSPF 协议生成的动态路由	110
利用 RIP 生成的动态路由	120
未知路由	255

【注意】 若路由表中产生冲突，则路由器会首先根据路由的管理距离进行选择，管理距离越小，路由越优先；若管理距离一样，则比较路由的量度值(metric)，该值越小，路由越优先。除直连路由外，各种路由的管理距离都可由用户手工进行配置。

任务实施

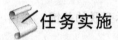

请扫描数字活页 4.3 的二维码，在任务实施过程中思考并回答数字活页中提出的问题。另外，可以分别扫描微课视频 4.3.1(利用静态路由实现路由器间互联)、微课视频 4.3.2(利用静态路由实现三层交换机与路由器互联)的二维码，观看相关工作任务的讲解和操作演示视频。

数字活页 4.3　　微课视频 4.3.1(利用静态路由实现路由器间互联)

微课视频 4.3.2(利用静态路由实现三层交换机与路由器互联)

实训 1　利用静态路由实现路由器间互联

在图 4-7 所示的网络中，使用静态路由实现路由器间互联的基本操作方法如下。

1. 规划与分配 IP 地址

由于路由器的每个物理接口连接的是一个网段，因此可按照表 4-2 所示的 TCP/IP 参数配置相关设备的 IP 地址信息。

表 4-2 利用静态路由实现网络互联示例中的 TCP/IP 参数

设备	接口	IP 地址	子网掩码	网 关
PC0	NIC	192.168.1.1	255.255.255.0	192.168.1.254
PC1	NIC	192.168.1.2	255.255.255.0	192.168.1.254
PC2	NIC	192.168.2.1	255.255.255.0	192.168.2.254
PC3	NIC	192.168.2.2	255.255.255.0	192.168.2.254
PC4	NIC	192.168.3.1	255.255.255.0	192.168.3.254
PC5	NIC	192.168.3.2	255.255.255.0	192.168.3.254
Router0	F0/0	192.168.1.254	255.255.255.0	
	F0/1	192.168.2.254	255.255.255.0	
	S1/0	10.1.1.1	255.255.255.252	
Router1	F0/0	192.168.3.254	255.255.255.0	
	S1/0	10.1.1.2	255.255.255.252	

2. 配置路由器接口

在路由器 Router0 上的配置过程如下。

```
Qchm-R0(config)#interface f0/0
Qchm-R0(config-if)#ip address 192.168.1.254 255.255.255.0
Qchm-R0(config-if)#no shutdown
Qchm-R0(config-if)#interface f0/1
Qchm-R0(config-if)#ip address 192.168.2.254 255.255.255.0
Qchm-R0(config-if)#no shutdown
Qchm-R0(config-if)#interface s1/0
Qchm-R0(config-if)#ip address 10.1.1.1 255.255.255.252
Qchm-R0(config-if)#no shutdown
```

在路由器 Router1 上的配置过程如下。

```
Qchm-R1(config)#interface f0/0
Qchm-R1(config-if)#ip address 192.168.3.254 255.255.255.0
Qchm-R1(config-if)#no shutdown
Qchm-R1(config-if)#interface s1/0
Qchm-R1(config-if)#ip address 10.1.1.2 255.255.255.252
Qchm-R1(config-if)#clock rate 2000000
Qchm-R1(config-if)#no shutdown
```

3. 配置静态路由

在路由器 Router0 上的配置过程如下。

```
Qchm-R0(config)#ip route 192.168.3.0 255.255.255.0 10.1.1.2
//配置静态路由,把去往 192.168.3.0/24 网络的数据包,转发给下一跳 10.1.1.2
```

在路由器 Router1 上的配置过程如下。

```
Qchm-R1(config)#ip route 192.168.1.0 255.255.255.0 10.1.1.1
Qchm-R1(config)#ip route 192.168.2.0 255.255.255.0 10.1.1.1
```

【注意】 配置静态路由和默认路由可以选择设置下一跳 IP 地址，也可以选择设置转发接口。当使用下一跳 IP 地址时，该地址必须是和本路由器直接相连的下一个路由器接口的

IP 地址，这种静态路由的默认管理距离为 1。当使用转发接口时，必须是在点对点链路上，也就是说像以太网这种广播型链路是不能使用的，这种静态路由的默认管理距离是 0。

4. 验证全网的连通性

此时可以在计算机上利用 ping 和 tracert 命令测试各计算机之间的连通性和路由，也可以在路由器上运行 ping 和 traceroute 命令测试路由器与计算机以及路由器之间的连通性和路由。

实训 2　利用静态路由实现三层交换机与路由器互联

三层交换机可以实现路由器的部分功能，也可以通过路由表实现不同网段的互联。在图 4-9 所示的网络中，二层交换机 Switch1、Switch2 和 Switch3 分别通过 F0/24 接口与三层交换机 Switch0 和路由器 Router0 相连，三层交换机 Switch0 通过 F0/22 接口与路由器 Router0 的 F0/0 接口相连。若要求将 Switch1 和 Switch2 连接的所有计算机划分为 2 个 VLAN，并利用静态路由实现三层交换机与路由器的互联，则基本操作方法如下。

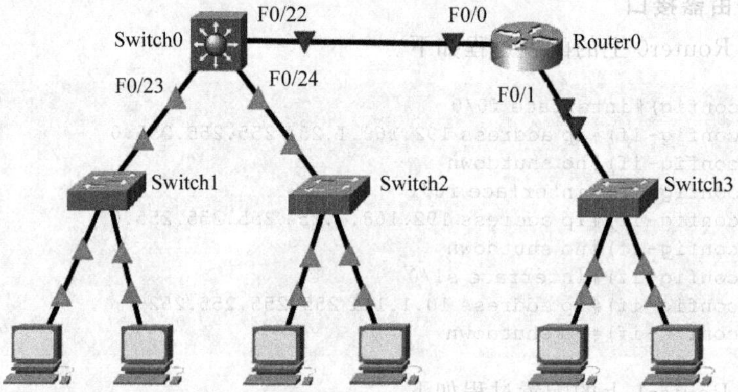

图 4-9　利用静态路由实现三层交换机与路由器互联示例

1. 规划与分配 IP 地址

由于每个 VLAN 是一个网段，路由器的每个接口连接的网络也是一个网段，若使 Switch1 和 Switch2 连接的所有计算机分别属于 VLAN10 和 VLAN20，则可按照表 4-3 所示的 TCP/IP 参数配置相关设备的 IP 地址信息。

表 4-3　利用静态路由实现三层交换机与路由器互联示例中的 TCP/IP 参数

设　备	接口	IP 地 址	子网掩码	网 关
VLAN10 的计算机	NIC	192.168.10.1～192.168.10.253	255.255.255.0	192.168.10.254
VLAN20 的计算机	NIC	192.168.20.1～192.168.20.253	255.255.255.0	192.168.20.254
Switch3 连接的计算机	NIC	192.168.30.1～192.168.30.253	255.255.255.0	192.168.30.254
路由器	F0/1	192.168.30.254	255.255.255.0	
	F0/0	10.1.1.1	255.255.255.252	
三层交换机 Switch0	F0/22	10.1.1.2	255.255.255.252	
	VLAN10	192.168.10.254	255.255.255.0	
	VLAN20	192.168.20.254	255.255.255.0	

2. 划分 VLAN

在三层交换机 Switch0 上的配置过程如下。

```
Qchm-L3(config)#vlan10
Qchm-L3(config-vlan)#name VLAN10
Qchm-L3(config-vlan)#vlan20
Qchm-L3(config-vlan)#name VLAN20
Qchm-L3(config-vlan)#exit
Qchm-L3(config)#interface range f0/23-24
Qchm-L3(config-if-range)#switchport
Qchm-L3(config-if-range)#swithport trunk encapsulation dotlq
Qchm-L3(config-if-range)#swithport mode trunk
Qchm-L3(config-if-range)#exit
Qchm-L3(config)#interface vlan10
Qchm-L3(config-if)#ip address 192.168.10.254 255.255.255.0
Qchm-L3(config-if)#no shutdown
Qchm-L3(config-if)#interface vlan20
Qchm-L3(config-if)#ip address 192.168.20.254 255.255.255.0
Qchm-L3(config-if)#no shutdown
Qchm-L3(config-if)#exit
Qchm-L3(config)#ip routing
```

在交换机 Switch1 上的配置过程如下。

```
Qchm-SW1(config)#vlan 10
Qchm-SW1(config-vlan)#name VLAN10
Qchm-SW1(config-vlan)#vlan 20
Qchm-SW1(config-vlan)#name VLAN20
Qchm-SW1(config-vlan)#exit
Qchm-SW1(config)#interface f0/24
Qchm-SW1(config-if)#switchport mode trunk
Qchm-SW1(config-if)#interface range f0/1-12
Qchm-SW1(config-if-range)#switchport access vlan10
Qchm-SW1(config-if-range)#interface range f0/13-23
Qchm-SW1(config-if-range)#switchport access vlan 20
```

在交换机 Switch2 上的配置过程与 Switch1 相同，这里不再赘述。

3. 配置路由端口和静态路由

在路由器 Router0 上的配置过程如下。

```
Qchm-R0(config)#interface f0/1
Qchm-R0(config-if)#ip address 192.168.30.254 255.255.255.0
Qchm-R0(config-if)#no shutdown
Qchm-R0(config-if)#interface f0/0
Qchm-R0(config-if)#ip address 10.1.1.1 255.255.255.252
Qchm-R0(config-if)#no shutdown
Qchm-R0(config-if)#exit
Qchm-R0(config)#ip route 192.168.10.0 255.255.255.0 10.1.1.2
Qchm-R0(config)#ip route 192.168.20.0 255.255.255.0 10.1.1.2
```

在三层交换机 Switch0 上的配置过程如下。

```
Qchm-L3(config)#interface f0/22
Qchm-L3(config-if)#no switchport
Qchm-L3(config-if)#ip address 10.1.1.2 255.255.255.252
Qchm-L3(config-if)#exit
Qchm-L3(config)#ip route 192.168.30.0 255.255.255.0 10.1.1.1
```

4. 验证全网的连通性

此时可以在计算机上利用 ping 和 tracert 命令测试各计算机之间的连通性和路由，也可以在三层交换机和路由器上运行 ping 和 traceroute 命令测试三层交换机与路由器及各计算机之间的连通性和路由。

任务拓展

在图 4-10 所示的网络中，二层交换机 Switch1、Switch2 和 Switch3 分别通过 F0/24 接口与三层交换机 Switch0 和路由器 Router0 相连，三层交换机 Switch0 通过 F0/22 接口与路由器 Router0 的 F0/0 接口相连，路由器 Router0 和 Router1 通过 S1/0 接口相连。若要求将三层交换机 Switch0 连接的网络划分为 3 个 VLAN，其中交换机 Switch1 和 Switch2 的 F0/1～F0/15 接口连接的计算机属于一个 VLAN，交换机 Switch1 和 Switch2 的其他接口连接的计算机属于一个 VLAN，直接连接在三层交换机 Switch0 上的计算机属于另一个 VLAN。请对网络中的相关设备进行配置并利用静态路由实现网络的互联。

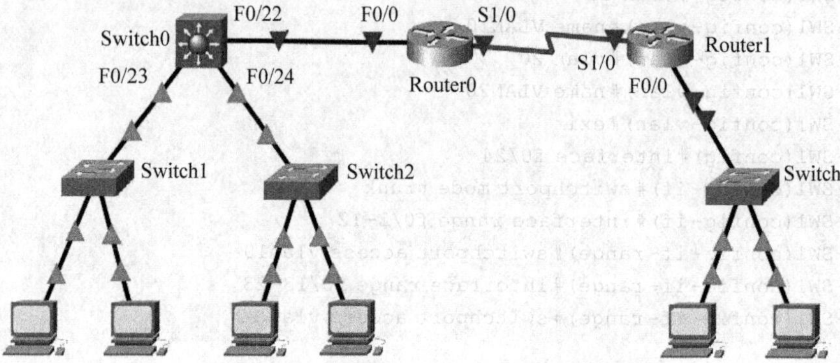

图 4-10 利用静态路由实现网络互联任务拓展

任务 4.4 利用 RIP 动态路由实现网络互联

任务目的

(1) 理解 RIP 的运行机制；

(2) 理解 RIPv1 和 RIPv2 的主要区别；

(3) 能够在路由器上利用 RIP 动态路由实现网络的连通；

(4) 能够在三层交换机上利用 RIP 动态路由实现网络的连通。

任务导入

与静态路由相比,动态路由可以有效减少管理和运行的成本。一般情况下,大中型网络会同时使用动态路由协议和静态路由协议。从 20 世纪 80 年代至今,出现了许多不同的动态路由协议,在大多数网络中通常只使用一种动态路由协议,不过也存在网络的不同部分使用不同路由协议的情况。RIP(routing information protocol,路由信息协议)是较早出现的路由协议。请对图 4-7 所示的网络进行配置,利用 RIP 动态路由实现整个网络的互联和通信。

工作环境与条件

(1) 路由器和交换机(本部分以 Cisco 系列产品为例,也可选用其他品牌型号的产品或使用 Cisco Packet Tracer 等网络模拟和建模工具);

(2) Console 线缆和相应的适配器;

(3) 安装 Windows 操作系统的 PC;

(4) 组建网络所需的其他设备。

相关知识

4.4.1 动态路由协议的分类

1. 根据作用范围分类

根据作用范围,路由协议可分为以下类型。

- 内部网关协议(interior gateway protocol,IGP):在一个自治系统内交换路由选择信息的路由协议,常用的 IGP 有 OSPF、RIP、IGRP、EIGRP、IS-IS 等。
- 外部网关协议(exterior gateway protocol,EGP):在自治系统之间交换路由选择信息的路由协议,BGP 是目前最常用的 EGP。

【注意】 可以将自治系统(autonomous system,AS)简单理解为组织,如 ISP、企业、研究机构等。

2. 根据路由算法分类

根据发现和计算路由的方法不同,路由协议可分为以下类型。

- 距离矢量路由协议:主要包括 RIP 和 BGP。
- 链路状态路由协议:主要包括 OSPF 和 IS-IS。

3. 根据 IP 版本分类

根据 IP 的版本,路由协议可分为以下类型。

- IPv4 路由协议:包括 RIP、OSPF、BGP 和 IS-IS 等。
- IPv6 路由协议:包括 RIPng、OSPFv3、IPv6 BGP 和 IPv6 IS-IS 等。

4. 根据是否支持无类路由分类

根据是否支持无类路由,路由协议可分为以下类型。

- 有类路由协议：在进行路由信息传递时，不包含路由的掩码信息。路由器根据 IP 地址的具体值，按照标准 A、B、C 类进行汇总处理。常用的有类路由协议有 RIPv1、IGRP 等。
- 无类路由协议：在进行路由信息传递时，包含路由的掩码信息，支持 VLSM。常用的无类路由协议有 RIPv2、OSPF、IS-IS 等。

4.4.2 RIP 的工作机制

RIP 通过 UDP 报文进行路由信息的交换，使用的端口号为 520。RIP 要求网络中的每个路由设备都要维护从它自己到每个目标网络的距离记录。对于距离，RIP 有如下定义：路由设备到与其直接连接的网络距离定义为 0，路由设备到与其非直接连接的网络距离定义为所经过的路由设备数加 1。RIP 认为好的路由就是距离最短的路由。RIP 允许一条路由最多包含 15 个路由器，即距离最大值为 15，由此可见 RIP 只适合小型互联网络。

【注意】 当有多条路由通往同一目的网络时，路由协议使用度量值来确定最佳的路由，RIP 的度量值就是距离，也称作跳数。

1. RIP 的启动和运行过程

(1) RIP 路由表初始化。在未启动 RIP 的初始状态下，路由器将首先发现与其自身直连的网络，并将直连路由添加到路由表中。路由表的初始状况如图 4-11 所示。路由器启动 RIP 后，每个配置了 RIP 的接口都会发送请求消息，要求所有 RIP 邻居路由器发送完整的路由表。

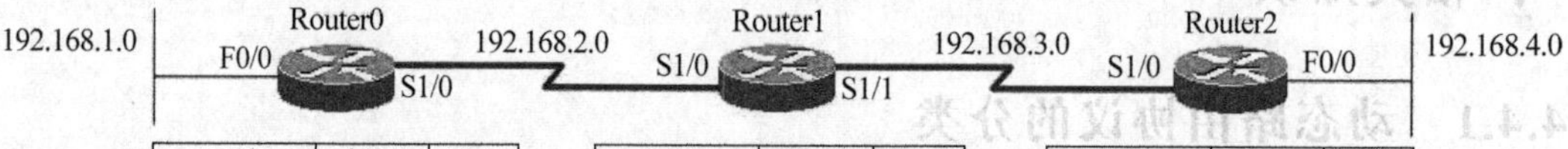

网络	接口	距离
192.168.1.0	F0/0	0
192.168.2.0	S1/0	0

网络	接口	距离
192.168.2.0	S1/0	0
192.168.3.0	S1/1	0

网络	接口	距离
192.168.3.0	S1/0	0
192.168.4.0	F0/0	0

图 4-11　RIP 的启动和运行过程(1)

(2) RIP 路由表更新。路由器收到邻居路由器的响应消息后会检查更新，任何当前路由表中没有的路由都将被添加到路由表中。在图 4-11 所示的网络中，路由器 Router0 会将 192.168.1.0 网络的更新从 S1/0 接口发出，将 192.168.2.0 网络的更新从 F0/0 接口发出，同时，Router0 会接收来自路由器 Router1、距离为 1 的 192.168.3.0 网络的更新，并将该网络信息添加到路由表中。路由器 Router1、Router2 也将进行类似的更新过程，更新后的路由表如图 4-12 所示。

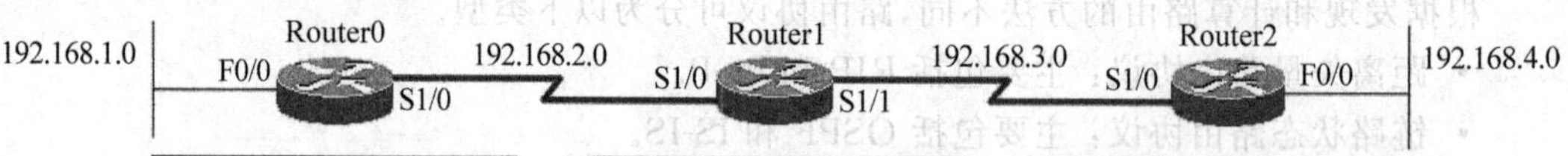

网络	接口	距离
192.168.1.0	F0/0	0
192.168.2.0	S1/0	0
192.168.3.0	S1/0	1

网络	接口	距离
192.168.2.0	S1/0	0
192.168.3.0	S1/1	0
192.168.1.0	S1/0	1
192.168.4.0	S1/1	1

网络	接口	距离
192.168.3.0	S1/0	0
192.168.4.0	F0/0	0
192.168.2.0	S1/0	1

图 4-12　RIP 的启动和运行过程(2)

通过第一轮交换更新后，每台路由器都将获知其邻居路由器的直连网络，其路由表也随之变化。路由器随后将从所有启用了 RIP 的接口发出包含其自身路由表的触发更新，以便邻居路由器能够获知新路由。每台路由器再次检查更新并从中找出新信息。通过不断地交换更新，各路由器会获得所有网络的信息，形成最终路由表，如图 4-13 所示。

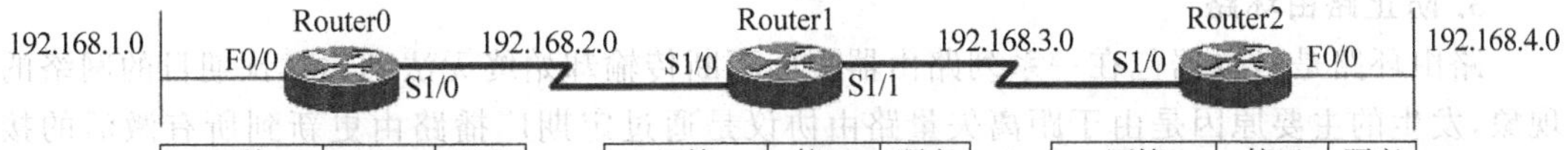

网络	接口	距离
192.168.1.0	F0/0	0
192.168.2.0	S1/0	0
192.168.3.0	S1/0	1
192.168.4.0	S1/0	2

网络	接口	距离
192.168.2.0	S1/0	0
192.168.3.0	S1/1	0
192.168.1.0	S1/0	1
192.168.4.0	S1/1	1

网络	接口	距离
192.168.3.0	S1/0	0
192.168.4.0	F0/0	0
192.168.2.0	S1/0	1
192.168.1.0	S1/0	2

图 4-13　RIP 的启动和运行过程(3)

RIP 路由表的更新遵循以下原则。

- RIP 采用定期更新与邻居路由器交换路由信息。定期更新是指路由器以预定义的时间间隔向邻居路由器发送完整的路由表。无论拓扑结构是否发生变化，RIP 将每隔 30 秒以广播形式(255.255.255.255)发送更新。
- 当拓扑结构发生改变时，为了加速收敛，RIP 会使用触发更新。触发更新不需要等待更新计时器超时，检测到拓扑结构变化的路由器会立即发送更新消息。发生触发更新的情况包括接口状态改变(开启或关闭)、某条路由进入(或退出)“不可达”状态、路由表中增加了一条路由。
- 对本路由表中不存在的路由表项，在距离小于协议规定最大值(15)时，在路由表中增加该路由表项。
- 对本路由表中已有的路由表项，当发送更新的 RIP 邻居路由器相同时，无论更新中所携带路由表项的距离增大还是减小，都将更新该路由表项；当发送更新的 RIP 邻居路由器不同时，只在路由表项的距离减少时，才更新该路由表项。
- 如果某条路由更新及其接收接口属于同一主网(有类网络)，则在路由更新中对该网络应用该接口的子网掩码。如果某条路由更新及其接收接口属于不同的主网，则在路由更新中对该网络应用网络的有类子网掩码。

2. RIP 计时器

RIP 主要使用的计时器包括以下几种。

- 路由更新计时器：用于设置定时更新的时间间隔(默认为 30 秒)。
- 路由失效计时器：路由器在认定某路由表项为无效路由前需要等待的时间间隔(默认为 180 秒)。如果在该时间间隔内，路由器没有得到任何关于某路由的更新消息，路由器将认定该路由已无效并会发送相关的更新。
- 保持失效(抑制)计时器：用于设置路由表项被抑制的时长(默认为 180 秒)。当路由器收到某路由不可达的更新时，该路由将进入保持失效状态，该状态将一直持续到路由器收到具有更好距离的更新或初始路由恢复正常，或者计时器期满。
- 路由刷新计时器：用于设置某无效路由表项被从路由表中删除前需要等待的时间间隔(通常为 240 秒)。在将该路由从路由表中删除前，路由器会将该路由即将被删除的消息通告给邻居路由器。

【注意】 路由失效计时器会与路由刷新计时器同时开始计时，其取值一定要小于路由刷新计时器的值，这就为路由器发送相关通告保留了足够的时间。保持失效计时器在路由失效计时器到期时开始计时,在保持失效计时器开始计时后到路由表项被删除前的时间间隔内,路由表项将始终保持可能失效的状态,任何包含相同状态或更差状态的有关该路由的信息都将被忽略。

3. 防止路由环路

路由环路是指数据包在一系列路由器之间不断传输却始终无法到达其预期目的网络的现象,发生的主要原因是由于距离矢量路由协议是通过定期广播路由更新到所有激活的接口,而有时路由器并不能同时或接近同时完成路由表的更新。RIP 通过以下机制避免路由环路的产生。

- 最大距离:将距离等于 16 的路由定义为不可到达。在路由环路发生时,某条路由的距离将会增加到 16。
- 保持失效(抑制)计时器:使路由器将那些可能会影响路由的更改保持一段特定的时间,从而防止定期更新消息错误地恢复某条可能已经发生故障的路由。
- 水平分割:RIP 从某个接口学到的路由,不会从该接口再发回给邻居路由器,这样不但减少了带宽消耗,还可以防止路由环路。
- 路由毒化:路由器主动把路由表中发生故障的路由表项标记为不可达(距离增加为 16)后通告给邻居路由器,使其能够及时得知网络故障的发生。
- 毒性逆转:当 RIP 发现从某个接口学到的路由存在问题,RIP 会将该路由的距离设为 16,并从原接口发回邻居路由器,从而清除对方路由表中的无用信息。

4.4.3 RIPv2 的改进

RIPv2 与 RIPv1 都属于距离矢量路由协议,具有相同的计时器和防止路由环路。与 RIPv1 不同,RIPv2 是无类路由协议,可以随路由更新发送子网掩码的信息,能够支持 VLSM,支持不连续的网络划分以及网络边界汇总。表 4-4 给出了 RIPv1 与 RIPv2 的主要区别。

表 4-4 RIPv1 和 RIPv2 的主要区别

RIPv1	RIPv2
在路由更新过程中不携带子网信息	在路由更新过程中携带子网信息
不提供认证	提供明文和 MD5 认证
不支持 VLSM 和 CIDR(无类域间路由)	支持 VLSM 和 CIDR
采用广播更新	采用组播(224.0.0.9)更新

任务实施

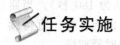

请扫描数字活页 4.4 的二维码,在任务实施过程中思考并回答数字活页中提出的问题。另外,可以分别扫描微课视频 4.4.1(配置 RIPv1)、微课视频 4.4.2(配置 RIPv2)的二维码,观看相关工作任务的讲解和操作演示视频。

数字活页 4.4　　微课视频 4.4.1(配置 RIPv1)　　微课视频 4.4.2(配置 RIPv2)

实训 1　配置 RIPv1

在图 4-7 所示的网络中,使用 RIPv1 动态路由实现路由器间互联的基本操作方法如下。

1. 规划与分配 IP 地址

IP 地址的规划与利用静态路由实现网络互联示例相同,可按照表 4-2 所示的 TCP/IP 参数配置相关设备的 IP 地址信息。

2. 配置路由器接口

路由器的接口配置与利用静态路由实现网络互联示例配置相同,这里不再赘述。

3. 配置 RIP

在路由器 Router0 上的配置过程如下。

```
Qchm-R0(config)#router rip                          //启用 RIP 路由协议
Qchm-R0(config-router)#network 192.168.1.0          //RIP 将通告 192.168.1.0 网段
Qchm-R0(config-router)#network 192.168.2.0          //RIP 将通告 192.168.2.0 网段
Qchm-R0(config-router)#network 10.1.1.0             //RIP 将通告 10.1.1.0 网段
```

【注意】 network 命令除了可以使 RIP 在路由更新中通告指定网络外,还将在该网络的所有路由器接口上启用 RIP,相关接口将开始发送和接收 RIP 更新。

在路由器 Router1 上的配置过程如下。

```
Qchm-R1(config)#router rip
Qchm-R1(config-router)#network 192.168.3.0          //RIP 将通告 192.168.3.0 网段
Qchm-R1(config-router)#network 10.1.1.0             //RIP 将通告 10.1.1.0 网段
```

RIP 配置完成后,可以在路由器上使用 show ip route 命令查看路由表,可以在计算机上利用 ping 和 tracert 命令测试各计算机之间的连通性与路由,也可以在路由器上运行 ping 和 traceroute 命令测试路由器与计算机以及路由器之间的连通性和路由。

4. 验证 RIP

如果要对 RIP 进行验证,除使用 show ip route 命令查看路由表外,还可以采用以下操作方法。

(1) 使用 show ip protocols 命令。如果路由表中缺少某个网络,可以使用 show ip protocols 命令来检查路由配置,该命令会显示路由器当前配置的路由协议,其输出可用于检验大多数 RIP 参数。

```
Qchm-R0#show ip protocols
Routing Protocol is "rip"
Sending updates every 30 seconds,next due in 3 seconds      //显示 RIP 计时器
Invalid after 180 seconds,hold down 180,flushed after 240
Outgoing update filter list for all interfaces is not set //过滤与路由重分布信息
```

```
Incoming update filter list for all interfaces is not set
Redistributing: rip
Default version control: send version 1,receive any version
//当前配置的 RIP 版本和参与 RIP 更新的接口相关信息
  Interface             Send   Recv   Triggered RIP   Key-chain
  FastEthernet0/0       1      21
  FastEthernet0/1       1      21
  Serial1/0             1      21
Automatic network summarization is in effect
Maximum path: 4
Routing for Networks:                    //使用 network 命令配置的有类网络
    10.0.0.0
    192.168.1.0
    192.168.2.0
Passive Interface(s):
Routing Information Sources:             //邻居路由器的相关信息
    Gateway         Distance      Last Update
    10.1.1.2        120           00:00:17
Distance: (default is 120)
```

(2) 使用 debug ip rip 命令。debug ip rip 命令将在发送和接收 RIP 路由更新时显示更新信息,通过使用该命令可以找出 RIP 更新中存在的问题。

```
Qchm-R0#debug ip rip
RIP protocolde bugging is on
RIP: received v1 update from 10.1.1.2 on Serial1/0         //来自 S1/0 接口的更新
      192.168.3.0 in 1 hops
RIP: sending  v1 update to 255.255.255.255 via FastEthernet0/0 (192.168.1.254)
//要从 F0/0 接口发出的更新,该更新包括除接口所在网络外的整个路由表
RIP: build update entries
      network 10.0.0.0 metric 1
      network 192.168.2.0 metric 1
      network 192.168.3.0 metric 2
RIP: sending  v1 update to 255.255.255.255 via FastEthernet0/1 (192.168.2.254)
RIP: build update entries
      network 10.0.0.0 metric 1
      network 192.168.1.0 metric 1
      network 192.168.3.0 metric 2
RIP: sending  v1 update to 255.255.255.255 via Serial1/0 (10.1.1.1)
RIP: build update entries
      network 192.168.1.0 metric 1
      network 192.168.2.0 metric 1
```

5. 配置被动接口

在图 4-7 所示的网络中,路由器 Router0 的 F0/0、F0/1 接口以及路由器 Router1 的 F0/0 接口没有与其他路由器相连,默认情况下这些接口也会发送更新消息,这不但会浪费网络的带宽,而且连接在这些接口的用户也将很容易截获路由信息,并利用其对网络进行攻击。因此可将这些接口配置为被动接口,在路由器 Router0 上的配置过程如下。

```
Qchm-R0(config)#router rip
Qchm-R0(config-router)#passive-interface f0/0   //将 F0/0 配置为被动接口
Qchm-R0(config-router)#passive-interface f0/1   //将 F0/0 配置为被动接口
```

在路由器 Router1 上的配置过程如下。

```
Qchm-R1(config)#router rip
Qchm-R1(config-router)#passive-interface f0/0
```

6. 在 RIP 中传播默认路由

在图 4-7 所示的网络中，如果路由器 Router1 通过 S1/1 接口与 Internet 相连，在 Router1 上可以通过设置默认路由实现与 Internet 的路由。若要使路由器 Router0 所连网络可以通过该路由实现 Internet 连接，可以将路由器 Router1 的默认路由通过 RIP 传播给 Router0。在路由器 Router1 上的配置过程如下。

```
Qchm-R1(config)#ip route 0.0.0.0 0.0.0.0 20.1.1.1   //Router1 的默认路由
Qchm-R1(config)#router rip
Qchm-R1(config-router)#default-information originate
//指定该路由器为默认信息的来源，由该路由器在 RIP 更新中传播默认路由
```

实训 2　配置 RIPv2

在图 4-7 所示的网络中，如果按照表 4-5 所示为网络中的设备分配 TCP/IP 参数，那么路由器 Router0 和 Router1 都将连接属于 172.16.0.0/16 的子网，而这些子网并不是连续的，将被另一个主网 10.0.0.0/8 分隔。RIPv1 是有类路由协议，不能随更新发送子网掩码的信息，无法支持不连续的网络划分。要实现该网络的连通，可以使用 RIPv2，基本操作方法如下。

表 4-5　配置 RIPv2 示例中的 TCP/IP 参数

设备	接口	IP 地址	子网掩码	网关
PC0	NIC	172.16.1.1	255.255.255.0	172.16.1.254
PC1	NIC	172.16.1.2	255.255.255.0	172.16.1.254
PC2	NIC	172.16.2.1	255.255.255.0	172.16.2.254
PC3	NIC	172.16.2.2	255.255.255.0	172.16.2.254
PC4	NIC	172.16.3.1	255.255.255.0	172.16.3.254
PC5	NIC	172.16.3.2	255.255.255.0	172.16.3.254
Router0	F0/0	172.16.1.254	255.255.255.0	
	F0/1	172.16.2.254	255.255.255.0	
	S1/0	10.1.1.1	255.255.255.252	
Router1	F0/0	172.16.3.254	255.255.255.0	
	S1/0	10.1.1.2	255.255.255.252	

1. 规划与分配 IP 地址

按照表 4-5 所示的 TCP/IP 参数配置相关设备的 IP 地址信息。

2. 配置路由器接口

路由器的接口配置与利用静态路由实现网络互联示例配置基本相同,这里不再赘述。

3. 配置 RIPv2

在路由器 Router0 上的配置过程如下。

```
Qchm-R0(config)#router rip
Qchm-R0(config-router)#version 2                //使用 RIPv2
Qchm-R0(config-router)#no auto-summary          //关闭自动汇总
Qchm-R0(config-router)#network 172.16.1.0
Qchm-R0(config-router)#network 172.16.2.0
Qchm-R0(config-router)#network 10.1.1.0
```

【注意】 默认情况下,RIPv2 与 RIPv1 一样会在主网边界将网络汇总为有类地址。关闭自动汇总后,RIPv2 将在路由更新中包含所有子网以及相应掩码。

在路由器 Router1 上的配置过程如下。

```
Qchm-R1(config)#router rip
Qchm-R1(config-router)#version 2
Qchm-R1(config-router)#no auto-summary
Qchm-R1(config-router)#network 172.16.3.0
Qchm-R1(config-router)#network 10.1.1.0
```

RIP 配置完成后,可以在路由器上使用 show ip route 命令查看路由表;可以在计算机上利用 ping 和 tracert 命令测试各计算机之间的连通性与路由,也可以在路由器上运行 ping 和 traceroute 命令测试路由器与计算机以及路由器之间的连通性和路由。

【注意】 RIPv2 与 RIPv1 相互兼容,RIPv1 中的相关配置在 RIPv2 中都可以实现。除非有特殊原因,网络中的路由器最好使用相同版本的路由协议。另外,RIPv2 可以配置身份验证,以确保路由器只接收配置了相同身份验证信息的路由器发送的路由信息。RIPv2 身份验证的具体配置方法请参考相关技术手册。

任务拓展

在三层交换机上也可以利用 RIP 动态路由实现其与路由器之间的互联,其配置方法与路由器基本相同。在如图 4-10 所示的网络中,请对相关设备进行配置并利用 RIP 动态路由实现网络的互联。

任务 4.5　利用 OSPF 动态路由实现网络互联

任务目的

(1) 理解 OSPF 的运行机制;

(2) 能够在路由器上利用 OSPF 动态路由实现网络的连通;

(3) 能够在三层交换机上利用 OSPF 动态路由实现网络的连通。

任务导入

OSPF(open shortest path first,开放最短路径优先)是 IETF 组织开发的一个基于链路状态的内部网关协议。与 RIP 相比,OSPF 的主要优点在于快捷的收敛速度和适合应用于大型网络的可扩展性。请对图 4-7 所示的网络进行配置,利用 OSPF 动态路由实现整个网络的互联和通信。

工作环境与条件

(1) 路由器和交换机(本部分以 Cisco 系列产品为例,也可选用其他品牌型号的产品或使用 Cisco Packet Tracer 等网络模拟和建模工具);

(2) Console 线缆和相应的适配器;

(3) 安装 Windows 操作系统的 PC;

(4) 组建网络所需的其他设备。

相关知识

4.5.1　OSPF 的特点

OSPF 是一个开放标准的路由选择协议,它有多个版本,其中 OSPFv2 是针对 IPv4 的。OSPF 主要具有以下特点。

- 适应范围广:支持各种规模的网络,可支持几百台路由器。
- 快速收敛:在网络拓扑结构发生变化后可立即发送更新消息,使这一变化在自治系统中同步。
- 无自环:OSPF 根据收集到的链路状态用最短路径树算法计算路由,这种算法保证了不会生成自环路由。
- 区域划分:允许将自治系统网络划分成区域进行管理,区域间传送的路由信息被进一步抽象,从而减少了占用的网络带宽。
- 等价路由:支持到同一目的地址的多条等价路由。
- 路由分级:使用 4 类不同的路由,按优先顺序,分别是区域内路由、区域间路由、第一类外部路由和第二类外部路由。
- 支持验证:支持基于接口的报文验证,以保证报文交换和路由计算的安全性。
- 组播发送:在某些类型的链路上以组播地址发送报文,减少对其他设备的干扰。

4.5.2　OSPF 的相关概念

OSPF 主要涉及以下相关概念。

- 链路:当路由器的一个接口被加入到 OSPF 的处理中,OSPF 就认为其是一条链路。

- 开销：数据包从源路由器接口到达目的路由器接口所需要花费的代价。Cisco 路由器使用带宽作为 OSPF 的开销度量。
- 邻居：可以是两个或更多的路由器，这些路由器的某个接口连接在同一网络上。
- 邻接：两个 OSPF 路由器之间的关系，只有建立了邻接关系的路由器之间才允许直接交换路由信息。需要注意的是，并不是所有的邻居都可以建立邻接关系，这取决于网络类型和路由器的配置。
- 链路状态：用来描述路由器接口及其与邻居路由器的关系。所有链路状态信息构成链路状态数据库。
- 区域：有相同的区域标志的一组路由器和网络的集合。在同一个区域内的路由器有相同的链路状态数据库。
- LSA：用来描述路由器的本地状态。LSA(link state advertisement，链路状态通告)包括的信息有关于路由器接口的状态和所形成的邻接状态。
- 最短路径优先(SPF)算法：这是 OSPF 路由协议的基础，OSPF 路由器利用 SPF 独立计算到达任意目的地的最佳路由。
- 路由器 ID：一台路由器的每一个 OSPF 进程必须有自己的路由器 ID。路由器 ID 是一个 32bit 无符号整数，是路由器在自治系统中的唯一标识。

4.5.3 OSPF 的数据包类型

在 OSPF 工作工程中，会传送 5 种不同类型的数据包。

- Hello 数据包：该数据包周期性发送，用来发现和维持 OSPF 邻居关系，其内容主要包括一些定时器的数值、DR(designated router，指定路由器)、BDR(backup designated router，备份指定路由器)以及自己已知的邻居。
- DD(database description，数据库描述)数据包：该数据包包含了发送方路由器链路状态数据库的摘要信息，接收方路由器可利用其进行数据库同步。
- LSR(link state request，链路状态请求)数据包：该数据包用于向对方请求所需的 LSA。两台路由器互相交换 DD 数据包之后，得知对端路由器有哪些链路状态是本地所缺少的，这时可发送 LSR 数据包向对方请求所需的 LSA。
- LSU(link state update，链路状态更新)数据包：该数据包用于向对方发送其所需要的 LSA。
- LSAck(link state acknowledgment，链路状态确认)数据包：该数据包用来对收到的 LSA 进行确认，可以利用一个 LSAck 数据包对多个 LSA 进行确认。

4.5.4 OSPF 的网络类型

根据路由器所连接的物理网络的不同，OSPF 将网络划分为 4 种类型。

- 广播多路访问型(broadcast multi-access，BMA)：OSPF 对 Ethernet、FDDI 等网络默认的网络类型。在该类型的网络中，OSPF 通常以组播形式(224.0.0.5 为 OSPF 路由器的预留组播地址，224.0.0.6 为 OSPF DR 的预留组播地址)发送 Hello 数据包、LSU 数据包和 LSAck 数据包，以单播形式发送 DD 数据包和 LSR 数据包。
- 非广播多路访问型(non-broadcast multi-access，NBMA)：OSPF 对帧中继、ATM 或

X.25等网络默认的网络类型。在该类型的网络中，OSPF以单播形式发送所有数据包。

- 点对点类型(point-to-point，P2P)：OSPF对PPP、HDLC等网络默认的网络类型。在该类型的网络中，OSPF以组播形式(224.0.0.5)发送数据包。
- 点对多点类型(point-to-multipoint，P2MP)：没有一种网络会被OSPF默认为该网络类型，常用的做法是将NBMA改为P2MP的网络。在该类型的网络中，OSPF默认以组播形式(224.0.0.5)发送数据包，也可以根据用户需要以单播形式发送。

4.5.5 OSPF的运行过程

1. 建立路由器的邻接关系

邻接关系是指OSPF路由器以交换路由信息为目的，与所选择的相邻路由器之间建立的一种关系。若路由器A要与路由器B建立邻接关系，路由器A首先要发送拥有自身路由器ID信息的Hello数据包。与之相邻的路由器B收到该数据包后，会将其中的路由器ID信息添加到自己的Hello数据包，同时使用该数据包对路由器A进行应答。路由器A的接口如果收到了应答的Hello数据包并在该数据包中发现了自己的路由器ID，就与路由器B建立了邻接关系。若路由器A相应接口连接的是广播多路访问网络，将进入选举DR和BDR的步骤；若该接口连接的是点对点网络，则将直接进入发现路由器的步骤。

2. 选举DR和BDR

不同类型的网络选举DR(designated router，指定路由器)和BDR(backup designated router，备份指定路由器)的方式不同。广播多路访问网络支持多个路由器，在这种网络中OSPF需要选举DR以作为链路状态和LSA更新的中心节点。DR和BDR的选举由Hello数据包内的路由器ID和优先级字段值(0～255)来确定。优先级最高的路由器将被选为DR，优先级次高的路由器将被选为BDR。若优先级相同，则路由器ID最高的路由器将被选为DR，路由器ID次高的路由器将被选为BDR。

3. 建立完全邻接关系

路由器与路由器之间相互交换各自链路状态数据库的摘要信息(DD数据包)。每个路由器对自己的链路状态数据库进行分析比较，如果收到的信息有新的内容，路由器将要求对方发送完整的链路状态信息(LSR数据包)。完成链路状态数据库信息的交换和同步后，路由器之间将建立完全邻接(full adjacency)关系，每台路由器拥有独立的、完整的链路状态数据库。

【注意】 在广播多路访问网络中，所有路由器将与网络中的DR和BDR建立完全邻接关系，DR和BDR负责与网络中的所有路由器交换链路状态信息。

4. 计算最佳路由

当路由器拥有独立完整的链路状态数据库后，将采用SPF算法计算出到每一个目的网络的最佳路由，并将其存入路由表。

【注意】 OSPF利用开销(cost)作为路由计算的量度，开销最小者即为最佳路由。

5. 维护路由信息

若链路状态发生变化，OSPF将通过泛洪(flooding)将链路状态更新信息通告给网络上的其他路由器。其他路由器收到该信息后，会更新自己的链路状态数据库，然后重新计算路由并更新路由表。

【注意】 即使网络中没有链路状态的改变,OSPF 也会进行自动更新(默认为 30 秒)。

任务实施

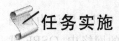

请扫描数字活页 4.5 的二维码,在任务实施过程中思考并回答数字活页中提出的问题。另外,可以分别扫描微课视频 4.5.1(单区域 OSPF 基本配置)、微课视频 4.5.2(单区域 OSPF 更多配置)、微课视频 4.5.3(广播多路访问网络的 OSPF 配置)、微课视频 4.5.4(多区域 OSPF 基本配置)的二维码,观看相关工作任务的讲解和操作演示视频。

数字活页 4.5　**微课视频 4.5.1(单区域 OSPF 基本配置)**　**微课视频 4.5.2(单区域 OSPF 更多配置)**

微课视频 4.5.3(广播多路访问网络的 OSPF 配置)　**微课视频 4.5.4(多区域 OSPF 基本配置)**

实训 1　单区域 OSPF 基本配置

在图 4-7 所示的网络中,使用 OSPF 动态路由实现路由器间互联的基本操作方法如下。

1. 规划与分配 IP 地址

IP 地址的规划与利用静态路由实现网络互联示例相同,可按照表 4-2 所示的 TCP/IP 参数配置相关设备的 IP 地址信息。

2. 配置路由器接口

路由器的接口配置与利用静态路由实现网络互联示例配置相同,这里不再赘述。

3. 配置 OSPF

在路由器 Router0 上的配置过程如下。

```
Qchm-R0 (config)#router ospf 1      //启用 OSPF 路由协议,1 为路由进程 ID,用来区分路由
                                      器中的多个进程,其范围为 1~65535,不同路由器的路
                                      由进程 ID 可以不同
Qchm-R0(config-router)#router-id 1.1.1.1    //设置路由器 ID
Qchm-R0(config-router)#network 192.168.1.0 0.0.0.255 area 0
//找出在 192.168.1.0/24 网络中被配置的路由器上的接口,将其包含在 LSA 中,放置到区域 0。
  0.0.0.255 为通配符掩码。区域 ID 范围为 0~4294967295,也可以是 IP 地址的格式 A.B.C.D。
  当区域 ID 为 0 或 0.0.0.0 时称为主干区域
```

```
Qchm-R0(config-router)#network 192.168.2.0 0.0.0.255 area 0
Qchm-R0(config-router)#network 10.1.1.0 0.0.0.3 area 0
```

在路由器 Router1 上的配置过程如下。

```
Qchm-R1(config)#router ospf 1
Qchm-R1(config-router)#router-id 2.2.2.2
Qchm-R1(config-router)#network 192.168.3.0 0.0.0.255 area 0
Qchm-R1(config-router)#network 10.1.1.0 0.0.0.3 area 0
```

【注意】 通配符掩码通常可配置为子网掩码的反码，network 命令通过网络地址和通配符掩码指定启用的接口或接口范围。通配符掩码中为 0 二进制位要求接口地址与网络地址精确匹配，在通配符掩码中为 1 的二进制位则无须匹配。另外，在 OSPF 运行过程中，确定路由器 ID 遵循如下顺序：①OSPF 进程中用命令 router-id 指定的路由器 ID；②若没有指定路由器 ID，则选择最大的环回接口的 IP 地址为路由器 ID；③若没有环回接口，则选择最大的活动物理接口的 IP 地址为路由器 ID。

OSPF 配置完成后可以在路由器上使用 show ip route 命令查看路由表，可以在计算机上利用 ping 和 tracert 命令测试各计算机之间的连通性和路由，也可以在路由器上运行 ping 和 traceroute 命令测试路由器与计算机以及路由器之间的连通性和路由。

4. 验证 OSPF

如果要对 OSPF 进行验证，除使用 show ip route 命令查看路由表外，还可以采用以下操作方法。

(1) 使用 show ip ospf neighbor 命令。show ip ospf neighbor 命令可用于验证 OSPF 相邻关系并排除相应的故障。

```
Qchm-R0#show ip ospf neighbor
Neighbor ID     Pri   State       Dead Time     Address       Interface
2.2.2.2         0     FULL/-      00:00:30      10.1.1.2      Serial1/0
```

- Neighbor ID：邻居路由器的路由器 ID。
- Pri：该接口的 OSPF 优先级。
- State：该接口的 OSPF 状态。FULL 状态表明该路由器和其邻居具有相同的 OSPF 链路状态数据库。
- Dead Time：路由器在宣告邻居进入 down(不可用)状态之前等待该设备发送 Hello 数据包所剩余的时间。该时间值将在接口收到 Hello 数据包时重置。
- Address：邻居路由器与本路由器直连的接口的 IP 地址。
- Interface：本路由器用于与该邻居路由器建立邻接关系的接口。

(2) 使用 show ip protocols 命令。show ip protocols 命令可用于快速验证 OSPF 关键配置信息，其中包括 OSPF 进程 ID、路由器 ID、路由器正在通告的网络、正在向该路由器发送更新的邻居以及管理距离等。

```
Qchm-R0#show ip protocols
Routing Protocol is "ospf 1"
  Outgoing update filter list for all interfaces is not set
```

```
Incoming update filter list for all interfaces is not set
Router ID 1.1.1.1
Number of areas in this router is 1. 1 normal 0 stub 0 nssa
Maximum path: 4
Routing for Networks:
  192.168.1.0 0.0.0.255 area 0
  192.168.2.0 0.0.0.255 area 0
  10.1.1.0 0.0.0.3 area 0
Routing Information Sources:
  Gateway           Distance       Last Update
  1.1.1.1                110       00:06:29
  2.2.2.2                110       00:06:29
  192.168.3.254          110       00:07:37
Distance: (default is 110)
```

(3) 使用 show ip ospf 命令。show ip ospf 命令也可用于检查 OSPF 进程 ID 和路由器 ID,此外,还可显示 OSPF 区域信息以及计算 SPF 算法的时间等。

```
Qchm-R0#show ip ospf
Routing Process "ospf 1" with ID 1.1.1.1
 Supports only single TOS(TOS0) routes
 Supports opaque LSA
 SPF schedule delay 5 secs,Hold time between two SPFs 10 secs
 Minimum LSA interval 5 secs. Minimum LSA arrival 1 secs
 Number of external LSA 0. Checksum Sum 0x000000
 Number of opaque AS LSA 0. Checksum Sum 0x000000
 Number of DCbitless external and opaque AS LSA 0
 Number of DoNotAge external and opaque AS LSA 0
 Number of areas in this router is 1. 1 normal 0 stub 0 nssa
 External flood list length 0
    Area BACKBONE(0)
        Number of interfaces in this area is 3
        Area has no authentication
        SPF algorithm executed 5 times
        Area ranges are
        Number of LSA 3. Checksum Sum 0x01888a
        Number of opaque link LSA 0. Checksum Sum 0x000000
        Number of DCbitless LSA 0
        Number of indication LSA 0
        Number ofDoNotAge LSA 0
        Flood list length 0
```

【注意】 如果某链路的状态在 up(可用)和 down(不可用)之间来回变化,会导致区域内的 OSPF 路由器持续重新计算 SPF,从而无法正确收敛。由 show ip ospf 命令的运行过程可知:为尽量减轻此问题,路由器在收到一个 LSU 后,会等待 5 秒才运行 SPF 算法,这称为 SPF 计划延时。为防止路由器持续运行 SPF 算法,还存在一个 10 秒的保留时间,路由器运行完一次 SPF 算法后,会等待 10 秒才再次运行该算法。

(4) 使用 show ip ospf interface 命令。将接口名称和编号添加到 show ip ospf

interface 命令即可显示该接口的输出，这检验 Hello 间隔和 Dead 间隔的最快方法。Hello 间隔表示 OSPF 路由器发送 Hello 数据包的频率。默认情况下，广播多路访问型网络和点对点类型网络的 Hello 间隔为 10 秒，而在非广播多路访问型网络的 Hello 间隔为 30 秒。Dead 间隔是路由器在宣告邻居进入 down 状态之前等待该设备发送 Hello 数据包的时长，默认的 Dead 间隔为 Hello 间隔的 4 倍。如果 Dead 间隔已到期，而路由器仍未收到邻居发来的 Hello 数据包，则会从其链路状态数据库中删除该邻居，并将相关信息以泛洪的方式发送出去。

```
Qchm-R0#show ip ospf interface s1/0
Serial1/0 is up,line protocol is up
  Internet address is 10.1.1.1/30,Area 0
  Process ID 1,Router ID 1.1.1.1,Network Type POINT-TO-POINT,Cost: 64
  Transmit Delay is 1 sec,State POINT-TO-POINT,
  Timer intervals configured,Hello 10,Dead 40,Wait 40,Retransmit 5
    Hello due in00:00:09
  Index 3/3,flood queue length 0
  Next 0x0(0)/0x0(0)
  Last flood scan length is 1,maximum is 1
  Last flood scan time is 0 msec,maximum is 0 msec
  Neighbor Count is 1,Adjacent neighbor count is 1
    Adjacent with neighbor 2.2.2.2
  Suppress hello for 0 neighbor(s)
```

实训2 单区域 OSPF 更多配置

1. 修改链路开销

CiscoIOS 使用从路由器到目的网络沿途的传出接口的累积带宽作为开销值。在每台路由器上，接口的开销通过 10^8 除以以 bps 为单位的带宽值算得。在图 4-7 所示的网络中，路由器 Router0 到 Router1 的串口链路带宽默认为 T1(1.544Mbps)，该链路的开销为 $10^8/(1.544\times10^6)=64$；路由器 Router1 通过快速以太网(100Mbps)接口连接 192.168.3.0/24 网络，该链路的开销为 1；因此路由器 Router0 到 192.168.3.0/24 网络的开销为 64+1=65。可以采用以下方法修改链路开销。

(1) 使用 bandwidth 接口命令。使用 bandwidth 命令可以修改 IOS 在计算 OSPF 链路开销时所用的带宽值。在路由器 Router0 上的配置过程如下。

```
Qchm-R0(config)#interface s1/0
Qchm-R0(config-if)#bandwidth 64
```

(2) 使用 ip ospf cost 接口命令。使用 ip ospf cost 命令可直接指定接口开销。在路由器 Router0 上的配置过程如下。

```
Qchm-R0(config)#interface s1/0
Qchm-R0(config-if)#ip ospf cost 100
```

(3) 使用 auto-cost reference-bandwidth 命令。由于参考带宽默认为 10^8，即 100Mbps，

这使得带宽大于或等于 100Mbps 的接口具有相同的开销。通过 auto-cost reference-bandwidth 命令可以修改参考带宽值以适应链路速度高于 100Mbps 的网络。如果需要使用此命令,则应同时用在所有路由器上,以使 OSPF 路由度量保持一致。在路由器 Router0 上的配置过程如下。

```
Qchm-R0(config)#router ospf 1
Qchm-R0(config-router)#auto-cost reference-bandwidth 1000
//设置参考带宽为 1000Mbps,这样快速以太网接口开销将为 10
```

在路由器 Router1 上的配置过程与 Router0 相同,这里不再赘述。

2. 配置被动接口

在图 4-7 所示的网络中,路由器 Router0 的 F0/0、F0/1 接口以及路由器 Router1 的 F0/0 接口没有与其他路由器相连。也可以将这些接口配置为被动接口,不发送路由更新消息。在路由器 Router0 上的配置过程如下。

```
Qchm-R0(config)#router ospf 1
Qchm-R0(config-router)#passive-interface f0/0
Qchm-R0(config-router)#passive-interface f0/1
```

在路由器 Router1 上的配置过程与 Router0 基本相同,这里不再赘述。

3. 配置 OSPF 认证

通过配置 OSPF 认证,可以确保路由器只接收配置了相同 OSPF 认证的路由器发送的路由信息。由于 OSPF 有区域的概念,所以其认证比较灵活,既可以在区域进行认证也可以在接口上进行认证。

(1) 在区域配置明文认证。在路由器 Router0 上的配置过程如下。

```
Qchm-R0(config)#router ospf 1
Qchm-R0(config-router)#area 0 authentication              //在区域 0 启用明文认证
Qchm-R0(config-router)#exit
Qchm-R0(config)#interface s1/0
Qchm-R0(config-if)#ip ospf authentication-key bac123+   //配置认证密钥为 bac123+
```

在路由器 Router1 上的配置过程与 Router0 相同,这里不再赘述。

(2) 在区域配置 MD5 认证。在路由器 Router0 上的配置过程如下。

```
Qchm-R0(config)#router ospf 1
Qchm-R0(config-router)#area 0 authentication message-digest
//在区域 0 启用 MD5 认证
Qchm-R0(config-router)#exit
Qchm-R0(config)#interface s1/0
Qchm-R0(config-if)#ip ospf message-digest-key 1 md5 def456+
//配置认证 key ID 和密钥
```

在路由器 Router1 上的配置过程与 Router0 相同,这里不再赘述。

【注意】 明文认证是在路由器上设置一个明文字符串,将其随路由更新消息一起发送到其他路由器,如果在其他路由器上设置了相同的字符串,则认证成功。明文认证很容易被网络攻击者截获并用来伪造消息，而 MD5 认证采用了数据加密技术，具有更高的安全性。

(3) 在接口配置明文认证。在路由器 Router0 上的配置过程如下。

```
Qchm-R0(config)#interface s1/0
Qchm-R0(config-if)#ip ospf authentication                        //接口启用认证
Qchm-R0(config-if)#ip ospf authentication-key aaa111+            //配置认证密钥
```

在路由器 Router1 上的配置过程与 Router0 相同，这里不再赘述。

(4) 在接口配置 MD5 认证。在路由器 Router0 上的配置过程如下。

```
Qchm-R0(config)#interface s1/0
Qchm-R0(config-if)#ip ospf authentication message-digest         //接口启用认证
Qchm-R0(config-if)#ip ospf message-digest-key 1 md5 bbb222+
//配置认证 key ID 和密钥
```

在路由器 Router1 上的配置过程与 Router0 相同，这里不再赘述。

4. 在 OSPF 中传播默认路由

在图 4-7 所示的网络中，如果要将路由器 Router1 的默认路由通过 OSPF 传播给 Router0。在路由器 Router1 上的配置过程如下。

```
Qchm-R1(config)#ip route 0.0.0.0 0.0.0.0 20.1.1.1
Qchm-R1(config)#router ospf 1
Qchm-R1(config-router)#default-information originate
//指定该路由器为默认信息的来源，由该路由器在 OSPF 中传播默认路由
```

实训 3　广播多路访问网络的 OSPF 配置

在广播多路访问网络中，OSPF 会选举出一个指定路由器(DR)负责收集和分发 LSA，还会选举出一个备用指定路由器(BDR)，以防指定路由器发生故障。在图 4-14 所示的网络中，4 台路由器分别通过 F0/0 接口连接到一台交换机上，使用 OSPF 动态路由实现路由器间互联的基本操作方法如下。

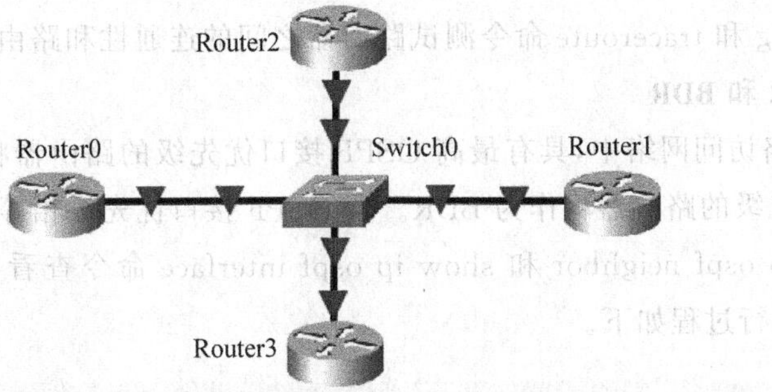

图 4-14　广播多路访问网络的 OSPF 配置示例

1. 规划与分配 IP 地址

可以在每个路由器上通过 Loopback 接口模拟其与各网段的连接，每个 Loopback 接口是一个网段，因此可按照表 4-6 所示的 TCP/IP 参数配置相关设备的 IP 地址信息。

表 4-6 广播多路访问网络的 OSPF 配置示例中的 TCP/IP 参数

设 备	接 口	IP 地 址	子网掩码	网 关
Router0	F0/0	192.168.1.1	255.255.255.0	
	Loopback0	172.16.1.254	255.255.255.0	
Router1	F0/0	192.168.1.2	255.255.255.0	
	Loopback0	172.16.2.254	255.255.255.0	
Router2	F0/0	192.168.1.3	255.255.255.0	
	Loopback0	172.16.3.254	255.255.255.0	
Router3	F0/0	192.168.1.4	255.255.255.0	
	Loopback0	172.16.4.254	255.255.255.0	

2. 配置路由器接口

在路由器 Router0 上的配置过程如下。

```
Qchm-R0(config)#interface f0/0
Qchm-R0(config-if)#ip address 192.168.1.1 255.255.255.0
Qchm-R0(config-if)#no shutdown
Qchm-R0(config-if)#interface loopback 0
Qchm-R0(config-if)#ip address 172.16.1.254 255.255.255.0
```

其他路由器上的配置过程与路由器 Router0 基本相同,这里不再赘述。

3. 配置 OSPF

在路由器 Router0 上的配置过程如下。

```
Qchm-R0(config)#router ospf 1
Qchm-R0(config-router)#network 192.168.1.0 0.0.0.255 area 0
Qchm-R0(config-router)#network 172.16.1.0 0.0.0.255 area 0
```

其他路由器上的配置过程与路由器 Router0 基本相同,这里不再赘述。

OSPF 配置完成后既可以在路由器上使用 show ip route 命令查看路由表,也可以在路由器上运行 ping 和 traceroute 命令测试路由器之间的连通性和路由。

4. 查看 DR 和 BDR

在广播多路访问网络中,具有最高 OSPF 接口优先级的路由器将作为 DR,具有第二高 OSPF 接口优先级的路由器将作为 BDR。若 OSPF 接口优先级相等,则比较路由器 ID。可以利用 show ip ospf neighbor 和 show ip ospf interface 命令查看 DR 和 BDR,在路由器 Router0 上的运行过程如下。

```
Qchm-R0#show ip ospf neighbor
Neighbor ID     Pri   State           Dead Time   Address         Interface
172.16.4.254    1     FULL/DR         00:00:32    192.168.1.4     FastEthernet0/0
172.16.2.254    1     2WAY/DROTHER    00:00:34    192.168.1.2     FastEthernet0/0
172.16.3.254    1     FULL/BDR        00:00:38    192.168.1.3     FastEthernet0/0
```

5. 设置 OSPF 接口优先级

在广播多路访问网络中，DR 必须具有足够的资源来支持 LSA 的传输，通过 ip ospf priority 接口命令可以设置 OSPF 接口优先级，控制 DR 和 BDR 的选举。在图 4-14 所示的网络中，如果要使路由器 Router0 作为 DR，路由器 Router1 作为 BDR，则在路由器 Router0 上的配置过程如下。

```
Qchm-R0(config)#interface f0/0
Qchm-R0(config-if)#ip ospf priority 200   //设置 OSPF 接口优先级为 200
```

在路由器 Router1 上的配置过程如下。

```
Qchm-R1(config)#interface f0/0
Qchm-R1(config-if)#ip ospf priority 100
```

【注意】 设置 OSPF 优先级后，并不会马上生效，需要强制进行新的选举。强制进行新的选举的办法是在各设备上保存运行配置，重新加载配置文件。也可在相关路由器的以太网接口上按顺序执行 shutdown 和 no shutdown 命令。

实训 4　多区域 OSPF 基本配置

在大型 OSPF 网络中，SPF 算法的反复计算、LSA 的泛洪、路由表和拓扑表的维护等都会占用路由器的资源，从而降低路由器的运行效率。在 OSPF 中可以利用划分区域来减小这些不利的影响，因为路由器并不需要了解其所在区域外的拓扑细节。在多区域 OSPF 网络中，若一个路由器的所有接口都处于同一区域，则该路由器被称为内部路由器；若一个路由器与多个区域相连，则该路由器被称为区域边界路由器；若一个路由器具有连接区域 0 的接口，则该路由器被称为骨干路由器。在图 4-15 所示的网络中，三台路由器通过串行接口相连，交换机 Switch0 和 Switch1 分别通过 F0/24 接口与路由器 Router0 和 Router2 的 F0/0 接口相连。请对该网络进行配置，要求该网络划分为 2 个 OSPF 区域，路由器 Router0 为区域 0 的内部路由器，路由器 Router2 为区域 1 的内部路由器，利用 OSPF 实现网络的连通。

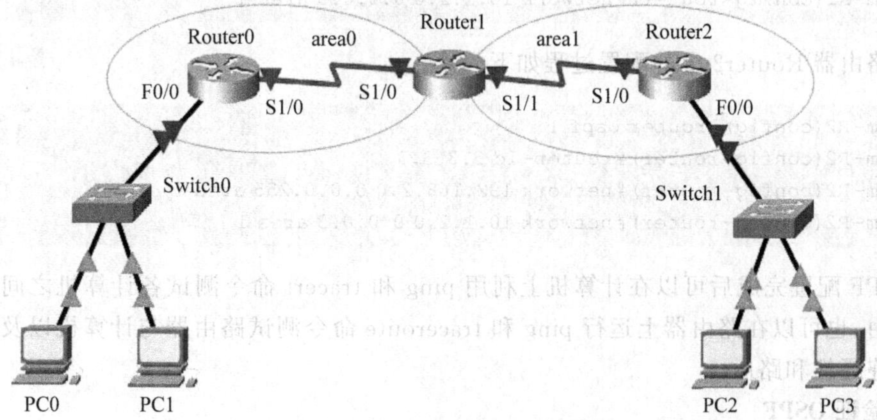

图 4-15　多区域 OSPF 基本配置示例

1. 规划与分配 IP 地址

可按照表4-7所示的TCP/IP参数配置相关设备的IP地址信息。

表 4-7　多区域 OSPF 基本配置示例中的 TCP/IP 参数

设　备	接　口	IP 地 址	子网掩码	网　关
PC0	NIC	192.168.1.1	255.255.255.0	192.168.1.254
PC1	NIC	192.168.1.2	255.255.255.0	192.168.1.254
PC2	NIC	192.168.2.1	255.255.255.0	192.168.2.254
PC3	NIC	192.168.2.2	255.255.255.0	192.168.2.254
Router0	F0/0	192.168.1.254	255.255.255.0	
	S1/0	10.1.1.1	255.255.255.252	
Router1	S1/0	10.1.1.2	255.255.255.252	
	S1/1	10.1.2.1	255.255.255.252	
Router2	F0/0	192.168.2.254	255.255.255.0	
	S1/0	10.1.2.2	255.255.255.252	

2. 配置路由器接口

路由器的接口配置与利用静态路由实现网络互联示例配置基本相同,这里不再赘述。

3. 配置 OSPF

在路由器Router0上的配置过程如下。

```
Qchm-R0(config)#router ospf 1
Qchm-R0(config-router)#router-id 1.1.1.1
Qchm-R0(config-router)#network 192.168.1.0 0.0.0.255 area 0
Qchm-R0(config-router)#network 10.1.1.0 0.0.0.3 area 0
```

在路由器Router1上的配置过程如下。

```
Qchm-R1(config)#router ospf 1
Qchm-R1(config-router)#router-id 2.2.2.2
Qchm-R1(config-router)#network 10.1.1.0 0.0.0.3 area 0
Qchm-R1(config-router)#network 10.1.2.0 0.0.0.3 area 1
```

在路由器Router2上的配置过程如下。

```
Qchm-R2(config)#router ospf 1
Qchm-R2(config-router)#router-id 3.3.3.3
Qchm-R2(config-router)#network 192.168.2.0 0.0.0.255 area 1
Qchm-R2(config-router)#network 10.1.2.0 0.0.0.3 area 1
```

OSPF配置完成后可以在计算机上利用ping和tracert命令测试各计算机之间的连通性和路由,也可以在路由器上运行ping和traceroute命令测试路由器与计算机以及路由器之间的连通性和路由。

4. 验证 OSPF

(1) 使用show ip route命令。在路由器Router0上的操作过程如下:

```
Qchm-R0#show ip route
Codes: L-local, C-connected, S-static, R-RIP, M-mobile, B-BGP
     ...(以下省略)
Gateway of last resort is not set
     10.0.0.0/8 is variably subnetted, 3 subnets, 2 masks
C        10.1.1.0/30 is directly connected, Serial1/0
L        10.1.1.1/32 is directly connected, Serial1/0
O IA     10.1.2.0/30 [110/128] via 10.1.1.2, 00:00:26, Serial1/0
     192.168.1.0/24 is variably subnetted, 2 subnets, 2 masks
C        192.168.1.0/24 is directly connected, FastEthernet0/0
L        192.168.1.254/32 is directly connected, FastEthernet0/0
O IA 192.168.2.0/24 [110/129] via 10.1.1.2, 00:00:26, Serial1/0
//带 IA 标记的为区域间路由
```

(2) 使用 show ip ospf 命令。在路由器 Router1 上的操作过程如下。

```
Qchm-R1#show ip ospf 1
Routing Process "ospf 1" with ID 2.2.2.2
Supports only single TOS(TOS0) routes
Supports opaque LSA
It is an area border router          //这是区域边界路由器
SPF schedule delay 5 secs,Hold time between two SPFs 10 secs
Minimum LSA interval 5 secs. Minimum LSA arrival 1 secs
Number of external LSA 0. Checksum Sum 0x000000
Number of opaque AS LSA 0. Checksum Sum 0x000000
Number of DCbitless external and opaque AS LSA 0
Number of DoNotAge external and opaque AS LSA 0
Number of areas in this router is 2. 2 normal 0 stub 0 nssa
External flood list length 0
    Area BACKBONE(0)
        Number of interfaces in this area is 1
        Area has no authentication
        ...(以下省略)
```

【注意】 以上只完成了多区域 OSPF 网络的基本配置。在大型 OSPF 网络中通常还会进行区域间路由汇总、外部路由重分布等配置，具体配置方法请查看相关技术手册。

任务拓展

在三层交换机上也可以利用 OSPF 动态路由实现其与路由器之间的互联，其配置方法与路由器基本相同。在如图 4-10 所示的网络中，请对相关设备进行配置并利用 OSPF 动态路由实现网络的互联。

习　题　4

1. 简述路由器的作用。
2. 在选择路由器产品时，应主要考察哪些内容？

3. 简述三层交换机的作用。

4. 简述路由表的作用和基本组成。

5. 简述路由器转发数据包的基本过程。

6. 路由器的路由信息主要通过哪些方式获得？简述每种方式的特点。

7. 什么是 RIP？简述 RIP 的启动和运行过程。

8. 简述 RIPv2 与 RIPv1 的区别。

9. 什么是 OSPF？简述 OSPF 的主要特点。

10. 根据路由器所连接的物理网络的不同，OSPF 将网络划分为哪些类型？

11. 简述 OSPF 的运行过程。

12. 按照图 4-16 所示的拓扑结构组建网络，其中路由器之间通过串行接口相连，交换机 Switch0、Switch1 和 Switch2 分别通过 F0/24 接口连接到路由器 Router0、Router1 和 Router2 的 F0/0 接口。网络组建完成后，请完成以下配置。

(1) 将交换机 Switch0 连接的计算机划分为 2 个 VLAN。

(2) 为网络中的相关设备分配 IP 地址，利用静态路由实现网络的互联，其中交换机 Switch0 连接的 2 个 VLAN，要通过不同的路由与交换机 Switch1 和 Switch2 连接的网络通信。

(3) 利用 RIP 动态路由实现网络的互联。要求未连接其他路由器的路由器接口不能发送路由信息。网络连通后关闭路由器 Router1 的 S1/0 接口，查看各路由器的路由表是如何发生变化的。

(4) 利用 OSPF 动态路由实现网络的互联。要求各路由器在区域进行明文认证，未连接其他路由器的路由器接口不能发送路由信息。网络连通后关闭路由器 Router1 的 S1/1 接口，查看各路由器的路由表是如何发生变化的。

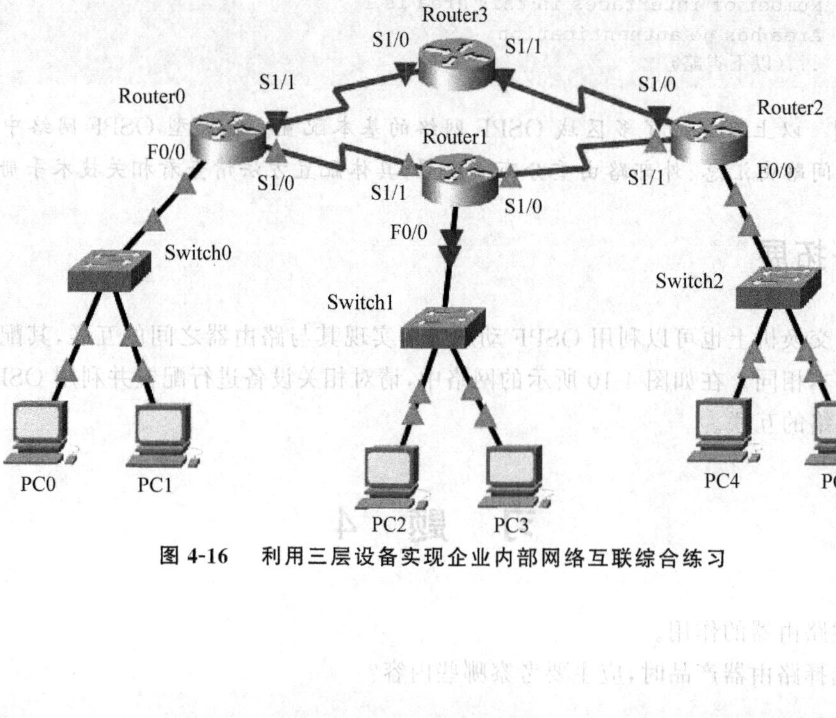

图 4-16　利用三层设备实现企业内部网络互联综合练习

工作单元 5　企业网络基本安全与性能优化

随着计算机网络应用的不断普及，网络安全和网络性能已经成为计算机网络建设中的热门话题。路由器和交换机是企业计算机网络的基本组成部分，因此合理地对其进行相关设置，是保证企业网络安全和优化企业网络性能的基本手段。本单元的教学主要目标是熟悉保障网络设备访问安全的基本方法，理解访问控制列表的作用并掌握其配置方法，了解实现网关冗余与负载均衡的基本方法，理解 DHCP 的作用并掌握其配置方法。

任务 5.1　保障网络设备访问安全

任务目的

(1) 了解计算机网络面临的安全风险；

(2) 理解网络安全策略的设计要点；

(3) 理解 AAA 安全服务及相关认证协议；

(4) 熟悉保障网络设备访问安全的基本设置方法。

任务导入

网络设备自身的安全性在网络安全部署中至关重要。目前网络中的路由器和交换机都是可以配置的，支持多种管理访问方式并启用了许多服务。如果非授权人员获得了网络设备的管理访问权限，就有可能更改其运行状态，或者获得对网络中其他系统的访问权限，这会造成极大的安全威胁。因此保证网络设备管理访问的安全是一项极其重要的安全管理任务。请对路由器或交换机进行适当配置，保障其管理访问的基本安全。

工作环境与条件

(1) 路由器和交换机（本部分以 Cisco 系列产品为例，也可选用其他品牌型号的产品或使用 Cisco Packet Tracer 等网络模拟和建模工具）；

(2) Console 线缆和相应的适配器；

(3) 安装 Windows 操作系统的 PC；

(4) 组建网络所需的其他设备。

相关知识

5.1.1 网络安全的基本要素

计算机网络的安全性问题实际上包括两方面的内容：一是网络的系统安全，二是网络的信息安全。由于计算机网络最重要的资源是它向用户提供的服务及所拥有的信息，因而计算机网络的安全性可以定义为：保障网络服务的可用性和网络信息的完整性。前者要求网络向所有用户有选择地随时提供各自应得到的网络服务，后者则要求网络保证信息资源的保密性、完整性和可用性。可见建立安全的网络要解决的根本问题是如何在保证网络的连通性、可用性的同时对网络服务的种类、范围等进行适当的控制以保障系统的可用性和信息的完整性不受影响。具体地说，网络安全应包含以下基本要素。

1. 可用性

由于计算机网络最基本的功能是为用户提供资源共享和数据通信服务，而用户对这些服务的需求是随机的、多方面(文字、语音、图像等)的，而且通常对服务的实时性有很高的要求。计算机网络必须能够保证所有用户的通信需要，也就是说一个授权用户无论何时提出访问要求，网络都必须是可用的，不能拒绝用户的要求。在网络环境下，拒绝服务、破坏网络和有关系统的正常运行等都属于对网络可用性的攻击。

2. 完整性

完整性是指网络信息在传输和存储的过程中应保证不被偶然或蓄意地篡改或伪造，保证授权用户得到的网络信息是真实的。如果网络信息被未经授权的实体修改或在传输过程中出现了错误，授权用户应该能够通过一定的手段迅速发现。

3. 可控性

可控性是指能够控制网络信息的内容和传播范围，保障系统依据授权提供服务，使系统在任何时候都不被非授权人使用。口令攻击、用户权限非法提升、IP 欺骗等都属于对网络可控性的攻击。

4. 保密性

保密性是指网络信息不被泄露给非授权用户、实体或过程，保证信息只为授权用户使用。网络的保密性主要通过防窃听、访问控制、数据加密等技术实现，是保证网络信息安全的重要手段。

5. 可审查性

可审查性是指在通信过程中，通信双方对自己发送或接收的消息的事实和内容不可否认。目前网络主要使用审计、监控、数字签名等安全技术和机制，使得攻击者、破坏者无法抵赖，并提供安全问题的分析依据。

5.1.2 网络安全策略

网络安全策略是指在特定环境下，为达到一定级别的网络安全保护需求而必须遵守的若干规则和条例。通常网络安全策略应包含以下内容。

- 授权陈述和范围：规定网络安全策略覆盖的范围。

- 可接受使用策略：规定对访问网络基础设施所做的限制。
- 身份识别与认证策略：规定应采用何种技术、设备及其他措施，确保只有授权用户才能访问网络数据。
- Internet 访问策略：规定内部网络在访问 Internet 时需要考虑的安全问题。
- 内部网络访问策略：规定内部网络用户应如何使用内部网络资源。
- 远程访问策略：规定远程用户应该如何使用内部网络资源。
- 事件处理程序：规定对网络安全进行审计的流程以及处理网络安全事件的流程。

在制定网络安全策略时应遵循一定的原则和方法，虽然网络的具体应用环境可能不同，但一般都应遵循以下原则。

- 适应性原则：网络安全策略必须根据网络的实际应用环境制定。
- 木桶原则：木桶原则即木桶的最大容积取决于最短的一块木板。网络系统非常复杂，攻击者一般会选择系统最薄弱的地方进行攻击。在设计网络安全策略时应首先防止最常用的攻击手段提高整个系统"安全最低点"的安全性能。
- 动态性原则：网络安全策略应随着网络规模、技术等的变化而不断修改和升级。
- 系统性原则：在制定网络安全策略时，应全面考虑网络上各种设备、技术、用户、数据等情况，任何一点疏漏都会造成整个网络安全性的降低。
- 需求、成本、风险平衡分析原则：绝对安全的网络是不存在的，在设计网络安全策略时应从网络的实际需求出发，对网络面临的风险和规避风险所需的成本进行综合分析，在需求、成本和风险间寻求一个平衡点。
- 一致性原则：网络安全问题存在于整个网络生命周期，在网络系统设计、实施、测试、验收、运行等各个阶段都要制定相应的安全策略。
- 最小授权原则：通常网络的服务越多，存在的安全隐患也会越多。在进行账户设置、服务设置、信任关系设置等操作时应以保证网络正常运行所需最低权限为限。
- 技术和管理相结合原则：网络安全的实现是一个复杂的系统工程，必须将各种安全技术与运行管理机制、人员技术培训与思想教育等相结合。

5.1.3 AAA 安全服务体系

1. AAA 概述

网络访问控制是网络安全中最为重要的衡量标准之一，AAA 安全服务可以同时对能够访问网络设备的用户以及这个用户能够访问的服务进行控制。它能够将访问控制配置在路由器、交换机等网络设备上，并通过这种方式实现网络安全的基本架构。AAA 是一个由 3 个独立安全功能构成的安全体系结构。

- 认证(authentication)：认证功能可以通过用户当前的有效数字证书来识别哪些用户是合法用户，从而使其可以访问网络资源，数字证书可以是用户名和口令。另外，认证还可以提供复核与应答、消息支持以及加密等服务。
- 授权(authorization)：授权功能可以在用户获得访问权限后，进一步执行网络资源的安全策略。授权可以提供额外的优先级控制功能，如更新基于每个用户的 ACL 或分配 IP 地址信息，也可以进一步控制用户可以使用的服务，如限制用户可以执行的配置命令。

- 审计(accounting)：审计功能可以记录用户对各种网络服务的用量，获得资源的使用情况，并提供给计费系统，如用户登录的起始和结束时间、用户用过的 IOS 命令、流量的相关信息等。

AAA 安全服务既可以控制对网络设备的管理访问，如 Console 或 Telnet 访问，也能够管理远程用户的网络访问，如 VPN 客户端或拨号客户端。

2. AAA 认证协议

AAA 安全服务既可以通过网络设备上的本地数据库实施，也可以通过安全服务器实现。利用本地数据库实施 AAA 功能时，用户名和口令数字证书将保存在本地数据库中，并使用 AAA 服务对其进行调用，这种方式不具备扩展性，主要适合用户人数不多，只有少量设备的网络环境。要想在最大限度上体现 AAA 的优势，实现网络控制，就应通过部署了认证协议的安全服务器来实现 AAA 的功能。RADIUS 和 TACACS＋是目前应用最为广泛的认证协议，可以使网络免遭非法的流量访问。

(1) RADIUS。RADIUS(remote authentication dial in user service，远程认证拨入用户服务)是在网络设备和认证服务器之间进行认证授权计费和配置信息的协议。图 5-1 给出了 RADIUS 的基本模型。RADIUS 协议具有以下特点。

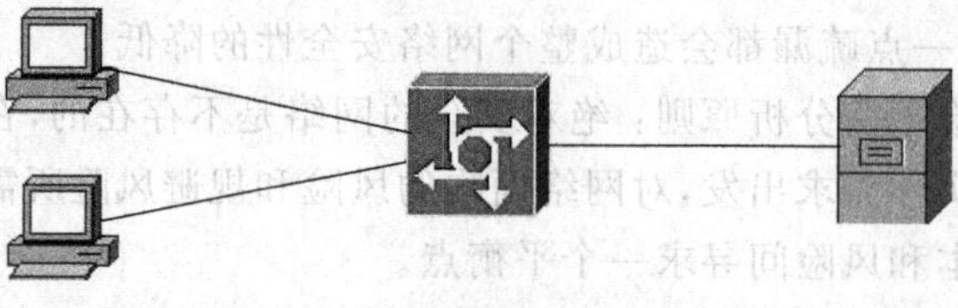

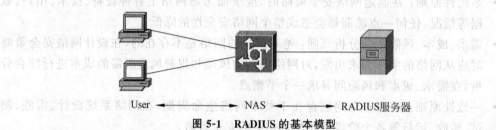

图 5-1　RADIUS 的基本模型

- 客户机/服务器模式：RADIUS 客户端可以是任何网络接入设备(NAS)，如路由器、交换机、无线接入点或防火墙。它可以将认证请求发送给 RADIUS 服务器，而用户访问信息的配置文件就保存在该服务器中。
- 安全性：RADIUS 服务器与 NAS 之间使用共享密钥对敏感信息进行加密，该密钥不会在网络上传输。
- 可扩展的协议设计：RADIUS 使用 AVP(attribute-length-value，属性—长度—值)数据封装格式，用户可以自定义其他私有属性，扩展 RADIUS 的应用。
- 灵活的鉴别机制：RADIUS 服务器支持 PAP、CHAP、UNIX login 等多种认证方式对用户进行认证。

RADIUS 利用 UDP 实现客户端与服务器之间的通信，其中认证和授权请求使用 UDP1812 端口，审计请求使用 UDP1813 端口。在 RADIUS 中，认证和授权信息被组合在一个数据包中，而审计使用了单独的数据包。利用 RADIUS 协议进行认证和授权的通信过程如下所述。

- 当用户登录 NAS 时，RADIUS 通信会被触发，NAS 将向服务器发送访问请求数据包，该数据包中包含了用户名、加密过的口令、NAS 的 IP 地址和端口号等信息。
- RADIUS 服务器收到访问请求数据包后会首先核对用户的共享密钥，如果共享密钥不一致或者错误的，那么服务器会自动丢弃访问请求数据包。如果核对无误，服务器会根据用户数据库中的信息处理访问请求数据包。

- 如果用户名能够在数据库中找到，口令也是有效的，那么服务器会向客户端返回访问接收数据包。该数据包中会携带一个 AVP 列表，列表中描述了用来建立此次会话的参数，如服务类型、协议类型、分配给用户的 IP 地址、访问列表参数等。
- 如果用户名无法在数据库中找到，或者口令错误，那么服务器会向客户端发送访问拒绝数据包。当授权失败的时候，服务器也会发送访问拒绝数据包。

(2) TACACS＋。TACACS＋(terminal access controller access control system，终端访问控制器访问控制系统)是 AAA 体系中常用的安全协议，可以为访问网络设备的用户提供中心化的认证功能。TACACS＋采用了模块化的方式，能够为 NAS 分别提供认证、授权和审计服务。Cisco 的很多设备都可以实施 TACACS＋协议，如路由器、交换机、防火墙和安装 Cisco Secure ACS(访问控制服务器)软件的 TACACS＋服务器。

TACACS＋使用 TCP 传输协议，客户端和服务器可以通过 TCP49 端口进行通信。在建立 TCP 连接后，NAS 会与 TACACS＋服务器通信，并分别提示用户输入用户名和口令。用户输入的用户名和口令会被发送给服务器，服务器会使用本地数据库或外部数据库核实用户的输入是否有效，最后用户会收到服务器返回的响应(接受或拒绝)。在成功通过了认证步骤之后会触发授权功能(如果 NAS 上启用了该功能)，TACACS＋服务器会返回一个接受或拒绝授权的响应信息。接受相应信息中包含了属性值(也称 AV 对)数据，这些属性值数据能够实现各种服务和功能，决定了用户能够访问的网络资源。

表 5-1 对 RADIUS 和 TACACS＋协议进行了对比。

表 5-1　RADIUS 和 TACACS＋协议的对比

类　别	RADIUS	TACACS＋
产品应用	工业标准，完全公开，多厂商设备对其支持	Cisco 私有
传输协议	UDP	TCP
AAA 支持	认证和授权合用同一个数据包，审计使用单独的数据包	符合 AAA 架构，3 项服务都使用独立的数据包
复核响应	单个复核响应	多个复核响应
协议支持	不支持 NetBEUT	支持所有协议
安全性	只加密数据包中的密码	加密整个数据包

任务实施

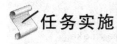

请扫描数字活页 5.1 的二维码，在任务实施过程中思考并回答数字活页中提出的问题。另外，可以分别扫描微课视频 5.1.1(限制对网络设备的管理访问)、微课视频 5.1.2(配置 AAA)的二维码，观看相关工作任务的讲解和操作演示视频。

数字活页 5.1　　**微课视频 5.1.1(限制对网络设备的管理访问)**　　**微课视频 5.1.2(配置 AAA)**

实训 1　限制对网络设备的管理访问

1. 配置 Console 接口安全访问

默认情况下 Console 接口没有配置密码。另外用户在操作结束后，应立刻退出 Console 接口的登录状态，可以为 Console 线路的 EXEC 会话配置超时时间，这样如果用户忘记退出或长时间使会话处于空闲状态，设备就会自动注销会话以保证安全。Console 接口安全访问的具体配置方法如下。

```
Qchm-R0(config)#line console 0                  //选择配置 Console 线路
Qchm-R0 (config-line)#exec-timeout 10 0         //设置强制退出会话空闲时间为 10 分 0 秒
Qchm-R0(config-line)#password con3456+          //设置 Console 线路密码为 con3456+
Qchm-R0(config-line)#login                      //打开登录密码检查
```

2. 配置 Telnet 安全访问

与 Console 接口类似，VTY 链路上也没有预配密码。使用强壮的密码和访问控制机制来保护这些链路是十分必要的。Telnet 安全访问的具体配置方法如下。

```
Qchm-R0(config)#line vty 0 4
Qchm-R0(config-line)#exec-timeout 10 0
Qchm-R0(config-line)#no transport input        //关闭管理线路的输入
Qchm-R0(config-line)#transport input telnet
//使管理线路只对 Telnet 协议打开，可以使用 transport input all 命令使其对全部协议打开，
  也可自行选择其他相关协议来放行相应数据流量
Qchm-R0(config-line)#password tel3456+         //设置密码为 tel3456+
Qchm-R0(config-line)#login
```

3. 使用 SSH 协议访问 VTY

为了保证设备管理的安全和可靠，可以使用 SSH 协议访问 VTY，具体配置方法如下。

```
Qchm-R0(config)#username user1 secret cis3456+          //创建用户
Qchm-R0(config)#ip domain-name router.hhh.com           //设置路由器的域名
Qchm-R0(config)#crypto key generate rsa
The name for the keys will be: Qchm-R0.router.hhh.com
Choose the size of the key modulus in the range of 360 to 2048 for your
  General Purpose Keys. Choosing a key modulus greater than 512 may take
  a few minutes.
How many bits in the modulus [512]: 1024
%Generating 1024 bit RSA keys,keys will be non-exportable...[OK]
//生成加密密钥，密钥的名称为 Qchm-R0.router.hhh.com，需选择输入密钥的位数
Qchm-R0(config)#line vty 0 4
Qchm-R0(config-line)#exec-timeout 10 0
Qchm-R0(config-line)#no transport input
Qchm-R0(config-line)#transport input ssh        //使管理线路只对 SSH 协议打开
Qchm-R0(config-line)#login local
```

【注意】 由于 Windows 自带的 Telnet 组件不支持 SSH，因此要使用 SSH 协议管理网络设备，必须在客户机上安装使用第三方软件，常用的有 Putty、SecureCRT 等。也可以在

另一台路由器的特权模式中运行“ssh -l 用户名 IP 地址”命令，登录并开启SSH的路由器对其进行远程管理访问。

4. 配置HTTP安全访问

可以在全局配置模式下使用命令 ip http server 启用 HTTP 服务器功能。另外，在 Cisco IOS 12.2(15) T 及后续版本中，增加了 HTTPS(安全 HTTP)服务器特性，因此也可以在全局配置模式下使用命令 ip http secure-server 启用 HTTPS 服务器功能。为了提高安全性，建议使用 HTTPS 服务器功能，并使用命令 no ip http server 来禁用 HTTP 服务器功能。

默认情况下，HTTP 服务器使用 TCP80 端口，而 HTTPS 使用 TCP443 端口。可以使用命令 ip http port {port} 和命令 ip http secure-port {port} 自行定义端口，自定义的端口应大于 1024。

为了进一步提高网络的安全性，可以利用认证机制对用户进行认证，并且使用访问控制列表来确保只有授权的用户可以访问设备。命令 ip http access-class {access-list-number} 可以将访问控制列表应用于 HTTP 访问。命令 ip http authentication 支持通过 AAA、enable、local 等方式对用户进行认证。

【注意】 如果不使用 HTTP 和 HTTPS 服务，一定要在全局配置模式下用命令 no ip http server 和 no ip http secure-server 将其禁用。

5. 运行自动安全配置解决方案

网络设备支持功能和协议很多，需根据具体的网络环境和安全要求对其开启或禁用。在 Cisco IOS 的特权模式下使用 auto secure 命令，可以运行 Cisco 提供的自动安全配置解决方案。该方案将自动关闭不必要的功能和协议，并引导用户对相关口令等进行设置，基本运行过程如下。

```
Qchm-R0#auto secure
---AutoSecure Configuration ---
* * * AutoSecure configuration enhances the security of
the router,but it will not make it absolutely resistant
to all security attacks * * *
AutoSecure will modify the configuration of your device.
All configuration changes will be shown. For a detailed
explanation of how the configuration changes enhance security
and any possible side effects,please refer to Cisco.com for
Autosecure documentation.
At any prompt you may enter '? ' for help.
Use ctrl-c to abort this session at any prompt.
Gathering information about the router for AutoSecure
Is this router connected to internet? [no]: no
Securing Management plane services...
Disabling service finger
Disabling service pad
Disabling udp & tcp small servers
Enabling service password encryption
Enabling service tcp-keepalives-in
Enabling service tcp-keepalives-out
```

```
Disabling the cdp protocol
Disabling the bootp server
Disabling the http server
Disabling the finger service
Disabling source routing
Disabling gratuitous arp
Here is a sample Security Banner to be shown
at every access to device. Modify it tosuit your
enterprise requirements.
Authorized Access only
  This system is the property of So-&-So-Enterprise.
  UNAUTHORIZED ACCESS TO THIS DEVICE IS PROHIBITED.
  You must have explicit permission to access this
  device. All activities performed on this device
  are logged. Any violations of access policy will result
  in disciplinary action.
Enter the security banner{Put the banner between
k and k,where k is any character}:k
Enable secret is either not configured or
  is the same as enable password
Enter the new enable secret:
  ...(以下省略)
```

【注意】 在网络设备上可以通过命令禁用某个特定功能和协议,如在全局配置模式下可以使用 no service dhcp 禁用 DHCP。具体操作方法请查阅相关技术手册。

实训 2　配置 AAA

1. 利用 enable 口令进行认证

如果要通过网络设备上的 enable 口令实施 AAA 安全服务,则设置方法如下。

```
Qchm-R0(config)#enable secret 478mnu+
Qchm-R0(config)#aaa new-model
//启用 AAA,该命令可以让网络设备忽略之前配置的其他认证方法
Qchm-R0(config)#aaa authentication login default enable
//设置默认认证方法为利用 enable 口令进行认证
Qchm-R0(config)#line console 0
Qchm-R0(config-line)#login authentication default //登录采用默认认证方法
Qchm-R0(config)#line vty 0 4
Qchm-R0(config-line)#login authentication default     //Telnet 登录采用默认认证方法
```

2. 利用本地数据库进行认证

如果要通过网络设备上的本地数据库实施 AAA 安全服务,则设置方法如下。

```
Qchm-R0(config)#enable secret 478mnu+
Qchm-R0(config)#username user password aaa111+
Qchm-R0(config)#aaa new-model
Qchm-R0(config)#aaa authentication login default local
//设置默认认证方法为利用本地数据库进行认证
```

```
Qchm-R0(config)#line console 0
Qchm-R0(config-line)#login authentication default
Qchm-R0(config)#line vty 0 4
Qchm-R0(config-line)#login authentication default
```

3. 利用 RADIUS 服务器进行认证

如果要通过网络设备连接的 RADIUS 服务器实施 AAA 安全服务，则设置方法如下。

```
Qchm-R0(config)#enable secret 478mnu+
Qchm-R0(config)#username user password aaa111+
Qchm-R0(config)#aaa new-model
Qchm-R0(config)#aaa authentication login vty-in group radius local
//创建一个名为 vty-in 的认证方法，该方法使用 RADIUS 服务器进行认证。如果认证失败，就用
  本地用户账户进行认证
Qchm-R0(config)#radius-server host 192.168.2.2  //设置 RADIUS 服务器 IP 地址
Qchm-R0(config)#radius-server key future1234++  //定义与 RADIUS 流量使用的密钥
Qchm-R0(config)#line vty 0 4
Qchm-R0(config-line)#login authentication vty-in
                                                    //Telnet 登录采用 vty-in 的认证方法
```

4. 利用 TACACS＋服务器进行认证

如果要通过网络设备连接的 TACACS＋服务器实施 AAA 安全服务，则设置方法如下。

```
Qchm-R0(config)#enable secret 478mnu+
Qchm-R0(config)#username user password aaa111+
Qchm-R0(config)#aaa new-model
Qchm-R0(config)#aaa authentication login console-in group tacacs+local
//创建一个名为 console-in 的认证方法，该方法使用 TACACS+服务器进行认证。如果认证失
  败，就用本地用户账户进行认证
Qchm-R0(config)#tacacs-server host 192.168.2.3  //设置 TACACS+服务器 IP 地址
Qchm-R0(config)#tacacs-server key future8746++  //定义与 TACACS+流量使用的密钥
Qchm-R0(config)#line console 0
Qchm-R0(config-line)#login authentication console-in
                                                    //采用 console-in 的认证方法
```

【注意】 以上只实现了利用 AAA 安全服务进行用户身份认证。在全局配置模式下可以使用 aaa authorization 命令设置对用户访问权限进行限制的参数，也可以使用 aaa accounting 命令设置对用户操作进行审计的参数。

任务拓展

在图 5-2 所示的网络中，请为网络中的设备分配 IP 地址信息，实现网络的连通。网络连通后，对路由器 Router0 实施以下安全策略。

- 路由器 Router0 使用的使能加密口令为 BlackH2O＋。
- 路由器 Router0 在 Console 链路上使用口令 RedH2O＋。

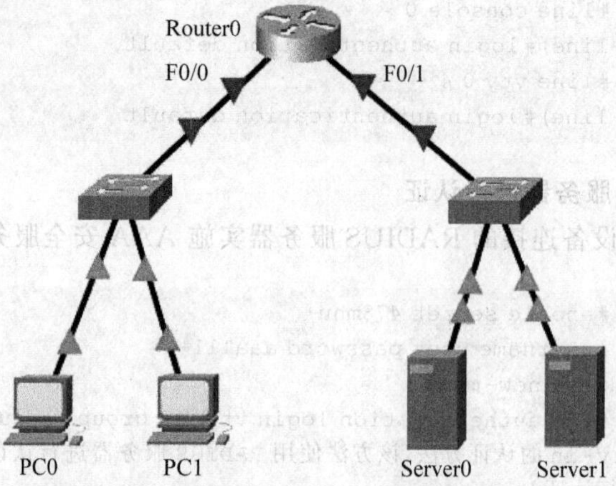

图 5-2 保障网络设备访问安全任务拓展

- 当用户使用 Console 链路登录路由器 Router0 时,若在 5 分 20 秒内没有活动,将中断其与路由器的连接。
- 对路由器 Router0 上的所有口令强制加密。
- 当用户使用 Telnet 链路登录路由器 Router0 时使用 RADIUS 认证,服务器安装在 Server0,密钥为 future236key。若认证失败,将使用本地用户进行认证,默认本地用户为 aaaadmin,密码为 aaais123+。
- 在路由器 Router0 上禁用 CDP。

任务 5.2 配置访问控制列表

任务目的

(1) 理解 ACL 的设计原则和工作过程;
(2) 掌握标准 ACL 的配置方法;
(3) 掌握扩展 ACL 的配置方法;
(4) 掌握命名 ACL 的配置方法。

任务导入

计算机网络组建完成后,从网络安全和网络管理的角度出发,很多场景都需要对网络中的数据流量进行控制。防火墙是强制执行网络安全策略的硬件或软件解决方案。在计算机网络的设计中,通常会使用防火墙来对数据流量进行控制,防止被未授权用户使用网络。在路由器、三层交换机等网络设备上,可以通过 ACL(access control list,访问控制列表)配置简单的防火墙,实现基本的流量过滤功能。

在图 5-3 所示的网络中,3 台路由器通过串行接口相连,请为网络中的相关设备分配 IP 地址信息,实现全网的连通,并完成以下配置。

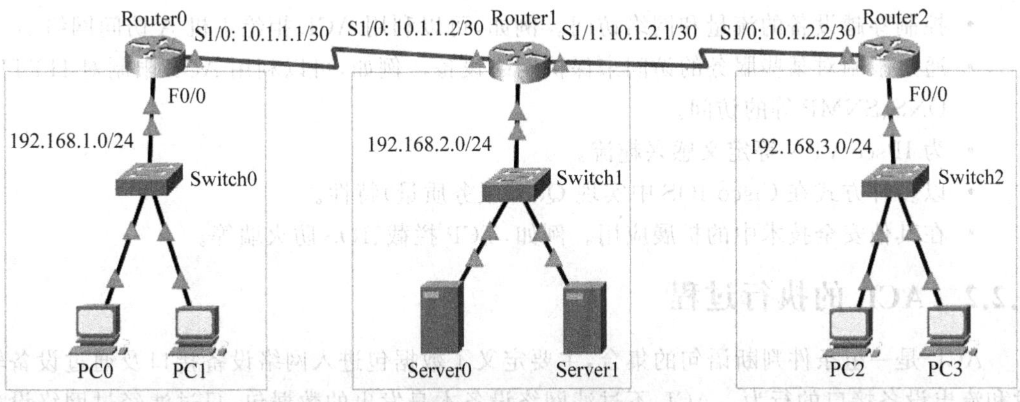

图 5-3 配置 ACL 示例

(1) 在路由器 Router1 上进行配置，使该路由器允许转发来自计算机 PC1 的流量，但拒绝转发来自 192.168.1.0/24 网络中其他主机的流量，允许转发连接在路由器 Router0 上的其他主机的流量。

(2) 在路由器 Router1 上进行配置，实现以下功能。

- 拒绝网络 192.168.3.0/24 的主机访问 Web 服务器 Server0。
- 拒绝网络 192.168.3.0/24 的主机访问 FTP 服务器 Server1。
- 拒绝网络 192.168.3.0/24 的主机利用 Telnet 登录路由器 Router1。
- 拒绝主机 PC2 利用 ping 命令测试其与路由器 Router1 的连通性。
- 允许网络 192.168.3.0/24 的其他流量。

工作环境与条件

(1) 路由器和交换机(本部分以 Cisco 系列产品为例，也可选用其他品牌型号的产品或使用 Cisco Packet Tracer 等网络模拟和建模工具)；

(2) Console 线缆和相应的适配器；

(3) 安装 Windows 操作系统的 PC；

(4) 组建网络所需的其他设备。

相关知识

5.2.1 ACL 概述

Cisco IOS 通过 ACL 实现流量控制的功能。ACL 使用包过滤技术，在网络设备上读取数据包头中的信息，如源地址、目的地址、源端口、目的端口及上层协议等，根据预先定义的规则决定哪些数据包可以接收，哪些数据包拒绝接收，从而达到访问控制的目的。ACL 通常可以应用于以下场合。

- 过滤相邻设备间传递的路由信息。
- 控制交互式访问，防止非法访问网络设备的行为。例如，可利用 ACL 对 Console、Telnet 或 SSH 等访问实施控制。

- 控制穿越设备的流量和网络访问。例如,可以利用 ACL 拒绝主机 A 访问网络 B。
- 通过限制对某些服务的访问来保护网络设备。例如,可以利用 ACL 限制对 HTTP、DNS、SNMP 等的访问。
- 为 IPsec VPN 等定义感兴趣流。
- 以多种方式在 Cisco IOS 中实现 QoS(服务质量)特性。
- 在其他安全技术中的扩展应用。例如,TCP 拦截、IOS 防火墙等。

5.2.2 ACL 的执行过程

ACL 是一组条件判断语句的集合,主要定义了数据包进入网络设备接口及通过设备转发和流出设备接口的行为。ACL 不过滤网络设备本身发出的数据包,只过滤经过网络设备转发的数据包。当一个数据包进入网络设备的某个接口时,网络设备首先要检查该数据包是否可路由或可桥接,然后会检查在该接口是否应用了 ACL。如果有 ACL,就将数据包与 ACL 中的条件语句相比较。如果数据包被允许通过,就继续检查路由表或 MAC 地址表以决定转发到的目的接口。然后网络设备将检查目的接口是否应用了 ACL,如果没有应用,数据包将直接送到目的接口并从该接口输出。

ACL 按各语句的逻辑次序顺序执行,如果与某个条件语句相匹配,数据包将被允许或拒绝通过,而不再检查剩下的条件语句。如果数据包与第一条语句没有匹配,将继续与下一条语句进行比较,如果与所有的条件语句都没有匹配,则该数据包将被丢弃。

【注意】 在 ACL 的最后会自动强加一条拒绝全部流量的隐含语句,该语句是看不到的。

5.2.3 ACL 的类型

Cisco IOS 可以配置很多类型的 ACL,包括标准 ACL、扩展 ACL、命名 ACL、使用时间范围的时间 ACL、限速 ACL、设备保护 ACL、分类 ACL 等。

1. 标准 ACL

标准 ACL 是最基本的 ACL,只检查可以被路由的数据包的源地址,其工作流程如图 5-4 所示。从路由器某一接口进来的数据包经过检查其源地址,并与 ACL 条件判断语句相比较,如果匹配,则执行允许或拒绝操作;如果不匹配,则执行与下一条语句比较。通常要允许或阻止来自某一主机或网络的所有通信流量,可以使用标准 ACL 来实现。

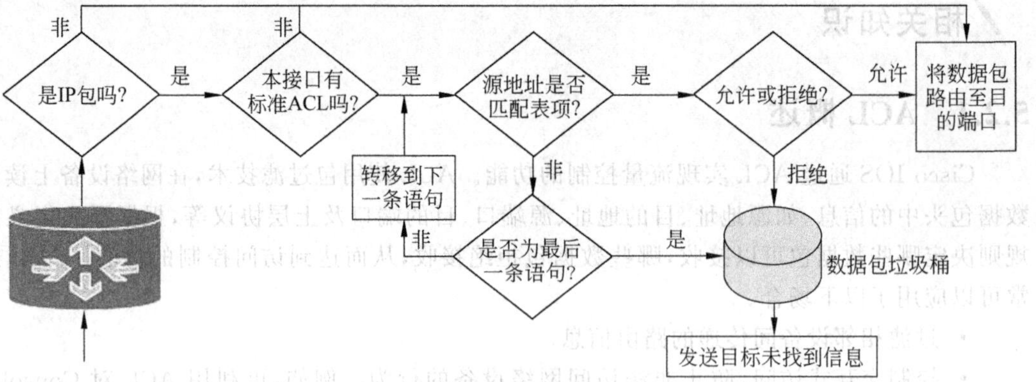

图 5-4 标准 ACL 的工作流程

2. 扩展 ACL

扩展 ACL 可以根据数据包的源地址、目的地址、协议类型、端口号和应用来决定允许或拒绝发送该数据包，因此可以提供更广阔的控制范围和更多的处理方法。路由器根据扩展 ACL 检查数据包的工作流程如图 5-5 所示。

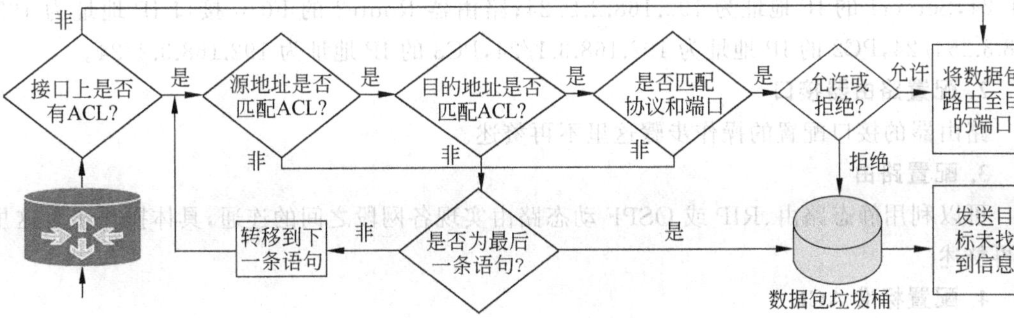

图 5-5　扩展 ACL 的工作过程

3. 命名 ACL

命名 ACL 允许在标准 ACL 和扩展 ACL 中使用一个字母数字组合的字符串来代替数字作为 ACL 的表号。使用命名 ACL 有以下优点。

- 克服标准 ACL 和扩展 ACL 的数量限制。标准 ACL 和扩展 ACL 是通过表号区分的，标准 ACL 的表号是一个 1～99 或 1300～1999 的数字，扩展 ACL 的表号是一个 100～199 或 2000～2699 的数字。
- 可以方便地对 ACL 进行区分和修改，无须删除 ACL 后再对其进行重新配置。

任务实施

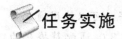

请扫描数字活页 5.2 的二维码，在任务实施过程中思考并回答数字活页中提出的问题。另外，可以分别扫描微课视频 5.2.1(配置标准 ACL)、微课视频 5.2.2(配置扩展 ACL)、微课视频 5.2.3(配置命名 ACL)的二维码，观看相关工作任务的讲解和操作演示视频。

数字活页 5.2　**微课视频 5.2.1(配置标准 ACL)**　**微课视频 5.2.2(配置扩展 ACL)**　**微课视频 5.2.3(配置命名 ACL)**

实训 1　配置标准 ACL

在图 5-3 所示的网络中，可以在路由器 Router1 上配置标准 ACL，使该路由器允许转发来自计算机 PC1 的流量，但拒绝转发来自 192.168.1.0/24 网络中其他主机的流量，允许转发连接在路由器 Router0 上的其他主机的流量。基本操作过程如下。

1. 规划与分配 IP 地址

可按照图 5-3 所示配置相关设备的 IP 地址信息。路由器 Router0 的 F0/0 接口 IP 地址为 192.168.1.254/24,PC0 的 IP 地址为 192.168.1.1/24,PC1 的 IP 地址为 192.168.1.2/24;路由器 Route1 的 F0/0 接口 IP 地址为 192.168.2.254/24,Server0 的 IP 地址为 192.168.2.1/24,Server1 的 IP 地址为 192.168.2.2/24;路由器 Route2 的 F0/0 接口 IP 地址为 192.168.3.254/24,PC2 的 IP 地址为 192.168.3.1/24,PC3 的 IP 地址为 192.168.3.2/24。

2. 配置路由器接口

路由器的接口配置的操作步骤这里不再赘述。

3. 配置路由

可以利用静态路由、RIP 或 OSPF 动态路由实现各网段之间的连通,具体操作步骤这里不再赘述。

4. 配置标准 ACL

在路由器 Router1 上的配置过程如下。

```
Qchm-R1(config)#access-list 1 permit host 192.168.1.2
//定义 1 号标准 ACL,当主机源地址为 192.168.1.2 时允许该入口的流量
Qchm-R1(config)#access-list 1 deny 192.168.1.0 0.0.0.255
//定义 1 号标准 ACL,当源地址网络标识为 192.168.1.0 时拒绝该入口的流量
Qchm-R1(config)#access-list 1 permit any
//定义 1 号标准 ACL,当源地址为其他时允许该入口的通信流量。若不设置,路由器将拒绝其他所
  有流量
Qchm-R1(config)#interface s1/0
Qchm-R1(config-if)#ip access-group 1 in
//将 1 号标准 ACL 应用于该接口,in 表示对输入数据生效,out 表示对输出数据生效
```

【注意】 标准 ACL 的表号应该是一个 1～99 或 1300～1999 的数字。可以使用通配符掩码来设置路由器需要检查的 IP 地址位数。例如,若源地址为 192.168.3.0,通配符掩码为 0.0.0.255,则表示路由器只检查 IP 地址的前 24 位,必须与 192.168.3.0 精确匹配,后 8 位的值可以任意。可以通过在 access-list 前加 no 的形式,来删除一个已经建立的标准 ACL。

5. 验证标准 ACL

配置标准 ACL 后,可以通过以下命令进行验证。

```
Qchm-R1#show access-lists                          //显示 ACL
Standard IP access list 1
    10 permit host 192.168.1.2
    20 deny 192.168.1.0 0.0.0.255
    30 permit any (4 match(es))
Qchm-R1#show ip interface s1/0                     //查看 ACL 作用在 IP 接口上的信息
  Serial1/0 is up,line protocol is up (connected)
  Internet address is 10.1.1.2/30
  Broadcast address is 255.255.255.255
  Address determined by setup command
  MTU is 1500
  Helper address is not set
  Directed broadcast forwarding is disabled
  Outgoing access list is not set
  Inbound access list is 1                         //在输入方向应用了 1 号标准 ACL
  ...(以下省略)
```

实训2　配置扩展ACL

在图5-3所示的网络中，可以在路由器Router1上配置扩展ACL，实现以下功能。

- 拒绝网络192.168.3.0/24的主机访问Web服务器Server0。
- 拒绝网络192.168.3.0/24的主机访问FTP服务器Server1。
- 拒绝网络192.168.3.0/24的主机利用Telnet登录路由器Router1。
- 拒绝主机PC2利用ping命令测试其与路由器Router1的连通性。
- 允许网络192.168.3.0/24的其他流量。

在路由器Router1上的配置过程如下。

```
Qchm-R1(config)#access-list 100 deny tcp 192.168.3.0 0.0.0.255 host 192.168.2.1 eq 80
//定义100号扩展ACL,拒绝网络标识为192.168.3.0/24的主机与主机192.168.2.1的80端口
  建立TCP连接,Web服务器的默认端口为80
Qchm-R1(config)#access-list 100 deny tcp 192.168.3.0 0.0.0.255 host 192.168.2.2
eq 20
//定义100号扩展ACL,拒绝网络标识为192.168.3.0/24的主机与主机192.168.2.2的20端口
  建立TCP连接,FTP服务器的默认数据端口为20
Qchm-R1(config)#access-list 100 deny tcp 192.168.3.0 0.0.0.255 host 192.168.2.2
eq 21
//定义100号扩展ACL,拒绝网络标识为192.168.1.0/24的主机与主机192.168.2.251的21
  端口建立TCP连接,FTP服务器的默认控制端口为21
Qchm-R1(config)#access-list 100 deny tcp 192.168.3.0 0.0.0.255 host 10.1.1.2 eq 23
//定义100号扩展ACL,拒绝网络标识为192.168.3.0/24的主机与主机10.1.1.2的23端口建
  立TCP连接,Telnet的默认端口为23,10.1.1.2为路由器Router1的S1/0端口IP
Qchm-R1(config)#access-list 100 deny tcp 192.168.3.0 0.0.0.255 host 10.1.2.1 eq 23
//定义100号扩展ACL,拒绝网络标识为192.168.3.0/24的主机与主机10.1.2.1的23端口建
  立TCP连接,10.1.2.1为路由器Router1的S1/1端口IP
Qchm-R1(config)#access-list 100 deny tcp 192.168.3.0 0.0.0.255 host 192.168.2.
254 eq 23
//定义100号扩展ACL,拒绝网络标识为192.168.3.0/24的主机与主机192.168.2.254的23
  端口建立TCP连接,192.168.2.254为路由器Router1的F0/0端口IP
Qchm-R1(config)#access-list 100 deny icmp host 192.168.3.1 host 10.1.1.2
//定义100号扩展ACL,拒绝主机192.168.3.1向主机10.1.1.2发送ICMP报文
Qchm-R1(config)#access-list 100 deny icmp host 192.168.3.1 host 10.1.2.1
//定义100号扩展ACL,拒绝主机192.168.3.1向主机10.1.2.1发送ICMP报文
Qchm-R1(config)#access-list 100 deny icmp host 192.168.3.1 host 192.168.2.254
//定义100号扩展ACL,拒绝主机192.168.3.1向主机192.168.2.254发送ICMP报文
Qchm-R1(config)#access-list 100 permit ip any any
//定义100号扩展ACL,允许其他的IP连接
Qchm-R1(config)#interface s1/1
Qchm-R1(config-if)#ip access-group 100 in
```

【注意】 扩展ACL的表号应该是一个100～199或2000～2699的数字；在定义扩展ACL时应指明拒绝或允许的协议类型、源地址和目的地址，并可以根据需要在源地址或目的地址后使用操作符加端口号的形式指明发送端和接收端的端口条件，此处可用的操作符包括eq(等于)、lt(小于)、gt(大于)、neq(不等于)和range(包括的范围)等。

验证扩展ACL的过程与验证标准ACL相同，这里不再赘述。

实训 3　配置命名 ACL

1. 配置标准命名 ACL

在图 5-3 所示的网络中,可以在路由器 Router1 上配置标准命名 ACL,实现与配置标准 ACL 相同的功能。配置标准命名 ACL 的基本过程如下。

```
Qchm-R1(config)#ip access-list standard acl_std    //定义 1 个名为 acl_std 的标准 ACL
Qchm-R1(config-std-nacl)#permit host 192.168.1.2
Qchm-R1(config-std-nacl)#deny 192.168.1.0 0.0.0.255
Qchm-R1(config-std-nacl)#permit any
Qchm-R1(config-std-nacl)#exit
Qchm-R1(config)#interface s1/0
Qchm-R1(config-if)#ip access-group acl_std in
```

可以在特权模式下通过 show access-lists 命令对命名 ACL 进行验证,运行过程如下。

```
Qchm-R1#show access-lists acl_std
Standard IP access list acl-std
    permit host 192.168.1.2
    deny 192.168.1.0 0.0.0.255
    permit any
```

2. 配置扩展命名 ACL

在图 5-3 所示的网络中,可以在路由器 Router1 上配置扩展命名 ACL 实现与配置扩展 ACL 相同的功能。配置扩展命名 ACL 的基本过程如下。

```
Qchm-R1(config)#ip access-list extended acl_ext     //定义 1 个名为 acl_ext 的扩展 ACL
Qchm-R1(config-ext-nacl)#deny tcp 192.168.3.0 0.0.0.255 host 192.168.2.1 eq 80
Qchm-R1(config-ext-nacl)#deny tcp 192.168.3.0 0.0.0.255 host 192.168.2.2 eq 20
Qchm-R1(config-ext-nacl)#deny tcp 192.168.3.0 0.0.0.255 host 192.168.2.2 eq 21
Qchm-R1(config-ext-nacl)#deny tcp 192.168.3.0 0.0.0.255 host 10.1.1.2 eq 23
Qchm-R1(config-ext-nacl)#deny tcp 192.168.3.0 0.0.0.255 host 10.1.2.1 eq 23
Qchm-R1(config-ext-nacl)#deny tcp 192.168.3.0 0.0.0.255 host 192.168.2.254 eq 23
Qchm-R1(config-ext-nacl)#deny icmp host 192.168.3.1 host 10.1.1.2
Qchm-R1(config-ext-nacl)#deny icmp host 192.168.3.1 host 10.1.2.1
Qchm-R1(config-ext-nacl)#deny icmp host 192.168.3.1 host 192.168.2.254
Qchm-R1(config-ext-nacl)#permit ip any any
Qchm-R1(config-ext-nacl)#exit
Qchm-R1(config)#interface s1/1
Qchm-R1(config-if)#ip access-group acl_ext in
```

任务拓展

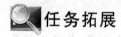

在图 5-6 所示的网络中,二层交换机 Switch1、Switch2 和 Switch3 分别通过 F0/24 接口与三层交换机 Switch0、路由器 Router1 相连,三层交换机 Switch0 通过 F0/22 接口与路由器 Router0 的 F0/0 接口相连,路由器 Router0 与路由器 Router1 通过 S1/0 接口相连。组建网络后,网络组建完成后,请完成以下配置。

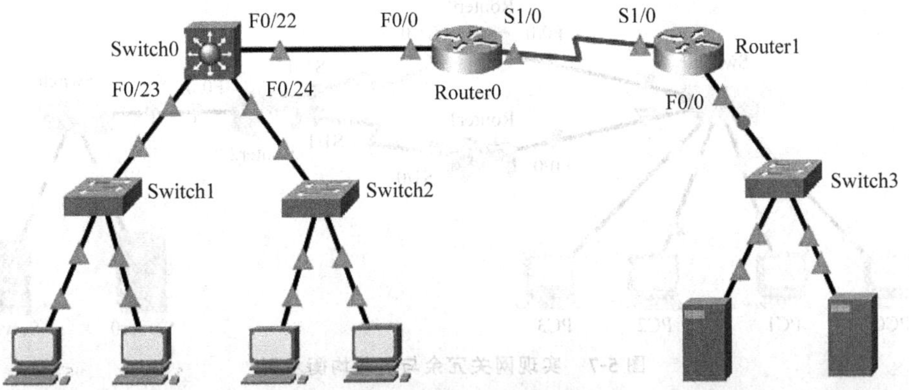

图 5-6 配置 ACL 任务拓展

- 将交换机 Switch1、Switch2 连接的 PC 划分为 2 个 VLAN，其中交换机 Switch1 和 Switch2 的 F0/1～F0/15 接口连接的 PC 属于 VLAN10，交换机 Switch1 和 Switch2 的其他接口连接的 PC 属于 VLAN20。
- 为网络中的相关设备分配 IP 地址信息，实现网络的连通。
- 对路由器 Router0 进行配置，使路由器 Router0 不转发 VLAN10 中 PC 发送的任何流量；可以转发 VLAN20 中的 PC 发送的流量，但其访问 Web 服务器和 DNS 服务器的流量除外；可以转发来自其他网段的任何流量。
- 对路由器 Router1 进行配置，使其所连服务器不对任何来自其他网段的 ping 命令进行响应。

任务 5.3 实现网关冗余与负载均衡

任务目的

(1) 理解网络设备的冗余部署的主要环节；
(2) 理解 HSRP 的作用和基本工作机制；
(3) 了解 VRRP 的作用和基本工作机制；
(4) 熟悉 HSRP 的基本配置方法。

任务导入

网关设备(路由器或三层交换机)是企业网络的核心，如果网关设备发生致命故障，将导致整个网络的瘫痪。因此，对网关设备进行热备份是提高网络可靠性的必然选择，当网关设备不能正常工作时，其功能可以被网络中的另一个备份设备接管，直至出现问题的设备恢复正常。在图 5-7 所示的网络中，交换机 Switch0 所连接的网段分别通过路由器 Router0 和 Router1 与路由器 Router2 相连，请对该网络中的设备进行配置实现网络的连通，并在交换机 Switch0 所连接的网段上实现网关冗余和负载均衡。

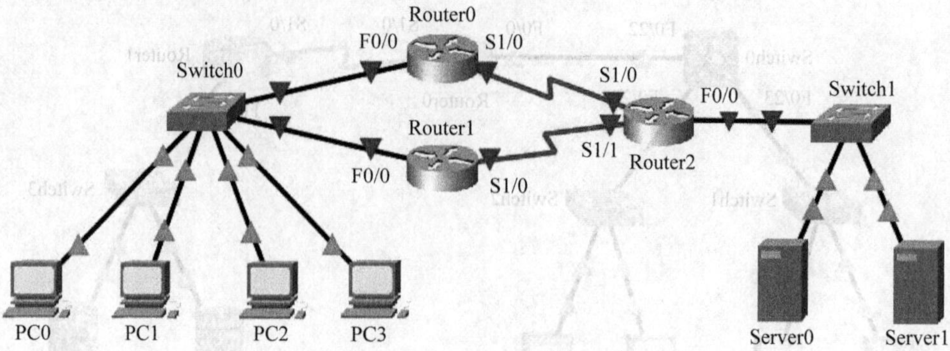

图 5-7 实现网关冗余与负载均衡示例

工作环境与条件

(1) 路由器和交换机(本部分以 Cisco 系列产品为例,也可选用其他品牌型号的产品或使用 Cisco Packet Tracer 等网络模拟和建模工具);

(2) Console 线缆和相应的适配器;

(3) 安装 Windows 操作系统的 PC;

(4) 组建网络所需的其他设备。

相关知识

5.3.1 网络设备的冗余部署

网络冗余是利用系统的并联模型来提供系统可靠性的方法,是实现网络系统容错的主要手段。网络冗余可以采用工作冗余和后备冗余两种方式。工作冗余是一种两个或多个单元并行工作的并联模型,各单元共同承担相应工作。后备冗余是平时只有一个单元工作,另一个单元待机后备。对于大中型企业网络来说,其网络设备的冗余部署主要包含以下环节。

- 部件冗余:网络设备在网络运行中占有非常重要的地位,在冗余设计时要充分考虑这些设备核心部件的冗余。通常部件冗余主要包括电源冗余、引擎冗余和模块冗余等,由于成本的限制,部件冗余通常被应用于中高端产品。
- 链路冗余:在网络设备之间可以同时存在多条二层和三层链路,通过链路冗余可以实现多条链路之间的备份和负载均衡。
- 网关冗余:通常终端设备需配置默认网关的 IP 地址,如果默认网关所在的路由器发生故障,则即使网络中有冗余路由器,终端设备也无法获得新的默认网关。网关冗余技术可以确保网关的健壮性和可用性,保障终端设备的可靠连接。

5.3.2 HSRP

HSRP(hot standby router protocol,热备份路由器协议)和 VRRP(virtual router redundancy protocol,虚拟路由冗余协议)是最常用的网关冗余技术。实现 HSRP 的条件是系统中有多台路由器,共同组成一个“热备份组”。这个组通过共享一个 IP 地址和 MAC 地址，共同维护一个虚拟路由器，如图5-8所示。在任何时刻，"热备份组"中只有一个路由器是活跃的，其他处于备用模式，如果活跃路由器发生故障，则备用路由器将接替其工作。对于网络内的主机来说，虚拟路由器始终没有改变，所以仍能保持连接，不会受到单个路由器发生故障的影响。

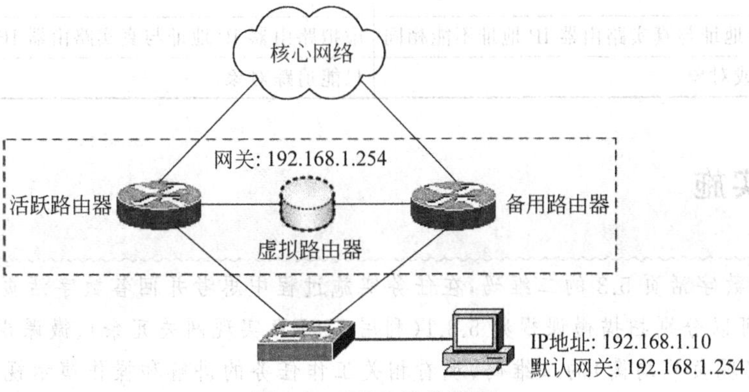

图5-8　HSRP工作原理

配置了HSRP的路由器之间将交换以下三种组播消息。

- Hello消息：通知其他路由器发送路由器的HSRP优先级和状态信息，活跃路由器和备份路由器之间默认为每3s发送一个Hello消息。
- Coup消息：当一个备用路由器变为活跃路由器时将发送一个Coup消息。
- Resign消息：当活跃路由器发生问题时，或者当有优先级更高的路由器发送Hello消息时，活跃路由器会发送该Resign消息。

HSRP利用优先级方案来决定活跃路由器。如果一个路由器的优先级设置得比其他路由器高，则该路由器将成为活跃路由器。路由器的默认优先级为100，所以如果只设置一个路由器的优先级高于100，则该路由器将成为活跃路由器。如果活跃路由器的链路发生故障（不是路由器之间的链路），活跃路由器将自动降级（优先级自动减10），并告知备用路由器，备用路由器一旦发现自己的优先级高于活跃路由器，会马上成为新的活跃路由器，充当转发路由器的角色。如果路由器之间的链路发生故障，备用路由器没有收到活跃路由器发出的Hello消息，备用路由器也会成为新的活跃路由器。

【注意】　如果路由器的优先级相同，则会选择拥有最高IP地址的路由器充当活跃路由器。如果不配置抢占，启动快的路由器将成为活跃路由器，即使其优先级更低。通常可以把主用路由器的优先级设为105，备用路由器使用默认优先级。

5.3.3　VRRP

VRRP也是一种容错协议，其功能与基本工作机制与HSRP相似。表5-2对HSRP和VRRP进行了对比。

表5-2　HSRP和VRRP的对比

HSRP	VRRP
Cisco私有协议	IEEE标准协议
最多支持255个热备份组	最多支持255个热备份组

续表

HSRP	VRRP
使用组播地址 224.0.0.2 发送 Hello 数据包	使用组播地址 224.0.0.18 发送 Hello 数据包
每个组中 1 个活跃路由器、1 个备用路由器、若干个候选路由器	1 个活跃路由器、若干个备份路由器
虚拟路由器 IP 地址与真实路由器 IP 地址不能相同	虚拟路由器 IP 地址与真实路由器 IP 地址可以相同
可以追踪接口或对象	只能追踪对象

任务实施

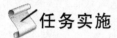

请扫描数字活页 5.3 的二维码,在任务实施过程中思考并回答数字活页中提出的问题。另外,可以分别扫描微课视频 5.3.1(利用 HSRP 实现网关冗余)、微课视频 5.3.2(利用 HSRP 实现负载均衡)的二维码,观看相关工作任务的讲解和操作演示视频。

数字活页 5.3　**微课视频 5.3.1(利用 HSRP 实现网关冗余)**　**微课视频 5.3.2(利用 HSRP 实现负载均衡)**

实训 1　利用 HSRP 实现网关冗余

在图 5-7 所示的网络中,若要实现网络的连通,并利用 HSRP 在交换机 Switch0 所连接的网段上实现网关冗余,则基本操作方法如下。

1. 规划与分配 IP 地址

由于路由器的每个物理端口连接的是一个网段,因此可按照表 5-3 所示的 TCP/IP 参数配置相关设备的 IP 地址信息。

表 5-3　实现网关冗余与负载均衡示例中的 TCP/IP 参数

设　备	接　口	IP 地 址	子 网 掩 码	网　关
PC0	NIC	192.168.1.1	255.255.255.0	192.168.1.254
PC1	NIC	192.168.1.2	255.255.255.0	192.168.1.254
PC2	NIC	192.168.1.3	255.255.255.0	192.168.1.254
PC3	NIC	192.168.1.4	255.255.255.0	192.168.1.254
Server0	NIC	192.168.2.1	255.255.255.0	192.168.2.254
Server1	NIC	192.168.2.2	255.255.255.0	192.168.2.254
Router0	F0/0	192.168.1.252	255.255.255.0	
	S1/0	10.1.1.1	255.255.255.252	
Router1	F0/0	192.168.1.253	255.255.255.0	
	S1/0	10.1.2.1	255.255.255.252	

续表

设备	接口	IP 地址	子网掩码	网关
Router2	F0/0	192.168.2.254	255.255.255.0	
	S1/0	10.1.1.2	255.255.255.252	
	S1/1	10.1.2.2	255.255.255.252	

2. 配置路由器接口

路由器的接口配置的操作步骤这里不再赘述。

3. 配置路由

可以利用 RIP 动态路由实现各网段之间的连通，具体操作步骤这里不再赘述。

4. 配置 HSRP

在路由器 Router0 上的配置过程如下。

```
Qchm-R0(config)#interface f0/0
Qchm-R0(config-if)#standby 1 ip 192.168.1.254
//配置 HSRP 组 1 虚拟路由器 IP 地址为 192.168.1.254，即网络中 PC0~PC3 的默认网关
Qchm-R0(config-if)#standby 1 priority 105
//设置 HSRP 组 1 优先级为 105，这样 Router0 将作为 PC0~PC3 的默认网关
Qchm-R0(config-if)#standby 1 preempt
//设为抢占模式。正常状况下网络的数据由 Router0 传输，当 Router0 发生故障则由 Router1
  担负起传输任务。若不配置抢占，当 Router0 恢复正常后，数据仍由 Router1 传输；配置抢占模
  式后，正常后的 Router0 会再次夺取控制权
```

在路由器 Router1 上的配置过程如下。

```
Qchm-R1(config)#interface f0/0
Qchm-R1(config-if)#standby 1 ip 192.168.1.254
Qchm-R1(config-if)#standby 1 preempt
```

5. 测试 HSRP

可以在特权模式下利用 show standby 命令查看 HSRP 的运行情况。在路由器 Router0 上的运行过程如下。

```
Qchm-R0#show standby brief
P indicates configured to preempt.
Interface  Grp  Pri P  State    Active   Standby          Virtual IP
Fa0/0      1    105 P  Active   local    192.168.1.253  192.168.1.254
//Router0 是活跃路由器，Router1(192.168.1.253)是备用路由器
```

在路由器 Router1 上的运行过程如下。

```
Qchm-R1#show standby brief
P indicates configured to preempt.
Interface  Grp  Pri P  State    Active          Standby   Virtual IP
Fa0/0      1    100 P  Standby  192.168.1.252  local     192.168.1.254
//Router0(192.168.1.252)是活跃路由器，Router1 是备用路由器
```

```
Qchm-R1#show standby fa0/0
FastEthernet0/0-Group 1
  State is Standby
    3 state changes,last state change 00:37:51
  Virtual IP address is 192.168.1.254
  Active virtual MAC address is 0000.0C07.AC01
    Local virtual MAC address is 0000.0C07.AC01 (v1 default)
//该接口维护的虚拟路由器的 IP 地址和虚拟 MAC 地址
Hello time 3 sec,hold time 10 sec
    Next hello sent in 0.976 secs
  Preemption enabled
  Active router is 192.168.1.252
  Standby router is local
  Priority 100 (default 100)
  Group name is hsrp-Fa0/0-1 (default)
```

实训 2　利用 HSRP 实现负载均衡

在上述 HSRP 的配置过程中，虽然在交换机 Switch0 所连接的网段上实现网关冗余，但正常情况下路由器 Router0 将会承载全部的数据流量，Router1 不会承载任何数据流量，这显然会造成资源的浪费。可以在路由器 Router0 和 Router1 上创建两个 HSRP 组，其维护的两个虚拟路由器可以分别作为交换机 Switch0 所连接的网段上一部分设备的网关，从而实现负载均衡。在路由器 Router0 上的配置过程如下。

```
Qchm-R0(config)#interface f0/0
Qchm-R0(config-if)#standby 1 ip 192.168.1.254
Qchm-R0(config-if)#standby 1 priority 105
Qchm-R0(config-if)#standby 1 preempt
Qchm-R0(config-if)#standby 2 ip 192.168.1.154
Qchm-R0(config-if)#standby 2 preempt
```

在路由器 Router1 上的配置过程如下。

```
Qchm-R1(config)#interface f0/0
Qchm-R1(config-if)#standby 1 ip 192.168.1.254
Qchm-R1(config-if)#standby 1 preempt
Qchm-R1(config-if)#standby 2 ip 192.168.1.154
Qchm-R1(config-if)#standby 2 priority 105
Qchm-R1(config-if)#standby 2 preempt
```

此时可以将 PC0 和 PC1 的默认网关设置为 192.168.1.254，PC2 和 PC3 的默认网关设置为 192.168.1.154。这样在正常情况下，PC0 和 PC1 将通过路由器 Router0 进行通信，PC2 和 PC3 通过路由器 Router2 进行通信。

【注意】 实际上要真正实现负载均衡，除使用 HSRP 外，还需要考虑网络中各设备之间的路由配置。

任务拓展

VRRP的基本工作机制和配置方法与HSRP类似，请查阅相关技术手册，了解使用VRRP实现网关冗余的配置方法。另外，在企业内部计算机网络的组建中，网关更多地存在于核心交换机上，因此网关冗余大多应在核心交换机上进行配置。而双核心网络的构建，除网关冗余外，还要综合考虑网络路由及生成树协议等的配置。请查阅相关资料，了解组建双核心网络的基本思路和技术要点。

任务5.4　配置DHCP服务

任务目的

(1) 理解DHCP的作用；

(2) 掌握在网络设备上配置DHCP服务的基本方法；

(3) 掌握在网络设备上配置DHCP中继的基本方法。

任务导入

DHCP允许服务器从一个地址池中为客户端动态地分配IP地址。当DHCP客户端启动时，它会与DHCP服务器通信，以便获取IP地址、子网掩码等配置信息。与静态分配IP地址相比，使用DHCP自动分配IP地址主要有以下优点。

- 减轻网络管理的工作，避免IP地址冲突带来的麻烦。
- TCP/IP的设置可以集中更改，不需要修改客户端。
- 客户机有较大的调整空间，用户更换网络时不需重新设置TCP/IP。

在图5-9所示的网络中，路由器Router0与Router1相连通过串行接口相连。路由器

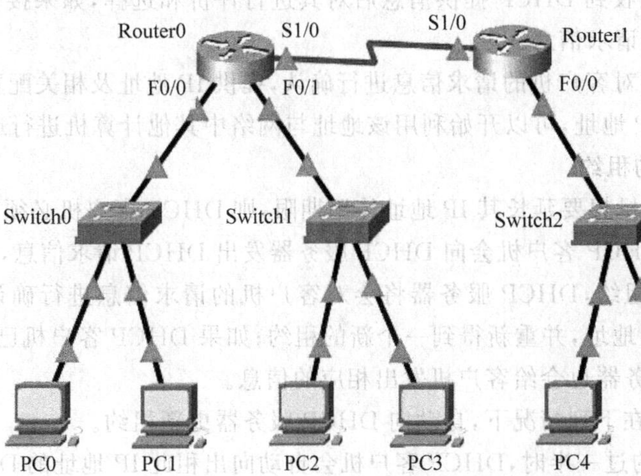

图5-9　配置DHCP服务示例

Router0 的 F0/0 接口的 IP 地址为 192.168.1.254/24，F0/1 接口的 IP 地址为 192.168.2.254/24，S1/0 接口的 IP 地址为 10.1.1.1/30；路由器 Router1 的 F0/0 接口的 IP 地址为 192.168.3.254/24，S1/0 接口的 IP 地址为 10.1.1.2/30。请在路由器 Router0 上配置 DHCP 服务，为网络中所有的 PC 动态分配 IP 地址，并实现全网的连通。

工作环境与条件

(1) 路由器和交换机(本部分以 Cisco 系列产品为例，也可选用其他品牌型号的产品或使用 Cisco Packet Tracer 等网络模拟和建模工具)；

(2) Console 线缆和相应的适配器；

(3) 安装 Windows 操作系统的 PC；

(4) 组建网络所需的其他设备。

相关知识

DHCP 的通信方式视 DHCP 客户机是在向 DHCP 服务器获取一个新的 IP 地址，还是更新租约(要求继续使用原来的 IP 地址)有所不同。

1. 客户机从 DHCP 服务器获取 IP 地址

如果客户机是第一次向 DHCP 服务器获取 IP 地址，或者客户机原先租用的 IP 地址已被释放或被服务器收回并已租给其他计算机，客户机需要租用一个新的 IP 地址，此时 DHCP 客户机与 DHCP 服务器的基本通信过程如下。

- DHCP 客户机设置为“自动获得 IP 地址”，开机启动后试图从 DHCP 服务器租借一个 IP 地址，向网络上发出一个源地址为 0.0.0.0 的 DHCP 探索消息。
- DHCP 服务器收到该消息后确定是否有权为该客户机分配 IP 地址。若有权，则向网络广播一个 DHCP 提供消息，该消息包含了未租借的 IP 地址及相关配置参数。
- DHCP 客户机收到 DHCP 提供消息后对其进行评价和选择，如果接受租约条件，即向服务器发出请求信息。
- DHCP 服务器对客户机的请求信息进行确认，提供 IP 地址及相关配置信息。
- 客户机绑定 IP 地址，可以开始利用该地址与网络中其他计算机进行通信了。

2. 更新 IP 地址的租约

如果 DHCP 客户机想要延长其 IP 地址使用期限，则 DHCP 客户机必须更新其 IP 地址租约。更新租约时，DHCP 客户机会向 DHCP 服务器发出 DHCP 请求信息，如果 DHCP 客户机能够成功地更新租约，DHCP 服务器将会对客户机的请求信息进行确认，客户机就可以继续使用原来的 IP 地址，并重新得到一个新的租约；如果 DHCP 客户机已无法继续使用该 IP 地址，DHCP 服务器也会给客户机发出相应的信息。

DHCP 客户机会在下列情况下，自动向 DHCP 服务器更新租约。

- 在 IP 地址租约过一半时，DHCP 客户机会自动向出租此 IP 地址的 DHCP 服务器发出请求信息。

- 如果租约过一半时无法更新租约，客户机会在租约期过 7/8 时，向任何一台 DHCP 服务器请求更新租约。如果仍然无法更新，客户机会放弃正在使用的 IP 地址，然后重新向 DHCP 服务器申请一个新的 IP 地址。
- DHCP 客户机每一次重新启动，都会自动向原 DHCP 服务器发出请求信息，要求继续租用原来所使用的 IP 地址。若通信成功且租约并未到期，客户机将继续使用原来的 IP 地址。若租约无法更新，客户机会尝试与默认网关通信。若无法与默认网关通信，客户机会放弃原来的 IP 地址，改用 169.254.0.0～169.254.255.255 的 IP 地址，然后每隔 5min 再尝试更新租约。

【注意】 由 DHCP 分配 IP 地址的基本工作过程可知，DHCP 客户机和服务器将通过广播包传送信息，因此通常 DHCP 客户机和服务器应在一个网段(广播域)内。若 DHCP 客户机和服务器不在同一网段，则应设置 DHCP 中继服务。

任务实施

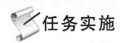

请扫描数字活页 5.4 的二维码，在任务实施过程中思考并回答数字活页中提出的问题。另外，可以分别扫描微课视频 5.4.1(DHCP 基本配置)、微课视频 5.4.2(配置 DHCP 中继)的二维码，观看相关工作任务的讲解和操作演示视频。

数字活页 5.4　**微课视频 5.4.1(DHCP 基本配置)**　**微课视频 5.4.2(配置 DHCP 中继)**

实训 1　DHCP 基本配置

在图 5-9 所示的网络中，可以在路由器 Router0 上直接配置 DHCP 服务，为其直连网段的 PC 分配 IP 地址，基本操作过程如下。

1. 规划与分配 IP 地址

可按相关要求配置各设备的 IP 地址信息，路由器 Router0 和 Router1 接口的 IP 地址需要直接设置，在路由器 Router0 通过 DHCP 为交换机 Switch0 连接的 PC 分配 192.168.1.0/24 地址段的地址，为交换机 Switch1 连接的 PC 分配 192.168.2.0/24 地址段的地址。

2. 配置路由器接口

路由器的接口配置的操作步骤这里不再赘述。

3. 配置路由

可以利用静态路由、RIP 或 OSPF 动态路由实现各网段之间的连通，具体操作步骤这里不再赘述。

4. 配置 DHCP 服务

在路由器 Router0 上基本配置过程如下。

```
Qchm-R0(config)#service dhcp                //开启 DHCP 服务
Qchm-R0(config)#ip dhcp excluded-address 192.168.1.201 192.168.1.254
//定义 DHCP 在分配地址时的排除范围。这些地址通常是保留供路由器接口、交换机管理 IP 地址、
  服务器和本地网络打印机使用的静态地址
Qchm-R0(config)#ip dhcp excluded-address 192.168.2.1 192.168.2.100
Qchm-R0(config)#ip dhcp excluded-address 192.168.2.254
Qchm-R0(config)#ip dhcp pool Pool-1        //定义名为 Pool-1 的 DHCP 地址池
Qchm-R0(dhcp-config)#network 192.168.1.0 255.255.255.0
//配置可用地址,指定 DHCP 地址池的子网号码和掩码
Qchm-R0(dhcp-config)#default-router 192.168.1.254        //客户端使用的默认网关
Qchm-R0(dhcp-config)#dns-server 202.102.128.68
//客户端使用的 DNS 服务器 IP 地址
Qchm-R0(dhcp-config)#ip dhcp pool Pool-2
Qchm-R0(dhcp-config)#network 192.168.2.0 255.255.255.0
Qchm-R0(dhcp-config)#default-router 192.168.2.254
Qchm-R0(dhcp-config)#dns-server 202.102.128.68
```

【注意】 在 DHCP 地址池中还可以根据需要对客户机使用的 WINS 服务器、TFTP 服务器、租约期限等进行设置,具体可查看相关技术手册。

此时在交换机 Switch0 所连接的 PC 上将其 IP 地址的获取方式设置为自动获取,即可获得路由器 Router0 分配的 192.168.1.0/24 地址段的地址;在交换机 Switch1 所连接的 PC 上将其 IP 地址的获取方式设置为自动获取,即可获得路由器 Router0 分配的 192.168.2.0/24 地址段的地址。此时可以在各 PC 上利用 ping 和 tracert 命令测试其连通性和路由。

5. 查看 DHCP 服务

可以在特权模式下,利用 show ip dhcp pool 命令查看 DHCP 地址池,利用 show ip dhcp binding 命令查看 DHCP 服务已提供的 IP 地址与 MAC 地址的绑定列表。在路由器 Router0 上的运行过程如下。

```
Qchm-R0#show ip dhcp binding
IP address        Client-ID/Hardware address     Lease expiration    Type
192.168.1.1         0001.43D9.821C                  --                Automatic
192.168.1.2         0040.0BA1.613D                  --                Automatic
192.168.2.101       0060.5C71.A386                  --                Automatic
192.168.2.102       0007.ECBB.8183                  --                Automatic
```

实训 2 配置 DHCP 中继

在图 5-9 所示的网络中,由于交换机 Switch2 所连接的网段并不是路由器 Router0 的直连网段,因此要使得路由器 Router0 可以为该网段的 PC 分配 IP 地址,必须配置 DHCP 中继。在路由器 Router0 上基本配置过程如下。

```
Qchm-R0(config)#ip dhcp excluded-address 192.168.3.254
Qchm-R0(config)#ip dhcp pool Pool-3
Qchm-R0(dhcp-config)#network 192.168.3.0 255.255.255.0
Qchm-R0(dhcp-config)#default-router 192.168.3.254
Qchm-R0(dhcp-config)#dns-server 202.102.128.68
```

在路由器 Router1 上基本配置过程如下。

```
Qchm-R1(config)#interface f0/0
Qchm-R1(config-if)#ip helper-address 10.1.1.1
// 配置帮助地址,当接口收到 DHCP 请求会向该地址转发
```

此时在交换机 Switch2 所连接的 PC 上将其 IP 地址的获取方式设置为自动获取,即可获得路由器 Router0 分配的 192.168.3.0/24 地址段的地址。此时可以在各 PC 上利用 ping 和 tracert 命令测试其连通性和路由,也可以在路由器 Router0 查看 DHCP 服务已提供的 IP 地址与 MAC 地址的绑定列表。

任务拓展

与路由器一样,在三层交换机上同样可以配置 DHCP 服务和 DHCP 中继。在图 5-10 所示的网络中,二层交换机 Switch1、Switch2 和 Switch3 分别通过 F0/24 接口与三层交换机 Switch0 和路由器 Router0 相连,三层交换机 Switch0 通过 F0/22 接口与路由器 Router0 的 F0/0 接口相连。请将 Switch1 和 Switch2 连接的所有计算机划分为 2 个 VLAN,在三层交换机上配置 DHCP 服务为网络中所有的 PC 分配 IP 地址信息,并实现全网的连通。

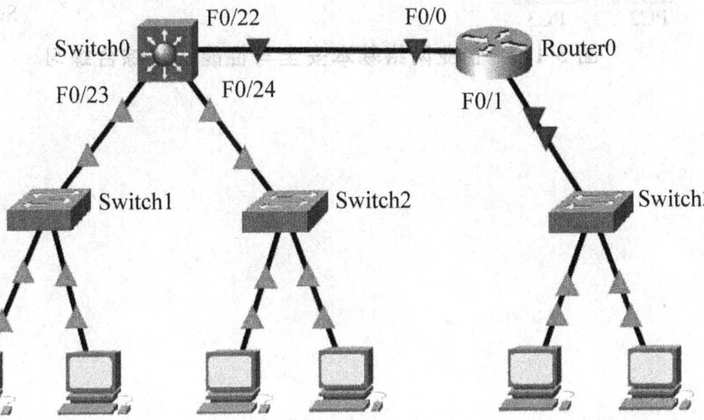

图 5-10 配置 DHCP 服务任务拓展

习 题 5

1. 简述网络安全应包含的基本要素。
2. 简述 AAA 安全体系结构包括的安全功能。
3. 简述利用 RADIUS 协议进行认证和授权的通信过程。
4. 什么是 ACL? 简述 ACL 的执行过程。
5. 简述 HSRP 和 VRRP 的作用。
6. 简述使用 DHCP 分配 IP 地址的优点。
7. 按照图 5-11 所示的拓扑结构组建网络,其中路由器之间通过串行接口相连,交换机 Switch0、Switch1 分别通过 F0/24 接口连接到路由器 Router0、Router3 的 F0/0 接口。网

络组建完成后,请完成以下配置。

(1) 在路由器 Router3 上开启 Telnet 登录,当用户使用 Telnet 链路登录路由器 Router3 时使用 RADIUS 认证,服务器安装在 Server0,若认证失败,将使用本地用户进行认证。用户登录后若在 5min 内没有活动,将中断其与路由器的连接。

(2) 在路由器 Router3 上开启 DHCP 服务,为交换机 Switch1 连接的 PC 分配 IP 地址,服务器 Server0 采用静态 IP 地址分配方式。

(3) 为网络中的其他设备分配 IP 地址,利用动态路由实现全网的连通,并在交换机 Swtich0 连接的网段上实现网关冗余和负载均衡。

(4) 对路由器 Router3 进行配置,使其不转发来自 PC0 的所有流量,可以转发其他流量,但交换机 Switch0 所接 PC 访问 Web 服务器和 FTP 服务器 Server0 的流量除外。

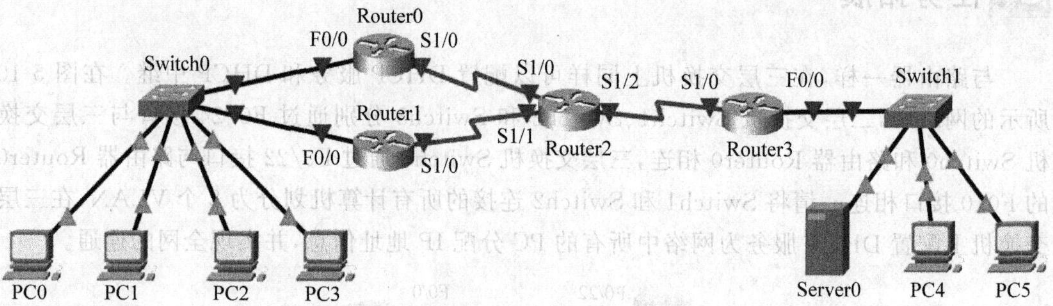

图 5-11 企业网络基本安全与性能优化综合练习

工作单元 6　组建企业内部无线网络

无线局域网(wireless local area network,WLAN)是计算机网络与无线通信技术相结合的产物。在企业网络建设中,施工周期最长、受周边环境影响最大的是网络布线的施工,而无线局域网的最大优势就是能够减少网络布线的工作量,适用于不便于架设线缆的网络环境,可以满足企业用户自由接入网络的需求。无线局域网已经成为企业网络建设的重要组成部分,是企业有线网络的补充。本单元的主要目标是了解常用的无线局域网技术和设备,掌握企业内部无线网络组建和部署的基本方法。

任务 6.1　组建 BSS 无线局域网

任务目的

(1) 了解常用的 WLAN 技术标准;
(2) 认识组建 WLAN 所需的常用设备;
(3) 理解 WLAN 的常用组网模式;
(4) 掌握单一 BSS 结构 WLAN 的组网方法。

任务导入

对员工移动办公的支持是目前组建企业计算机网络的基本需求,实现这种移动性的基础架构有许多,但在企业网络环境中最重要的是 WLAN。在图 6-1 所示的网络中,三层交换机 Switch0 通过 F0/24 接口与 AP 或无线路由器相连。请对该网络进行配置,将通过有线方式接入网络的 PC 划分为两个网段,使通过无线方式接入网络的 PC 处于另一个网段,实现网络的连通并保证无线接入的安全。

工作环境与条件

(1) 交换机、AP 和无线路由器(本部分以 Cisco 系列产品为例,也可选用其他品牌型号的产品或使用 Cisco Packet Tracer 等网络模拟和建模工具);
(2) Console 线缆和相应的适配器;
(3) 安装 Windows 操作系统的 PC(带有无线网卡);
(4) 组建网络所需的其他设备。

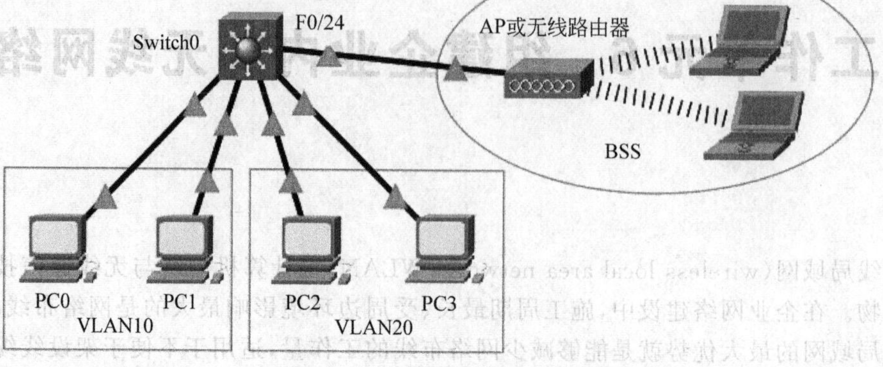

图 6-1 构建 BSS 无线局域网示例

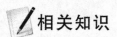

相关知识

6.1.1 WLAN 的技术标准

最早的无线局域网产品运行在 900MHz 的频段上，速度只有 1～2Mb/s。1992 年，工作在 2.4GHz 频段上的产品问世，之后的大多数无线局域网产品也都在此频段上运行。无线局域网常用的技术标准有 IEEE 802.11 系列标准、HiperLAN2 协议、Bluetooth(蓝牙)等，其中 IEEE 802.11 系列标准应用最为广泛，常说的 WLAN 指的就是符合 IEEE 802.11 系列标准的无线局域网技术。1997 年 6 月，IEEE 推出了第一代无线局域网标准——IEEE 802.11，该标准定义了物理层和介质访问控制子层(MAC)的协议规范，任何 LAN 应用、网络操作系统或协议在遵守 IEEE 802.11 标准的 WLAN 上运行时，就像运行在以太网上一样。为了支持更高的数据传输速度，IEEE 802.11 系列标准定义了多样的物理层标准，主要包括以下几种。

1. IEEE 802.11b

IEEE 802.11b 标准对 IEEE 802.11 标准进行了修改和补充，规定无线局域网的工作频段为 2.4～2.4835GHz，一般采用直接系列扩频(direct sequence spread spectrum，DSSS)和补偿编码键控(complementary code keying，CCK)调制技术，在数据传输速率方面可以根据实际情况在 11Mb/s、5.5Mb/s、2Mb/s、1Mb/s 的不同速率间自动切换。

【注意】 通常符合 IEEE 802.11 标准的产品都可以在移动时根据其与无线接入点的距离自动进行速率切换，而且在进行速率切换时不会丢失连接，也无须用户干预。

2. IEEE 802.11a

IEEE 802.11a 标准规定的工作频段为 5.15～5.825GHz，采用了正交频分复用(orthogonal frequency division multiplexing，OFDM)的独特扩频技术，数据传输速率可达到 54Mb/s，并可根据实际情况自动切换到 48Mb/s、36Mb/s、24Mb/s、18Mb/s、12Mb/s、9Mb/s、6Mb/s。需要注意的是，IEEE 802.11a 与工作在 2.4GHz 频率上的 IEEE 802.11b 互不兼容。

3. IEEE 802.11g

IEEE 802.11g 标准可以视作对 IEEE 802.11b 标准的升级，该标准仍采用 2.4GHz 频段，数据传输速率可达到 54Mb/s。IEEE 802.11g 支持 2 种调制方式，包括 IEEE 802.11a 中采用的 OFDM 与 IEEE 802.11b 中采用的 CCK。IEEE 802.11g 与 IEEE 802.11b 完全兼容，遵循这两种标准的无线设备之间可相互访问。

4. IEEE 802.11n

IEEE 802.11n 标准被 Wi-Fi 联盟命名为 Wi-Fi 4，该标准可以工作在 2.4GHz 和 5GHz 两个频段，实现与 IEEE 802.11b/g 以及 IEEE 802.11a 标准的向下兼容。IEEE 802.11n 标准使用 MIMO(multiple-input multiple-output，多输入多输出)天线技术和 OFDM 技术，其数据传输速率可达 300Mb/s 以上，理论速率最高可达 600Mb/s。

【注意】 Wi-Fi 联盟是一个非营利性且独立于厂商之外的组织，它将基于 IEEE 802.11 协议标准的技术品牌化。为了方便普通用户辨别设备的先进性，Wi-Fi 联盟对 IEEE 802.11 系列标准进行了命名，其官方命名从 Wi-Fi 4 开始。

5. IEEE 802.11ac

IEEE 802.11ac 标准被 Wi-Fi 联盟命名为 Wi-Fi5，其核心技术主要基于 802.11a，工作于 5GHz 频段，采用并扩展了源自 802.11n 的空中接口概念，包括更宽的带宽、更多的 MIMO 空间流、更高阶的调制等，其数据传输速率理论上可达 1Gb/s 以上。IEEE 802.11ac 标准包括 2013 年推出的 802.11ac Wave 1 和 2016 年推出的 802.11ac Wave2，其中 802.11ac Wave2 使用了 MU-MIMO(multi-user multiple input multiple output，多用户多输入多输出)技术，突破了无线接入点同时只能和一个用户通信的限制，从而可以更充分地利用频谱资源，带来了更高的网络性能。

6. IEEE 802.11ax

IEEE 802.11ax 标准被 Wi-Fi 联盟命名为 Wi-Fi6，该标准工作于 2.4GHz 和 5GHz 频段，向下兼容 IEEE 802.11 b/g/a/n/ac 等标准。与之前的标准不同，IEEE 802.11ax 标准通过引入提供更高阶的编码组合(QAM-1024)、上行 MU-MIMO、OFDMA(orthogonal frequency division multiple access，正交频分多址)技术等可以更好地适应密集用户环境的应用场景，理论速率最高可以达到 9.6Gb/s。

6.1.2 WLAN 的硬件设备

1. 无线网卡

无线网卡在无线局域网中的作用相当于有线网卡在有线局域网中的作用。无线网卡主要包括网卡单元、扩频通信机和天线三个功能模块，网卡单元属于数据链路层，通过扩频通信机和天线实现无线电信号的发射与接收。目前很多计算机的主板都集成了无线网卡，也可以使用 USB 接口或 PCI-E 接口的独立无线网卡。

2. 无线访问接入点

无线访问接入点(access point，AP)是在无线局域网环境中进行数据发送和接收的集中设备，相当于有线网络中的集线器，如图 6-2 所示。通常，一个 AP 能够在几十米至几百米的范围内连接

图 6-2 无线访问接入点

多个无线用户。AP 可以通过标准的以太网电缆与有线网络相连,从而可以作为无线网络和有线网络的连接点。AP 还可以执行一些安全功能,可以为无线客户端及通过无线网络传输的数据进行认证和加密。由于无线电波在传播过程中会不断衰减,因此 AP 的通信范围会被限定在一定的范围内,这个范围被称作蜂窝。如果采用多个 AP,并使它们的蜂窝互相有一定范围的重合,当用户在整个无线局域网覆盖区域内移动时,无线网卡能够自动发现附近信号强度最大的 AP,并通过这个 AP 收发数据,保持不间断的网络连接,这被称为无线漫游。

3. 无线局域网控制器

无线局域网控制器(wireless LAN controller,WLC)可以是单独的硬件设备,也可以作为一个模块集成到路由器或交换机中,如图 6-3 所示。AP 的功能可以分为实时进程和管理进程两个部分,发送和接收数据帧、数据加密等实时进程必须在距离客户端最近的 AP 硬件中完成,而用户认证、信道选择等管理进程可以集中管理。通常,人们把只执行实时进程的 AP 称为轻量级 AP(瘦 AP),把执行全部进程的 AP 称为自主模式 AP(胖 AP)。当使用轻量级 AP 组网,其管理进程需要由其所关联的无线局域网控制器来执行。在目前企业无线网络建设中,无线局域网控制器和轻量级 AP 是最基本的设备。

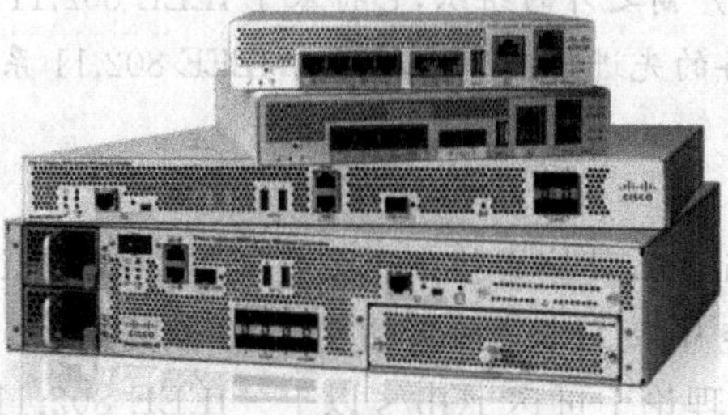

图 6-3　无线局域网控制器

4. 无线路由器

无线路由器(wireless router)是将无线访问接入点和宽带路由器合二为一的扩展型产品,它具备宽带路由器的所有功能,如内置多端口交换机、内置 PPPoE 虚拟拨号、支持防火墙、支持 DHCP、支持 NAT 等。利用无线路由器可以实现小型无线网络中的 Internet 连接共享,实现光纤以太网、光纤到户等的无线共享接入。

5. 天线

天线(antenna)的功能是将信号源发送的信号传送至远处。天线一般有定向性和全向性之分,前者较适合于长距离使用,而后者则较适合区域性的使用。例如若要将第一栋建筑物内的无线网络的范围扩展到 1km 甚至更远距离以外的第二栋建筑物,可选用的一种方法是在每栋建筑物上安装一个定向天线,天线的方向互相对准,第一栋建筑物的天线经过 AP 连到有线网络上,第二栋建筑物的天线接到第二栋建筑物的 AP 上,这样无线网络就可以接通相距较远的两个建筑物。

6.1.3　WLAN 的组网模式

将各种无线局域网设备结合在一起使用,就可以组建出多层次、无线与有线并存的计算机网络。在 IEEE 802.11 标准中,一组无线设备被称为服务集(service set),这些设备的服务集标识(service set identifier,SSID)必须相同。服务集标识是一个文本字符串,包含在发送的数据帧中,如果发送方和接收方的 SSID 相同,这两台设备将能够直接通信。

1. BSS 组网模式

BSS 组网模式包含一个接入点(AP),负责集中控制一组无线设备的接入。要使用无线网络的无线客户端都必须向 AP 申请成员资格，客户端必须具备匹配的 SSID、兼容的 WLAN 标准、相应的身份验证凭证等才被允许加入。若 AP 没有连接有线网络，则可将该 BSS 称为独立基本服务集(independent basic service set，IBSS)；若 AP 连接到有线网络，则可将其称为基础结构 BSS，如图 6-4 所示。若不使用 AP，安装无线网卡的计算机之间直接进行无线通信，则被称作临时性网络(ad-hoc network)。

【注意】 在无线客户端与 AP 关联后，所有来自和去往该客户端的数据都必须经过 AP，而在 ad-hoc network 中，所有客户端相互之间可以直接通信。

2. ESS 组网模式

基础结构 BSS 虽然可以实现有线和无线网络的连接，但无线客户端的移动性将被限制在其对应 AP 的信号覆盖范围内。扩展服务集(extended service set，ESS)通过有线网络将多个 AP 连接起来，不同 AP 可以使用不同的信道。无线客户端使用同一个 SSID 在 ESS 所覆盖的区域内进行实体移动时，将自动连接到干扰最小、连接效果最好的 AP。ESS 组网模式如图 6-5 所示。

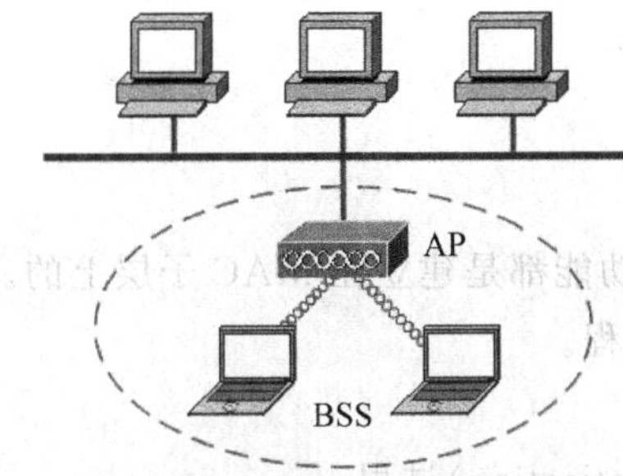

图 6-4　基础结构 BSS 组网模式

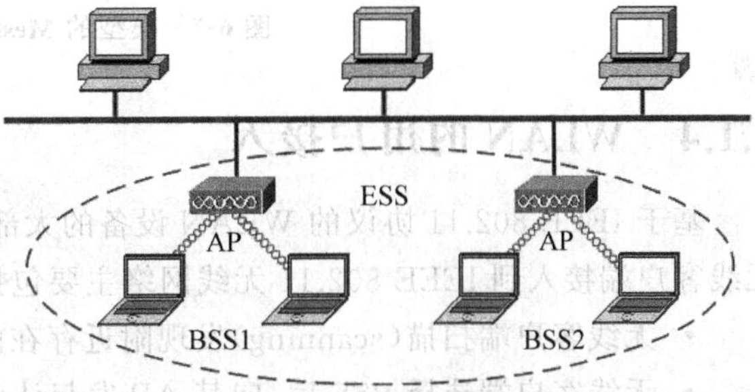

图 6-5　ESS 组网模式

3. WDS 组网模式

WDS(wireless distribution system，无线分布式系统)可以使 AP 或者无线路由器之间通过无线技术进行桥接(中继)，从而可以扩大无线网络的覆盖范围。图 6-6 所示为一种典型的 WDS 组网模式。在该图中，AP 或者无线路由器有三种角色，根 AP 是通过有线方式连接主网络的 AP，中继 AP 通过无线信号与根 AP、末端 AP 相连，末端 AP 通过无线信号与根 AP 或中继 AP 相连，无线客户端可以通过任何 AP 接入网络。

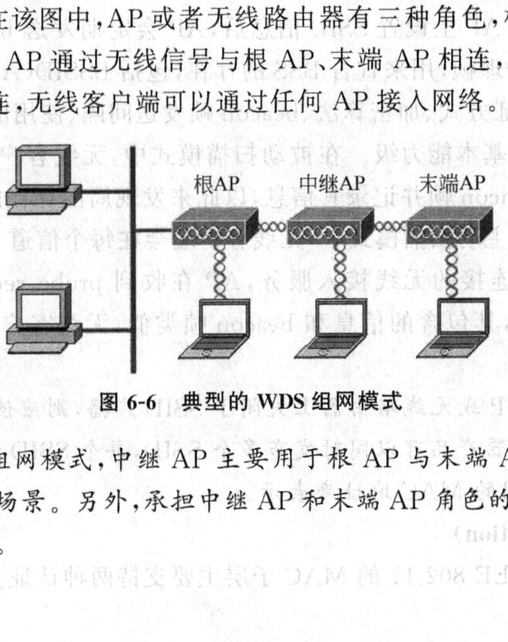

图 6-6　典型的 WDS 组网模式

【注意】 在 WDS 组网模式，中继 AP 主要用于根 AP 与末端 AP 之间距离较远、有障碍物等无法直接相连的场景。另外，承担中继 AP 和末端 AP 角色的 AP 或者无线路由器必须支持相应的桥接功能。

4. Mesh 组网模式

在无线 Mesh 网络(无线网格网络)中,AP 与其周边 AP 采用了网状无线桥接的方式,这种方式提供了更高的可靠性和更广的服务覆盖范围,已经演变为适用于宽带家庭网络、社区网络、企业网络和城域网络等多种无线接入网络的有效解决方案。图 6-7 所示为一种典型的 Mesh 组网模式。

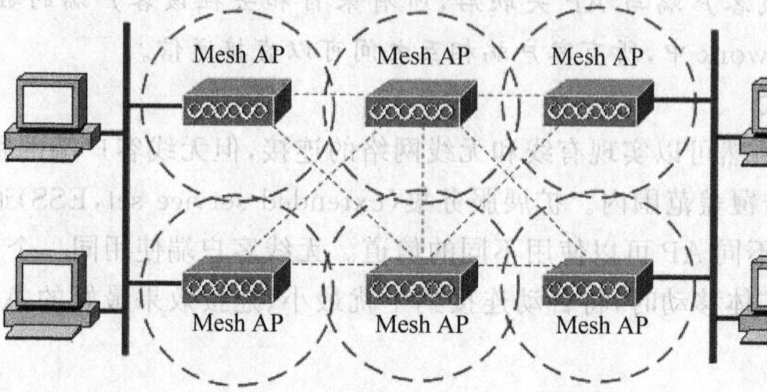

图 6-7 典型的 Mesh 组网模式

6.1.4 WLAN 的用户接入

基于 IEEE 802.11 协议的 WLAN 设备的大部分无线功能都是建立在 MAC 子层上的。无线客户端接入到 IEEE 802.11 无线网络主要包括以下过程。

- 无线客户端扫描(scanning)发现附近存在的 BSS。
- 无线客户端选择 BSS 后,向其 AP 发起认证(authentication)过程。
- 无线客户端通过认证后,发起关联(association)过程。
- 通过关联后,无线客户端和 AP 之间的链路已建立,可相互收发数据。

1. 扫描

无线客户端扫描发现 BSS 有被动扫描和主动扫描两种方式。

(1) 被动扫描。在 AP 上设置 SSID 信息后,AP 会定期发送 beacon(信标)帧。beacon 帧是一种广播的无线管理帧,用来宣告 BSS 的存在,包括 BSSID(AP 的 MAC 地址)、SSID、支持的速率、支持的认证方式、加密算法、beacon 帧发送间隔、使用的信道等 AP 所属的 BSS 的基本信息以及 AP 的基本能力级。在被动扫描模式中,无线客户端会在各个信道间不断切换,侦听所收到的 beacon 帧并记录其信息,以此来发现周围存在的无线网络服务。

(2) 主动扫描。在主动扫描模式中,无线客户端会在每个信道上发送 probe request(探测请求)帧以请求需要连接的无线接入服务,AP 在收到 probe request 帧后会回应 probe response(探测反应)帧,其包含的信息和 beacon 帧类似,无线客户端可从该帧中获取 BSS 的基本信息。

【注意】 如果在 AP 或无线路由器上关闭了 SSID 广播,则应使用主动扫描方式。目前的很多 AP 和无线路由器产品可以同时发布多个 SSID,每个 SSID 都需要对应一个 BSSID,每个 BSSID 需要用不同的 MAC 地址来表示。

2. 认证(authentication)

(1) 认证方式。IEEE 802.11 的 MAC 子层主要支持两种认证方式。

- 开放系统认证：无线客户端以 MAC 地址为身份证明，要求网络 MAC 地址必须是唯一的，这几乎等同于不需要认证，没有任何安全防护能力。在这种认证方式下，通常应采用 MAC 地址过滤、RADIUS 等其他方法来保证用户接入的安全性。
- 共享密钥认证：该方式可在使用 WEP(wired equivalent privacy，有线等效保密)加密时使用，在认证时需校验无线客户端采用的 WEP 密钥。

【注意】 开放系统认证虽然理论上安全性不高，但由于实际使用过程中可以与其他认证方法相结合，所以实际安全性比共享密钥认证要高。由于其兼容性更好，不会出现某些产品无法连接的问题。另外，在采用 WEP 加密算法时也可使用开放系统认证。

(2) WEP。WEP 是 IEEE 802.11b 标准定义的一个用于无线局域网的安全性协议，主要用于无线局域网业务流的加密和节点的认证，提供和有线局域网同级的安全性。WEP 在数据链路层采用 RC4 对称加密技术，提供了 40 位(有时也称为 64 位)和 128 位长度的密钥机制。使用了该技术的无线局域网，所有无线客户端与 AP 之间的数据都会以一个共享的密钥进行加密。WEP 的问题在于其加密密钥为静态密钥，加密方式存在缺陷，而且需要为每台无线设备分别设置密钥，部署起来比较麻烦，因此不适合用于安全等级要求较高的无线网络。

【注意】 在使用 WEP 时应尽量采用 128 位长度的密钥，同时也要定期更新密钥。如果设备支持动态 WEP 功能，最好应用动态 WEP。

(3) IEEE 802.11i、WPA 和 WPA2。IEEE 802.11i 定义了无线局域网核心安全标准，该标准提供了强大的加密、认证和密钥管理措施。该标准包括了两个增强型加密协议，用于对 WEP 中的已知问题进行弥补。

- TKIP(暂时密钥集成协议)：该协议通过添加 PPK(单一封包密钥)、MIC(消息完整性检查)和广播密钥循环等措施增加了安全性。
- AES-CCMP(高级加密标准)：它是基于"AES 加密算法的计数器模式及密码块链消息认证码"的协议。其中 CCM 可以保障数据隐私，CCMP 的组件 CBG-MAC(密码块链消息认证码)可以保障数据完整性并提供身份认证。AES 是 RC4 算法更强健的替代者。

WPA(Wi-Fi protected access，Wi-Fi 网络安全存取)是 Wi-Fi 联盟制定的安全解决方案，它能够解决已知的 WEP 脆弱性问题，并且能够对已知的无线局域网攻击提供防护。WPA 使用基于 RC4 算法的 TKIP 来进行加密，并且使用预共享密钥(PSK)和 IEEE 802.1x/EAP 来进行认证。PSK 认证是通过检查无线客户端和 AP 是否拥有同一个密码或密码短语来实现的，如果客户端的密码和 AP 的密码相匹配，客户端就会得到认证。

WPA2 是获得 IEEE 802.11 标准批准的 Wi-Fi 联盟交互实施方案。WPA2 使用 AES-CCMP 实现了强大的加密功能，也支持 PSK 和 IEEE 802.1x/EAP 的认证方式。

WPA 和 WPA 2 有两种工作模式，以满足不同类型的市场需求。

- 个人模式：个人模式可以通过 PSK 认证无线产品。需要手动将预共享密钥配置在 AP 和无线客户端上，无须使用认证服务器。该模式适用于 SOHO 环境。
- 企业模式：企业模式可以通过 PSK 和 IEEE 802.1x/EAP 认证无线产品。在使用 IEEE 802.1x 模式进行认证、密钥管理和集中管理用户证书时，需要添加使用 RADIUS 协议的 AAA 服务器。该模式适用于企业环境。

【注意】 WEP、WPA 和 WPA 在实现认证的同时,也可实现数据的加密传输,从而保证 WLAN 的安全。另外,SSH、IPSec 等也可用作保护无线局域网流量的安全措施。

3. 关联(association)

无线客户端在通过认证后会发送 association request(关联请求)帧,AP 收到该帧后将对客户端的关联请求进行处理,关联成功后会向客户端发送回应的 association response 帧,该帧中将含有关联标识符(association ID,AID)。无线客户端与 AP 建立关联后,其数据的收发就只能和该 AP 进行。

任务实施

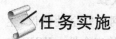

请扫描数字活页 6.1 的二维码,在任务实施过程中思考并回答数字活页中提出的问题。另外,可以分别扫描微课视频 6.1.1(利用无线路由器组建 WLAN)、微课视频 6.1.2(利用单一 AP 组建 WLAN)的二维码,观看相关工作任务的讲解和操作演示视频。

数字活页 6.1　　**微课视频 6.1.1(利用无线路由器组建 WLAN)**　　**微课视频 6.1.2(利用单一 AP 组建 WLAN)**

实训 1　认识 WLAN 产品

(1) 根据实际条件,现场考察典型校园网或企业网,记录该网络中使用的 AP、无线网络控制器或无线路由器的品牌、型号及相关技术参数,查看其与有线网络的连接情况。

(2) 访问 WLAN 产品主流厂商的网站(如 Cisco、华为、锐捷、H3C 等),查看该厂商生产的 AP 和无线路由器产品,记录其型号、价格及相关技术参数。

实训 2　利用无线路由器组建 WLAN

在图 6-1 所示的网络中,若三层交换机 Switch0 通过 F0/24 接口与一台无线路由器的 Internet 端接口相连,则要实现该网络配置要求的基本操作方法如下。

1. 规划与分配 IP 地址

无线路由器通常会提供 WAN 接口(Internet 接口)、Ethernet 接口和 LAN 接口。其中,WAN 接口只有一个,用来与有线网络的线缆相连;Ethernet 接口通常为 1～4 个,用来提供有线接入,其所连接的客户端与无线接入的客户端处于同一内部网络;LAN 接口是路由器的访问接口,也是内部网络的网关。无线路由器通常都具备 DHCP 功能,可为接入内部网络的客户端动态分配 IP 地址,无线路由器的 WAN 与 LAN 接口对应的内部网络属于不同的网段。在图 6-5 所示的网络中,共包含 4 个网段,可按表 6-1 所示的 TCP/IP 参数配置相关设备的 IP 地址信息。

表 6-1 利用无线路由器组建 WLAN 中的 TCP/IP 参数

设　备	接口	IP 地 址	子网掩码	网 关
VLAN10 的 PC	NIC	192.168.10.1～192.168.10.253	255.255.255.0	192.168.10.254
VLAN20 的 PC	NIC	192.168.20.1～192.168.20.253	255.255.255.0	192.168.20.254
无线路由器	Internet	192.168.30.2	255.255.255.0	192.168.30.1
	LAN	192.168.40.1	255.255.255.0	
三层交换机	VLAN10	192.168.10.254	255.255.255.0	
	VLAN20	192.168.20.254	255.255.255.0	
	F0/24	192.168.30.1	255.255.255.0	
无线接入的 PC 的计算机	NIC	192.168.40.100～192.168.40.149	255.255.255.0	192.168.40.1

2. 配置三层交换机

在三层交换机上应完成 VLAN 的划分及接口的相关配置，基本配置过程如下。

```
Qchm-L3(config)#vlan 10
Qchm-L3(config-vlan)#name VLAN10
Qchm-L3(config-vlan)#vlan 20
Qchm-L3(config-vlan)#name VLAN20
Qchm-L3(config-vlan)#exit
Qchm-L3(config)#interface range f0/1-2
Qchm-L3(config-if-range)#swithport access vlan 10
Qchm-L3(config-if-range)#interface range f0/3-4
Qchm-L3(config-if-range)#swithport access vlan 20
Qchm-L3(config-if-range)#exit
Qchm-L3(config)#interface f0/24
Qchm-L3(config-if)#no switchport
Qchm-L3(config-if)#ip address 192.168.30.1 255.255.255.0
Qchm-L3(config-if)#interface vlan 10
Qchm-L3(config-if)#ip address 192.168.10.254 255.255.255.0
Qchm-L3(config-if)#no shutdown
Qchm-L3(config-if)#interface vlan 20
Qchm-L3(config-if)#ip address 192.168.20.254 255.255.255.0
Qchm-L3(config-if)#no shutdown
Qchm-L3(config-if)#exit
Qchm-L3(config)#ip routing
```

3. 配置无线路由器

无线路由器在默认情况下通常将广播其 SSID 并具有 DHCP 功能，无线客户端可直接接入网络。需在无线路由器上完成以下设置。

(1) 连接并登录无线路由器。连接并登录无线路由器的操作方法如下。

- 利用双绞线跳线将一台计算机与无线路由器的 Ethernet 接口相连。
- 为该计算机设置 IP 地址相关信息，在本例中可将其 IP 地址设置为 192.168.0.254，子网掩码为 255.255.255.0，默认网关为 192.168.0.1。
- 在计算机上启动浏览器，在浏览器的地址栏输入无线路由器的默认 IP 地址（如 192.168.0.1），输入相应的用户名和密码后，即可打开无线路由器 Web 配置主页面。

【注意】 不同厂家的产品其默认IP地址、用户名及密码并不相同,配置前请认真阅读其产品手册。

(2) 设置IP地址及相关信息。在无线路由器配置主页面中,单击Setup链接,打开基本设置页面,如图6-8所示。在该页面的Internet Setup中,选择Internet Connection type为Static IP,设置Internet接口的IP地址为192.168.30.2,子网掩码为255.255.255.0,默认

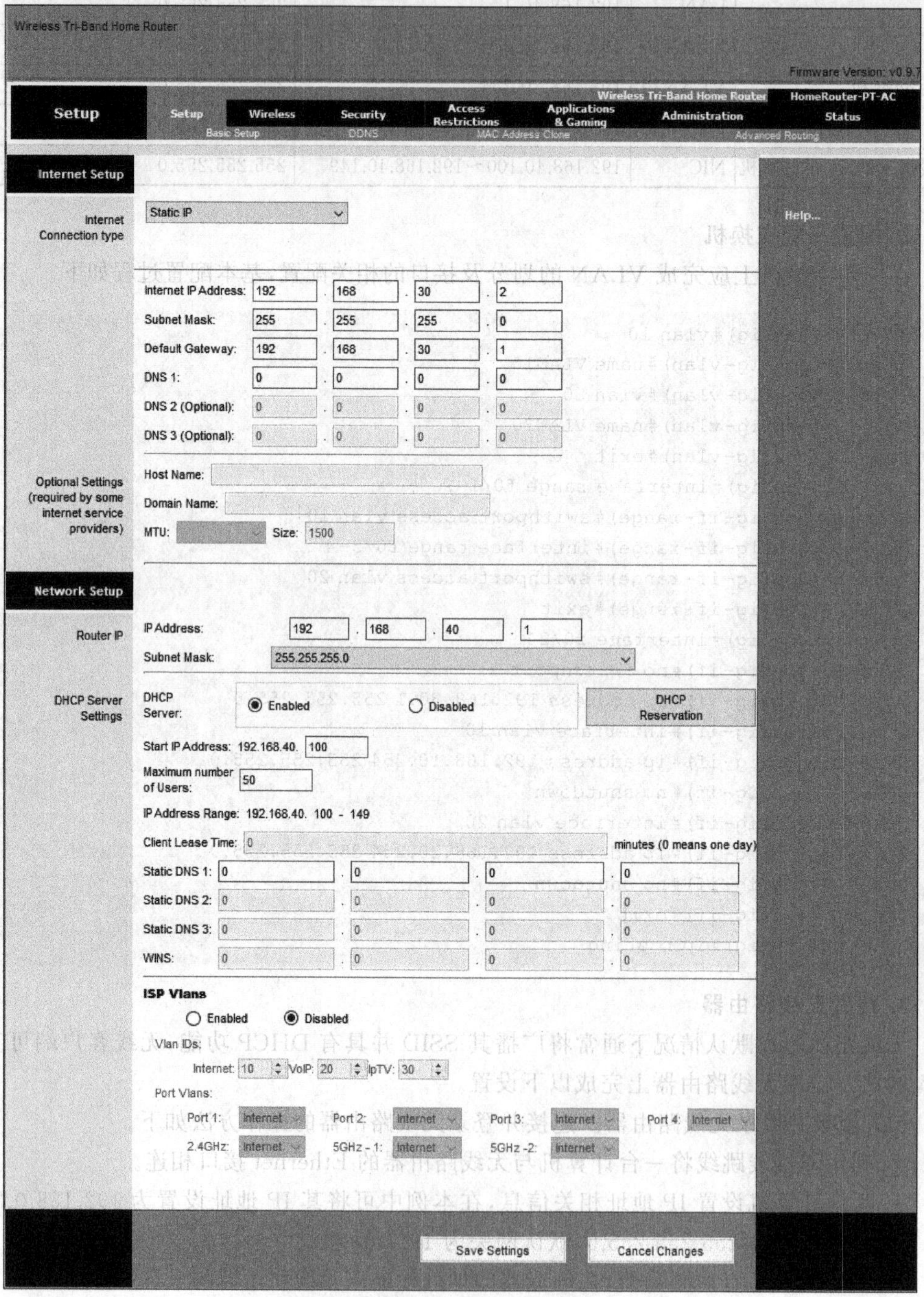

图6-8 无线路由器基本配置页面

网关为 192.168.30.1。在该页面的 Network Setup 中，将 Router IP 部分的 IP 地址修改为 192.168.40.1，保留 DHCP Server Settings 的默认设置。单击 Save Setting 按钮，保存设置，此时可以看到 DHCP Server Settings 中可分配的 IP 地址将自动调整为与 Router IP 匹配的范围。

【注意】 通常在家庭或小型企业网络中，无线路由器 Internet 接口的 IP 地址会通过 DHCP 或 PPPoE 方式获取，此时可在无线路由器的 Internet Connection Type 中选择相应类型并进行设置。另外，由于在设置中已经更改了路由器的 LAN 接口 IP 地址和 DHCP 地址池，因此必须对用来管理路由器的计算机的 IP 地址进行重新设置(如 IP 地址更改为 192.168.40.254，子网掩码为 255.255.255.0，默认网关为 192.168.40.1)，并重新连接和登录无线路由器。

(3) 无线连接基本配置。在无线路由器配置主页面中，单击 Wireless 链接，打开无线连接基本配置页面，如图 6-9 所示。在该页面中可以对无线连接的网络模式、SSID、带宽、信道等进行设置。为了实现无线接入的安全，可不使用默认的 SSID 并禁用 SSID 广播。设置方法非常简单，只需要在无线连接基本配置页面的 Network Name(SSID)文本框中输入新的 SSID，并将 SSID Broadcast 设置为 Disabled，单击 Save Setting 按钮即可。

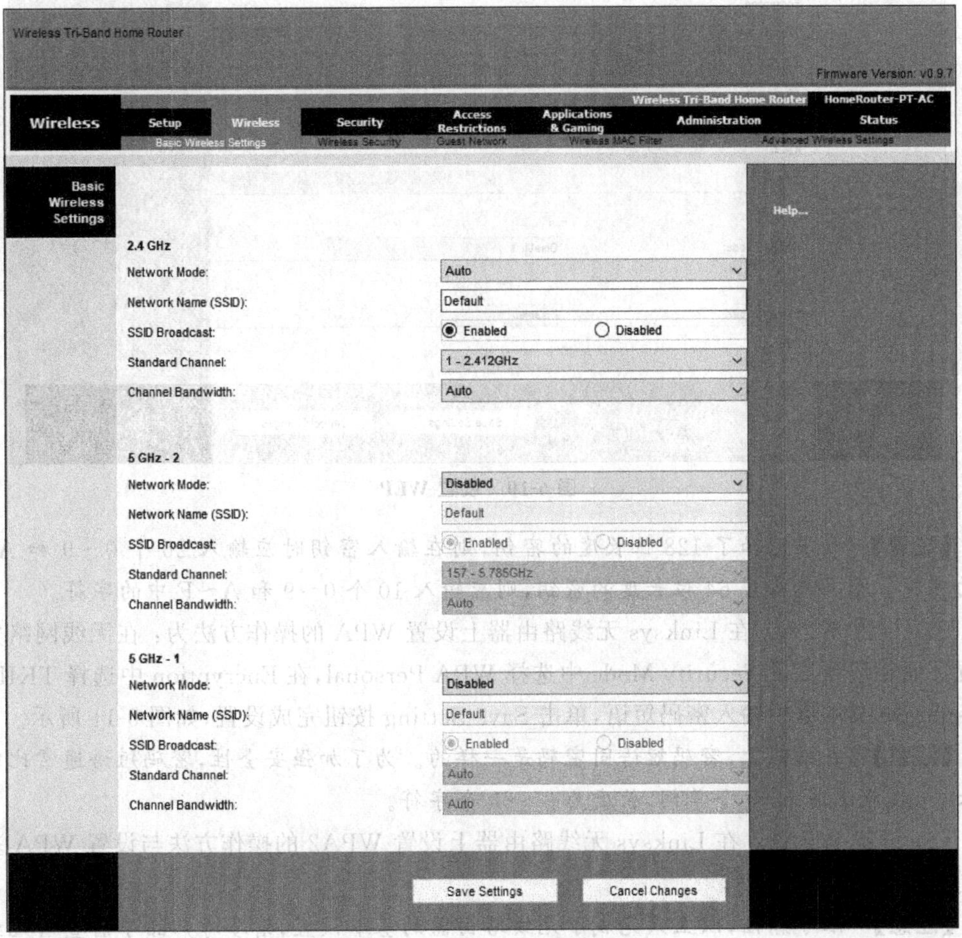

图 6-9　无线连接基本配置页面

【注意】 很多无线路由器产品支持在2.4GHz频段、5GHz频段同时发布多个SSID,可以根据实际情况对所需要发布的SSID分别进行设置。如果只需要发布一个SSID,可以选择将其他的SSID设为禁用。

(4) 设置WEP。操作方法为:在无线连接基本配置页面单击Wireless Security链接,打开无线网络安全设置页面,如图6-10所示。在相应频段的Security Mode中选择WEP,在Encryption中选择104/128-Bit(26 hex digits),在Key1文本框中输入WEP密钥,单击Save Setting按钮完成设置。

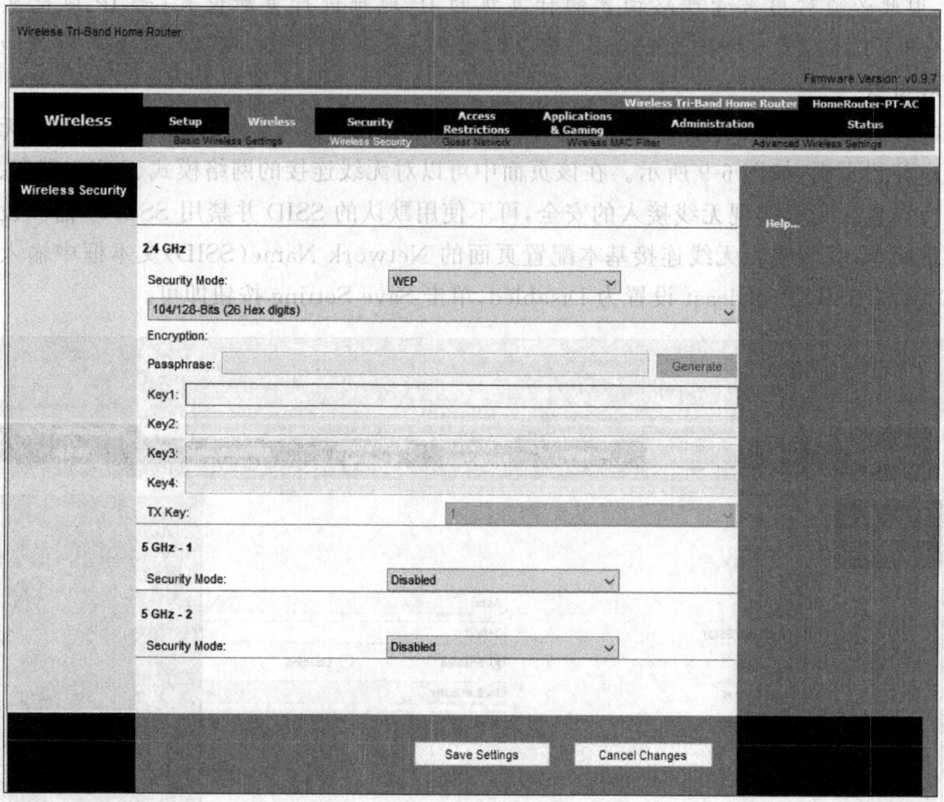

图6-10 设置WEP

【注意】 如果选择了128位长度的密钥,则在输入密钥时应输入26个0~9和A~F中的字符。如果选择了64位长度的密钥,则应输入10个0~9和A~F中的字符。

(5) 设置WPA。在Linksys无线路由器上设置WPA的操作方法为:在无线网络安全设置页面相应频段的Security Mode中选择WPA Personal,在Encryption中选择TKIP,在Passphrase文本框中输入密码短语,单击Save Setting按钮完成设置,如图6-11所示。

【注意】 在功能上,密码短语同密码是一样的。为了加强安全性,密码短语通常比密码要长,一般应使用4~5个单词,长度为8~63个字符。

(6) 设置WPA2。在Linksys无线路由器上设置WPA2的操作方法与设置WPA基本相同,这里不再赘述。

【注意】 限于篇幅,以上只完成了无线路由器的基本设置,请参考产品手册查看无线路由器的更多设置。

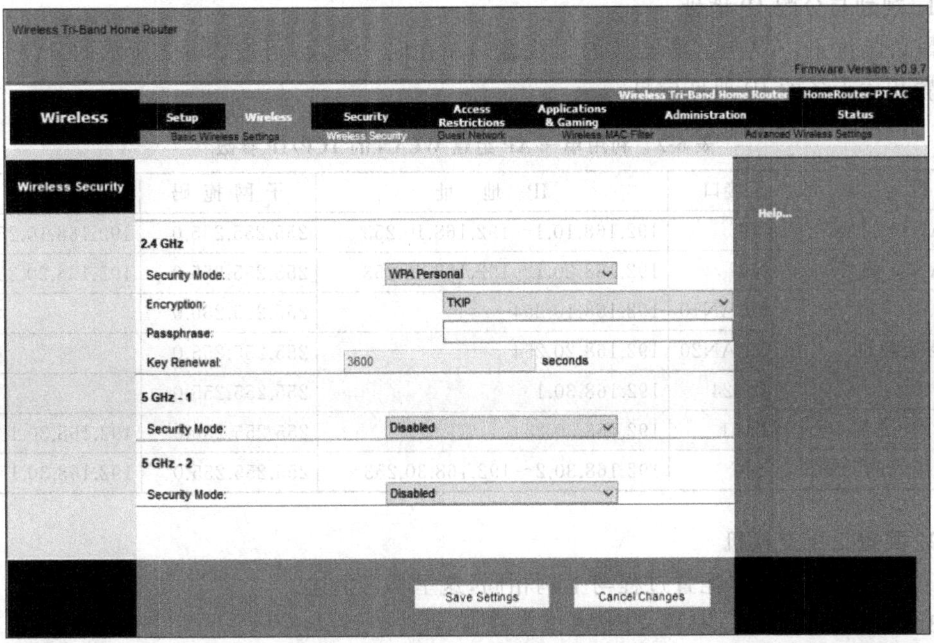

图 6-11　设置 WPA

4. 设置无线客户端

在无线路由器进行了基本安全设置后，无线客户端要连入网络应完成以下操作：在传统桌面模式中单击右下角的网络连接图标，在屏幕右侧弹出的竖条菜单的 WLAN 部分中会出现本地计算机发现的可用无线网络的 SSID。选择相应的 SSID，单击“连接”按钮，正确输入相关认证信息后即可接入无线网络。若无线路由器禁用了 SSID 广播，则在竖条菜单的 WLAN 部分最后会出现“隐藏的网络”，如图 6-12 所示。单击“隐藏的网络”，输入相应的 SSID 和认证信息后即可接入无线网络。

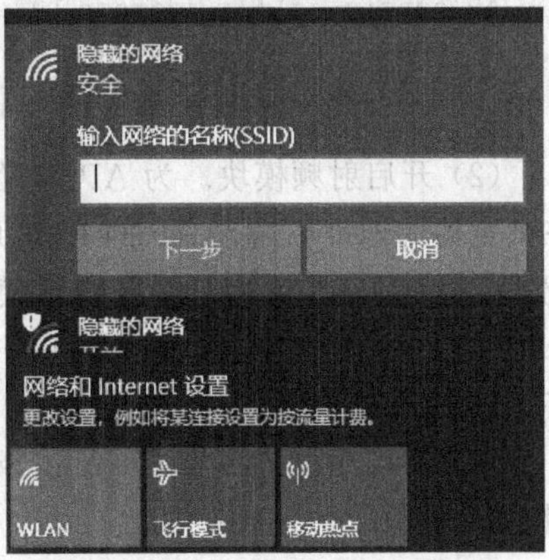

图 6-12　接入隐藏的无线网络

接入无线网络后，可以在传统桌面模式中右击左下角的“开始”图标，在弹出的菜单中单击“网络连接”，在打开的“设置”对话框中单击左侧窗格的 WLAN，在右侧窗格中可以看到当前所连接的无线网络，单击该无线网络，可以看到该无线网络的相关配置信息。

5. 验证全网的连通性

此时可以在计算机上利用 ping 和 tracert 命令，测试各计算机之间的连通性和路由；也可以在三层交换机上运行 ping 和 traceroute 命令，测试各设备之间的连通性和路由。

实训 3　利用单一 AP 组建 WLAN

在图 6-1 所示的网络中，若三层交换机 Switch0 通过 F0/24 接口与一台 AP 相连，则要实现该网络配置要求的基本操作方法如下。

1. 规划与分配 IP 地址

默认情况下,AP 与其所连接的无线客户端在同一网段,可按表 6-2 所示的 TCP/IP 参数配置相关设备的 IP 地址信息。

表 6-2　利用单一 AP 组建 WLAN 的 TCP/IP 参数

设　备	接口	IP 地 址	子网掩码	网 关
VLAN10 的 PC	NIC	192.168.10.1～192.168.10.253	255.255.255.0	192.168.10.254
VLAN20 的 PC	NIC	192.168.20.1～192.168.20.253	255.255.255.0	192.168.20.254
三层交换机	VLAN10	192.168.10.254	255.255.255.0	
	VLAN20	192.168.20.254	255.255.255.0	
	F0/24	192.168.30.1	255.255.255.0	
AP	BVI1	192.168.30.254	255.255.255.0	192.168.30.1
无线接入的计算机	NIC	192.168.30.2～192.168.30.253	255.255.255.0	192.168.30.1

2. 配置三层交换机

三层交换机的基本配置过程与上例相同,这里不再赘述。

3. 配置 AP

默认情况下,AP 是没有任何配置并且射频模块是关闭的,可以通过 CLI 方式也可以通过 GUI 方式对 AP 进行配置。在第一次配置时,应开启射频模块,配置 IP 地址及 SSID。如果 AP 不能通过 DHCP 获得 IP 地址,需通过 Console 端口登录手工配置。

(1) 设置 IP 地址。通过 Console 端口登录 AP,设置 IP 地址的配置过程如下。

```
AP(config)#interface bvi 1                                    //进入 BVI 接口
AP(config-if)#ip address 192.168.30.254 255.255.255.0         //设置 AP 的 IP 地址
AP(config-if)#ip default-gateway 192.168.30.1                 //设置 AP 的默认网关
AP(config-if)#no shutdown
```

(2) 开启射频模块。为 AP 设置 IP 地址后,可在网络中的其他计算机上启动浏览器,在浏览器的地址栏输入 AP 的 IP 地址,输入相应的用户名和密码后,即可打开 AP 的 Web 配置主页面。利用 GUI 开启射频模块的方法为:在配置主页面的左侧窗格中依次选择 NETWORK INTERFACE→Radio0-802.11G,在接口配置界面中单击 Settings 选项卡中,将 Role In Radio Network 设置为 Access Point,将 Enable Radio 设置为 Enable,单击 Apply 按钮应用设置。当 Current Status 的箭头变成绿色时,说明射频模块已被开启,如图 6-13 所示。

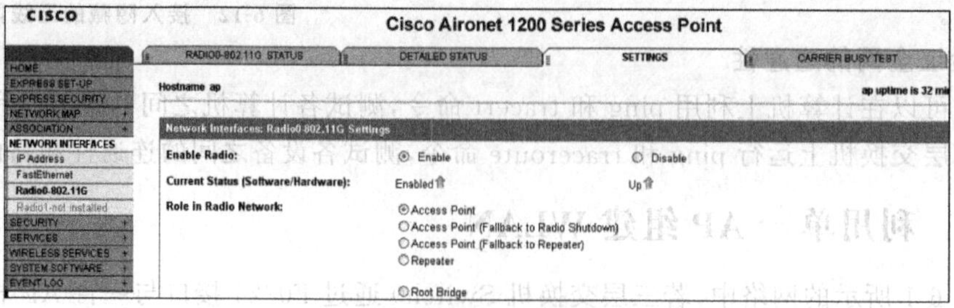

图 6-13　开启射频模块

（3）设置 SSID 及无线网络安全。利用 GUI 设置 SSID 及无线网络安全的基本方法为：在配置主页面的左侧窗格中选择 EXPRESS SECURITY，打开基本安全设置页面，如图 6-14 所示。在该页面的 SSID 部分可以输入 SSID 并设置是否开启 SSID 广播；在 VLAN 部分可以定义 SSID 与 VLAN 的关联；在 Security 部分可以设置认证方式。完成相关设置后，单击 Apply 按钮应用设置。

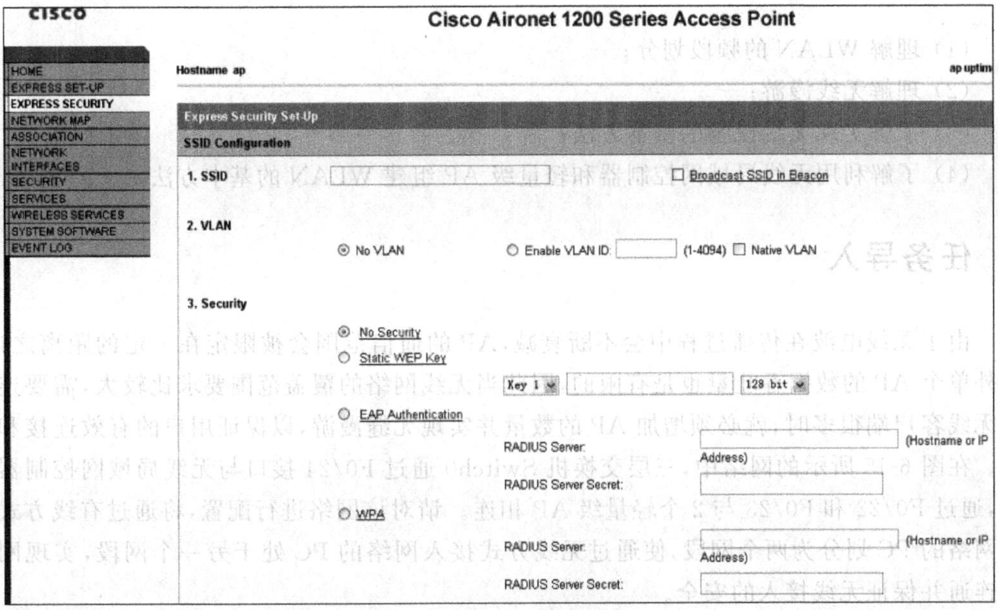

图 6-14　基本安全设置页面

【注意】 在 Cisco Packet Tracer 中并没有给出 AP 标准的 CLI 或 GUI 配置界面，可以通过 AP 的 config 选项卡对其 SSID、认证方式等进行设置。另外，也可以在路由器上添加 HWIC-AP-AG 模块，通过路由器的 CLI 对其 AP 功能进行配置；或将无线路由器的 Internet Connection Type 设置为 AP，利用 GUI 界面进行配置。

4. 设置无线客户端

无线客户端的设置与上例基本相同。需要注意的是由于 AP 没有 DHCP 功能，因此在没有其他 DHCP 服务器的情况下，应对无线客户端的 IP 地址信息进行静态设置。

5. 验证全网的连通性

此时可以在计算机上，利用 ping 和 tracert 命令测试各计算机之间的连通性和路由，也可以在三层交换机上运行 ping 和 traceroute 命令测试各设备之间的连通性和路由。

任务拓展

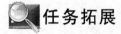

很多无线接入设备可以支持多个不同的 SSID，因此可以将每个 SSID 映射到一个唯一的 VLAN ID，从而帮助接入点识别用户或设备，并将其连接到相应的 VLAN 中。需要注意的是，SSID 并不能用于安全目的，每个 VLAN 都应设置自己的策略和限制（如 EAP、WEP 或 MAC 身份验证），用户或设备必须符合 VLAN 的相关设置，才能实现正常通信。请查阅相关资料和技术手册，了解在 WLAN 中划分 VLAN 的方法。

任务 6.2　构建 ESS 无线局域网

任务目的

(1) 理解 WLAN 的频段划分；

(2) 理解无线漫游；

(3) 了解实现无线漫游的基本方法；

(4) 了解利用无线局域网控制器和轻量级 AP 组建 WLAN 的基本方法。

任务导入

由于无线电波在传播过程中会不断衰减，AP 的通信范围会被限定在一定的距离之内，另外单个 AP 的数据吞吐量也是有限的，因此当无线网络的覆盖范围要求比较大，需要连入的无线客户端很多时，就必须增加 AP 的数量并实现无缝漫游，以保证用户的有效连接和带宽。在图 6-15 所示的网络中，三层交换机 Switch0 通过 F0/24 接口与无线局域网控制器相连，通过 F0/22 和 F0/23 与 2 个轻量级 AP 相连。请对该网络进行配置，将通过有线方式接入网络的 PC 划分为两个网段，使通过无线方式接入网络的 PC 处于另一个网段，实现网络的连通并保证无线接入的安全。

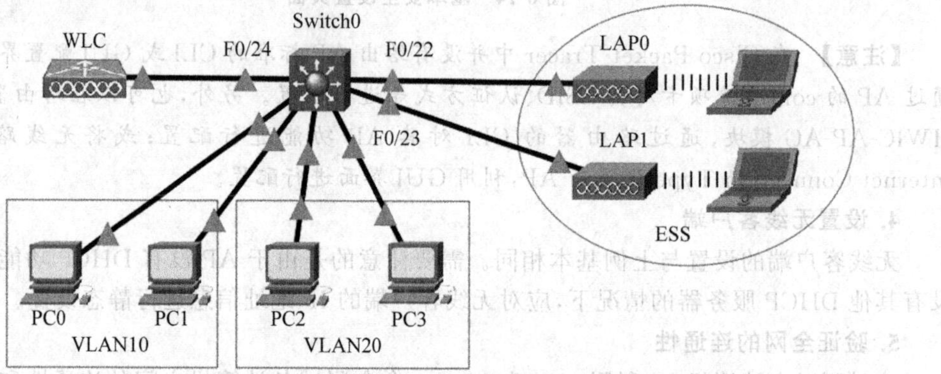

图 6-15　构建 ESS 无线局域网示例

工作环境与条件

(1) 交换机、AP 和无线局域网控制器(本部分以 Cisco 系列产品为例，也可选用其他品牌型号的产品或使用 Cisco Packet Tracer 等网络模拟和建模工具)；

(2) Console 线缆和相应的适配器；

(3) 安装 Windows 操作系统的 PC(带有无线网卡)；

(4) 组建网络所需的其他设备。

相关知识

6.2.1 WLAN 的频段划分

IEEE 802.11 标准主要使用 2.4GHz 和 5GHz 两个频段发送数据，这两个频段都属于 ISM(industrial scientific medical)频段，主要对工业、科学和医学行业开放使用，没有使用授权的限制。ISM 频段在各国的规定并不相同，其中 2.4GHz 频段为各国共同的 ISM 频段。

1. GHz 频段的划分

2.4GHz 频段规定的工作频率范围为 2.4～2.4835GHz，该频率范围共定义了 14 个信道，每个信道的频宽为 22MHz，相邻两个信道的中心频率之间相差 5MHz。即信道 1 的中心频率为 2.412GHz，信道 2 的中心频率为 2.417GHz，信道 13 的中心频率为 2.472GHz。这 14 个信道在各个国家开放的情况不同，其中在美国、加拿大等北美地区开放的范围是 1～11，而在我国及欧洲大部分地区开放的范围是 1～13。图 6-16 给出了 2.4GHz 频段的划分。由图可知，信道 1 在频谱上与信道 2、3、4、5 都有重叠的地方，这就意味着如果有两个无线设备同时工作，且其工作的信道分别为信道 1 和信道 3，则它们发出的无线信号会互相干扰。因此，为了最大限度地利用频率资源，减少信道之间的干扰，通常应使用“1、6、11”“2、7、12”“3、8、13”“4、9、14”这 4 组互不干扰的信道来进行无线覆盖。

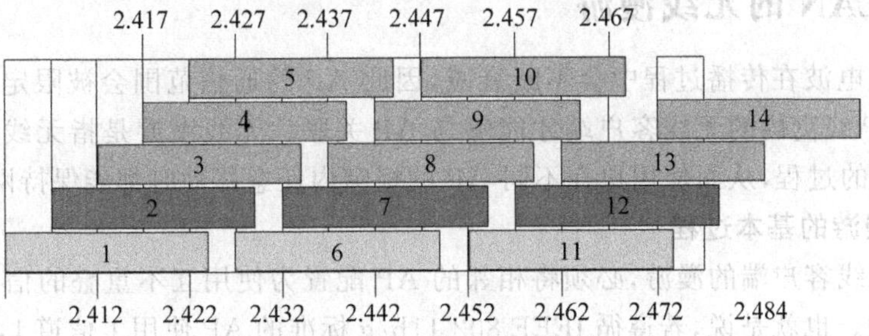

图 6-16 2.4GHz 频段的划分

【注意】 由于只有部分国家开放了信道 12～14，因此通常都使用 1、6、11 这 3 个信道来部署无线网络。另外，在 IEEE 802.11b 中每个信道占用 22MHz，而在 IEEE 802.11g/n 中每个信道占用 20MHz。

2. 5GHz 频段的划分

根据 IEEE 802.11 系列标准的规定，无线局域网可使用 4 个 5GHz 频段传输数据，分别为 5.150～5.250GHz(UNII-1)、5.250～5.350GHz(UNII-2)、5.470～5.600GHz 和 5.660～5.725GHz(UNII-2e)、5.725～5.825GHz(UNII-3)，其中 UNII-1、UNII-2、UNII-3 频段各包括 4 个互不重叠的信道，信道中心频率之间的间隔是 20MHz，UNII-2e 扩展频段包括 11 个互不重叠的信道，信道中心频率之间的间隔也是 20MHz，如图 6-17 所示。

【注意】 由于 5GHz 频段的信道编号 n＝(信道中心频率－5)×1000÷5，所以其信道编号是不连续的。另外我国的 5.8GHz 频段内有 5 个互不重叠的信道，比 UNII-3 增加了中心频率为 5.825GHz 的 165 信道。

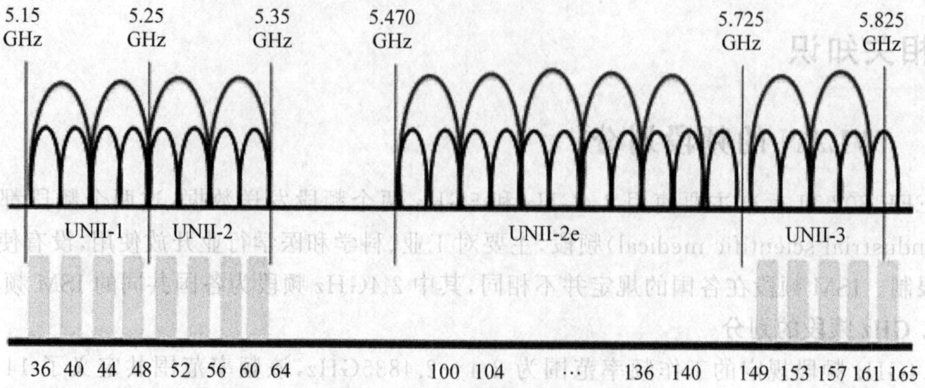

图 6-17 5GHz 频段的划分

3. 信道绑定

为了扩大信道可用的频谱范围，提高传输速率，IEEE 802.11n 开始支持信道绑定。所谓信道绑定，就是将相邻的两个 20MHz 信道捆绑在一起以达到 40MHz 的频宽，从而使传输速率成倍提高。在 IEEE 802.11 系列标准中，IEEE 802.11n 可以支持 20MHz 和 40MHz 两种信道频宽，IEEE 802.11ac 和 IEEE 802.11ax 可以支持 20MHz、40MHz、80MHz、80MHz+80MHz(不连续，非重叠)和 160MHz 等多种信道频宽。

6.2.2 WLAN 的无线漫游

由于无线电波在传播过程中会不断衰减，因此 AP 的通信范围会被限定在一定的距离之内，位于 AP 蜂窝内的无线客户端才能够与 AP 关联。无线漫游是指无线客户端转换其所关联的 AP 的过程，从而使用户在不同 AP 的蜂窝内任意移动时都能保持网络连接。

1. 无线漫游的基本过程

要实现无线客户端的漫游，必须将相邻的 AP 配置为使用互不重叠的信道，以防止 AP 间的相互干扰。也就是说，若遵循 IEEE 802.11b/g 标准的 AP 使用了信道 1，则和它相邻的 AP 只能使用信道 6 或信道 11，而不能使用其他的信道。IEEE 802.11 标准不允许 AP 以任何方式影响无线客户端如何决定是否切换 AP，因此无线客户端的漫游取决于客户端网卡自身驱动程序的算法，大多数客户端会以信号强度或质量为主要依据，并试图与信号最好的 AP 进行关联。在图 6-18 中，两个 AP 分别使用信道 1 和信道 6，AP 的信号强度与客户端位置的关系如图所示，无线客户端在该网络中进行漫游的过程如下。

- 在位置 A，无线客户端可以从 AP1 收到清晰的信号，此时将保持与 AP1 的关联。
- 当移动到位置 B 时，无线客户端发现来自 AP1 的信号不再是最优的，它会在每个可能的信道上发送 probe request 帧，此时正在侦听的 AP2 将使用 probe request 应答，以通告自己的存在。无线客户端在从信道 6 收到 AP2 的信息后，对其进行评估以确定同哪个 AP 关联是最适合的。
- 由于无线客户端不能同时与多个 AP 关联，所以无线客户端会通过信道 1 向 AP1 发出解除关联消息，然后通过信道 6 向 AP2 发送关联请求以建立与 AP2 的关联。
- 当移动到位置 C 时，无线客户端可以从 AP2 收到清晰的信号，继续保持与其关联。

【注意】 由于有些无线客户端会在其需要漫游前主动搜索相邻 AP，而有些只会在需

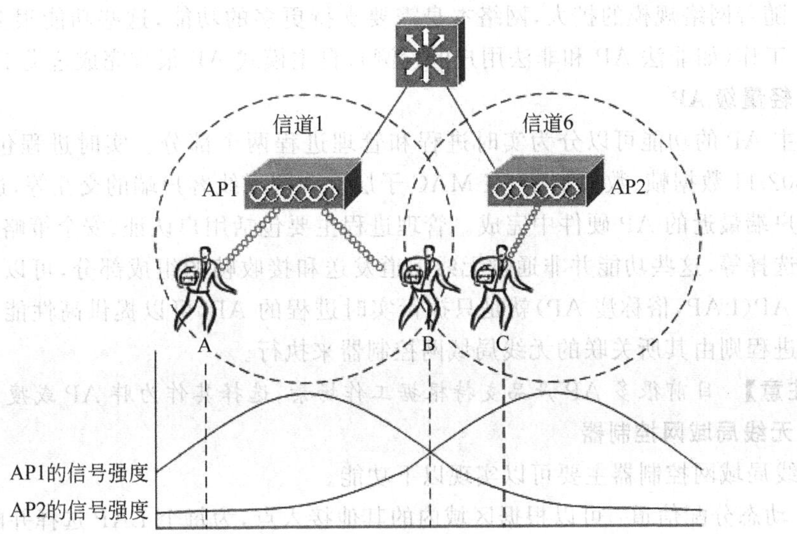

图 6-18 无线客户端在 AP 间漫游

要漫游时才搜索相邻 AP,并且不同客户端的漫游算法不同。因此,在无线网络的同一位置,有些客户端可能已开始尝试漫游,而有些则不会这样做。

2. 无线漫游的类型

无线漫游可以分为二层漫游和三层漫游。

(1) 二层漫游。二层漫游是指无线客户端在同一个网段内的 AP 间漫游。由于二层漫游不涉及子网的变化,因此为了保证快速的切换,无线客户端在通过二层漫游关联到另一个 AP 时会利用在原有 AP 上使用的资源(如密钥等),也无须花时间来获得新的 IP 地址。

【注意】 由于在漫游过程中,无线客户端必须先解除原有关联才能协商新关联,因此无线客户端会在一段时间(离线时间)内没有同任何 AP 关联。

(2) 三层漫游。三层漫游是指无线客户端在处于不同网段的 AP 间漫游。由于三层漫游涉及网段的变换,无线客户端可能还需要请求新的 IP 地址,因此三层漫游的离线时间会比较长,通常需要采用一些特殊手段来保证用户业务的不中断。

【注意】 普通 AP 本身不支持三层漫游,三层漫游应使用无线局域网控制器实现。

6.2.3 无线局域网控制器和轻量级 AP

1. 自主模式 AP

在传统的 WLAN 组网模式中,AP 是 BSS 的中心,将 WLAN 的物理层、用户认证、数据加密、网络管理、漫游等各种功能集于一身,这种 AP 被称为自主模式 AP(俗称胖 AP)。每个自主模式 AP 都是一个独立的自治系统,需要单独配置并自主运行。自主模式 AP 适合用于部署规模较小并对漫游及管理要求不高的 WLAN,在较大规模网络中会产生以下问题。

- 自主模式 AP 必须单独进行配置,若 AP 数量较多,则配置工作量很大。
- 自主模式 AP 的软件都保持在 AP 上,软件升级需逐台进行,维护工作量大。
- 自主模式 AP 的配置都保持在 AP 上,若 AP 丢失,则会造成配置信息的泄漏。
- 自主模式 AP 通常不支持三层漫游。

• 随着网络规模的扩大,网络本身需要支持更多的功能,这些功能很多需要 AP 协同工作(如非法 AP 和非法用户的检测),自主模式 AP 很难完成这类工作。

2. 轻量级 AP

自主 AP 的功能可以分为实时进程和管理进程两个部分。实时进程包括发送和接收 IEEE 802.11 数据帧、数据加密、在 MAC 子层实现同无线客户端的交互等,这些功能必须在距离客户端最近的 AP 硬件中完成。管理进程主要包括用户认证、安全策略管理、信道和输出功率选择等,这些功能并非通过无线信道发送和接收帧的组成部分,可以集中进行管理。轻量级 AP(LAP,俗称瘦 AP)就是只执行实时进程的 AP,可以提供高性能的射频功能,它的管理进程则由其所关联的无线局域网控制器来执行。

【注意】 目前很多 AP 产品支持根据工作场景,选择其作为胖 AP 或瘦 AP。

3. 无线局域网控制器

无线局域网控制器主要可以实现以下功能。

• 动态分配信道:可以根据区域内的其他接入点,为每个 LAP 选择并配置信道。
• 优化发射功率:可以根据所需的覆盖范围,为每个 LAP 设置并定期自动调整发射功率。
• 自我修复覆盖范围:如果某个 LAP 出现故障,WLC 将自动调高相邻 LAP 的发射功率,以覆盖出现的空洞。
• 灵活的漫游:可以减少漫游的离线时间,并可实现三层漫游。
• 动态的负载均衡:如果多个 LAP 的覆盖地域相同,WLC 可使无线客户端与相对更空闲的 LAP 关联,从而在 LAP 之间实现负载均衡。
• 射频监控:通过侦听信道,WLC 能够远程收集射频干扰、噪声、周围 LAP 发出的信号以及恶意 AP 或特殊客户端发出的信号。
• 安全性管理:在允许无线客户端接入网络前,WLC 可要求其从可信的 DHCP 服务器获取 IP 地址。WLC 也可实现 IEEE 802.1x 认证、防火墙等其他安全管理功能。

4. WLC 与 LAP 的连接

WLC 与 LAP 之间既可以通过二层网络连接,也可以通过三层网络连接。也就是说,WLC 和 LAP 之间的连接基本上不受网络结构的限制,可以在任何现有的网络上进行部署。当然在通过三层网络连接时需要保证 WLC 和 LAP 之间的路由,以及 DHCP 服务器和 DNS 服务器等设备的配合。

5. LAP 的启动过程

由于 LAP 被设计为无须接触就能对其进行配置,因此 LAP 必须找到一个 WLC 并获得所有的配置参数才能进入活动状态。LAP 的启动过程如下。

• LAP 从 DHCP 服务器获取 IP 地址。
• LAP 向其地址列表中的第一个 WLC 发出加入请求消息,如果该 WLC 没有响应,则尝试下一个 WLC。收到消息的 WLC 会检查 LAP 是否有权限加入,若有,则对该消息进行响应。

【注意】 若 LAP 与 WLC 为二层连接,LAP 可广播加入请求消息以寻找 WLC。若 LAP 与 WLC 为三层连接,则应对 DHCP 服务器的 DHCP 选项 43 进行设置,该选项将携带 WLC 的 IP 地址信息。在任何时刻,LAP 总是加入到一个 WLC,但可以维护包含 3 个

WLC 的列表。当列表中的 WLC 都不响应时，LAP 会尝试使用广播方式。

- LAP 从 WLC 下载最新版本的软件和配置文件并重新启动。
- WLC 和 LAP 建立一条加密的 LWAPP(轻量级接入点协议)隧道和一条不加密的 LWAPP 隧道，前者用于传输管理数据流，后者用于传输无线客户端的数据。

LAP 启动并成功加入一个 WLC 后，如果该 WLC 出现故障，LAP 将重新启动并搜索新的处于活动状态的 WLC，这期间所有无线客户端的关联都将终止。

6. LAP＋WLC 网络的数据传输

LAP 与 WLC 之间通过 LWAPP 隧道进行数据传输，LWAPP 是 Cisco 开发的隧道协议，可以将 LAP 和 WLC 之间传输的数据封装在 IP 数据包中，从而实现数据的跨网段传输。下面以图 6-19 所示的网络为例，说明无线客户端通过 LAP 与 WLC 传输数据的过程。

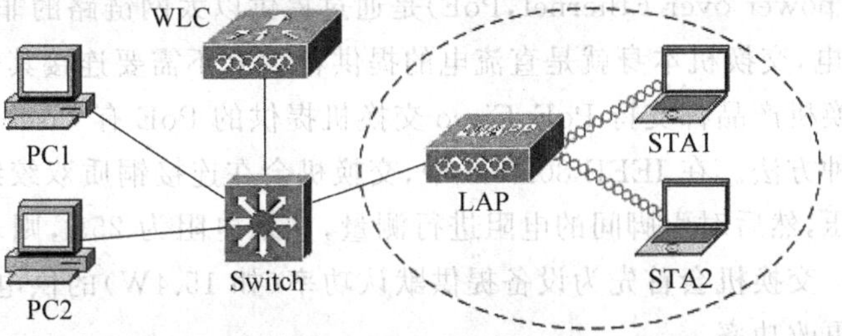

图 6-19　利用 LAP 与 WLC 组建的网络

(1) 无线客户端与有线客户端的数据传输。在图 6-19 所示的网络中，无线客户端 STA1 向有线客户端 PC1 发送数据的基本流程如下。

- STA1 向 LAP 发送数据，数据的源地址为 STA1 的地址，目的地址为 PC1 的地址。
- LAP 收到该数据后对该数据进行 LWAPP 的隧道封装，增加的新 IP 数据包头中的源地址为 LAP 的地址，目的地址为 WLC 的地址。
- LAP 将封装好的数据包发往 WLC。
- WLC 收到数据包后，拆除该数据包的 LWAPP 隧道封装以查看数据包真正的目的地址，将拆除封装后的数据包发往 PC1。

(2) 无线客户端之间的数据传输。在图 6-19 所示网络中，无线客户端 STA1 向 STA2 发送数据的基本流程如下。

- STA1 向 LAP 发送数据，数据的源地址为 STA1 的地址，目的地址为 STA2 的地址。
- LAP 收到该数据后对该数据进行 LWAPP 的隧道封装，增加的新 IP 数据包头中的源地址为 LAP 的地址，目的地址为 WLC 的地址。
- LAP 将封装好的数据包发往 WLC。
- WLC 收到数据包后，拆除该数据包的 LWAPP 隧道封装以查看数据包真正的目的地址。由于 STA2 仍然为 WLC 管理下的无线客户端，所以 WLC 会再次对原始数据包进行 LWAPP 隧道封装，增加的新 IP 数据包头中的源地址为 WLC 的地址，目的地址为 LAP 的地址。
- WLC 将封装好的数据包发往 LAP。
- LAP 收到数据包后，拆除其 LWAPP 隧道封装并将其发往 STA2。

7. LAP＋WLC 无线网络的漫游

在利用自主 AP 构建的 WLAN 中，无线客户端通过将关联从一个 AP 切换到另一个 AP 来实现漫游。在该过程中，无线客户端必须分别与每个 AP 进行协商，在切换关联时前一个 AP 必须将来自客户端的缓存数据交给下一个 AP。而在利用 LAP 和 WLC 构建的 WLAN 中，无线客户端是通过 LAP 与 WLC 协商关联的，无线客户端在漫游时关联关系的切换是在 WLC 进行的，因此其速度会更快，实现也更容易。另外，由于 LAP 与 WLC 之间是通过隧道进行数据传输的，因此 LAP＋WLC 无线网络可以支持三层漫游，并且无线客户端在漫游时的 IP 地址可以不变。

6.2.4　以太网供电(PoE)

以太网供电(power over Ethernet，PoE)是通过提供以太网链路的非屏蔽双绞线为 AP 提供 48V 的直流电，交换机本身就是直流电的提供者，AP 不需要连接其他电源即可正常工作。目前很多交换机产品都支持 PoE，Cisco 交换机提供的 PoE 有 Cisco 内置电源(ILP)和 IEEE 802.3af 两种方法。在 IEEE 802.3af 中，交换机会在连接铜质双绞线的发送和接收引脚提供较低的电压，然后对引脚间的电阻进行测量，如果电阻为 25Ω，则表明了连接了一台需要供电的设备。交换机会首先为设备提供默认功率(如 15.4W)的供电，并可通过检测设备的功率类别来更改功率。

【注意】 交换机的 PoE 功能是需要配置的，具体配置方法请查阅相关产品手册。

任务实施

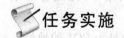

请扫描数字活页 6.2 的二维码，在任务实施过程中思考并回答数字活页中提出的问题。另外，可以扫描微课视频 6.2.1(利用 WLC 和 LAP 组建 WLAN)的二维码，观看相关工作任务的讲解和操作演示视频。

数字活页 6.2　　**微课视频 6.2.1(利用 WLC 和 LAP 组建 WLAN)**

实训 1　实现跨 AP 的无缝漫游

某开放式办公区域的大小为 25m×40m，有办公座席 70 个，每个座席都配备了一台计算机，均需采用无线方式接入企业内部网络。该区域的无线客户端数量很多，为保证各用户的有效带宽，可按照以下方法部署多个 AP 并实现无缝漫游。

1. 部署 AP

要利用多个 AP 实现网络的无缝漫游，应首先根据实际的地理环境、AP 的覆盖范围、无线客户端的数量和带宽要求等方面，确定 AP 的数量和位置。由于本例中的无线接入是在开放式办公区域实现，不存在大的障碍物，因此 AP 的数量和位置主要由客户端的数量及带宽要求决定。遵循 IEEE 802.11b 标准的 AP 一般情况下可以满足以下的应用：

- 50 个大部分时间空闲，偶尔收发一下邮件的无线客户端；
- 25 个经常利用网络上传和下载中等大小文件的无线客户端；
- 10～20 个一直通过网络处理大文件的无线客户端。

【注意】 在大型蜂窝中，当客户端远离 AP 时，其传输速率会降低，可以通过调整 AP 的发射功率缩小蜂窝，使客户端在蜂窝内能使用最高的传输速率。另外，如果要在较复杂的地理环境中部署 AP，则必须进行详细的现场勘查和测试，具体的方法可参考相关资料。

根据网络的实际需求，可在该办公区域中部署 3 个 AP。为了最大限度地减少信道之间的重叠和干扰，应避免相邻 AP 使用相同的信道。图 6-20 给出了使用 IEEE 802.11b 标准的多个 AP 的部署示意图，本例中的 3 个 AP 应分别使用信道 1、信道 6 和信道 11。

【注意】 图 6-20 只给出了二维平面的 AP 信道布局，如果要使用多个 AP 对一座大楼的多层进行覆盖，则楼层之间也需要交替的使用信道，也就是说，二楼的信道 1 不能与一楼和三楼中的信道 1 相互重叠。

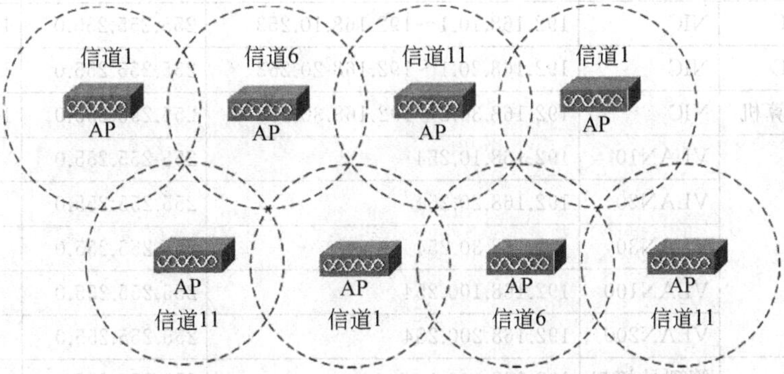

图 6-20 使用 IEEE 802.11b 标准的多个 AP 的部署示意图

2. 配置 AP

默认情况下，AP 是没有任何配置并且射频模块是关闭的，在配置时，应开启射频模块，配置 IP 地址及 SSID。要实现无线漫游，应注意以下问题。

- 为每个 AP 分配的 IP 地址应在同一网段。
- 为每个 AP 设置的 SSID 应相同。
- 应将 3 个 AP 的信道分别设置为信道 1、信道 6 和信道 11。
- 可以对 AP 设置认证方式和加密，但所有 AP 的认证方式和密钥必须相同。

3. 无线漫游的测试

将 3 个 AP 放置到相应位置并连接有线网络后，可以利用笔记本电脑对该网络进行简单的测试。测试方法为：在对笔记本电脑进行设置使其无线接入网络后，在该笔记本电脑上运行"ping 网关 IP -t"命令，然后在移动过程中查看其与网关的连通性。如果在移动过程中出现丢失 1～2 个包后重新连通的情况，则表明无线客户端已成功从一个 AP 漫游到另一个 AP。

【注意】 在无线网络工程中，需要使用专业的测试设备对网络的覆盖范围、信号强度等进行测试，具体方法请查阅相关资料。

实训 2　利用 WLC 和 LAP 组建 WLAN

在图 6-15 所示的网络中，实现网络配置要求的基本操作方法如下。

1. 规划与分配 IP 地址

在 WLC 上通常有以下接口。

- 面板上的普通接口：通常 WLC 面板上会有多个普通接口，用来与交换机等网络设备相连，以承载 WLC 与交换机之间的数据流量。
- 管理员接口：该接口主要用来实现带内管理，网络中的其他设备可以通过该接口的 IP 地址对 WLC 进行管理。
- 用户定义的动态接口：无线客户端将通过该接口连接到交换机，从而实现与网络的通信。动态接口应于 SSID 及 VLAN 相互关联。

可按表 6-3 所示的 TCP/IP 参数配置相关设备的 IP 地址信息。

表 6-3　利用 WLC 和 LAP 组建 WLAN 示例中的 TCP/IP 参数

设　　备	接　口	IP　地　址	子网掩码	网　关
VLAN10 的 PC	NIC	192.168.10.1～192.168.10.253	255.255.255.0	192.168.10.254
VLAN20 的 PC	NIC	192.168.20.1～192.168.20.253	255.255.255.0	192.168.20.254
无线接入的计算机	NIC	192.168.30.2～192.168.30.253	255.255.255.0	192.168.30.254
三层交换机	VLAN10	192.168.10.254	255.255.255.0	
	VLAN20	192.168.20.254	255.255.255.0	
	VLAN30	192.168.30.254	255.255.255.0	
	VLAN100	192.168.100.254	255.255.255.0	
	VLAN200	192.168.200.254	255.255.255.0	
WLC	管理员接口	192.168.100.1	255.255.255.0	192.168.100.254
	VLAN30	192.168.30.1	255.255.255.0	192.168.30.254
LAP	LAP 的隧道接口	192.168.200.1～192.168.200.253	255.255.255.0	192.168.200.254

2. 配置三层交换机

在三层交换机上要完成 VLAN 的创建和路由，并设置 DHCP 服务为 LAP 分配 IP 地址。在三层交换机上的基本配置过程如下。

```
Qchm-L3(config)#vlan10
Qchm-L3(config-vlan)#name vlan10
Qchm-L3(config-vlan)#vlan20
Qchm-L3(config-vlan)#name vlan20
Qchm-L3(config-vlan)#vlan30
Qchm-L3(config-vlan)#name vlan30
Qchm-L3(config-vlan)#vlan100
Qchm-L3(config-vlan)#name vlan100
Qchm-L3(config-vlan)#vlan200
Qchm-L3(config-vlan)#name vlan200
```

```
Qchm-L3(config-vlan)#exit
Qchm-L3(config)#interface range f0/1-2
Qchm-L3(config-if-range)#swithport access vlan10
Qchm-L3(config-if-range)#interface range f0/3-4
Qchm-L3(config-if-range)#swithport access vlan20
Qchm-L3(config-if-range)#exit
Qchm-L3(config)#interface f0/24
Qchm-L3(config-if)#swithport access vlan100
Qchm-L3(config-if)#interface f0/22
Qchm-L3(config-if)#switchport trunk native vlan200
Qchm-L3(config-if)#switchport trunk encapsulation dot1q
Qchm-L3(config-if)#switchport mode trunk
Qchm-L3(config-if)#interface f0/23
Qchm-L3(config-if)#switchport trunk native vlan200
Qchm-L3(config-if)#switchport trunk encapsulation dot1q
Qchm-L3(config-if)#switchport mode trunk
Qchm-L3(config-if)#interface vlan10
Qchm-L3(config-if)#ip address 192.168.10.254 255.255.255.0
Qchm-L3(config-if)#no shutdown
Qchm-L3(config-if)#interface vlan20
Qchm-L3(config-if)#ip address 192.168.20.254 255.255.255.0
Qchm-L3(config-if)#no shutdown
Qchm-L3(config-if)#interface vlan30
Qchm-L3(config-if)#ip address 192.168.30.254 255.255.255.0
Qchm-L3(config-if)#no shutdown
Qchm-L3(config-if)#interface vlan100
Qchm-L3(config-if)#ip address 192.168.100.254 255.255.255.0
Qchm-L3(config-if)#no shutdown
Qchm-L3(config-if)#interface vlan200
Qchm-L3(config-if)#ip address 192.168.200.254 255.255.255.0
Qchm-L3(config-if)#no shutdown
Qchm-L3(config-if)#exit
Qchm-L3(config)#ip routing
Qchm-L3(config)#ip dhcp excluded-address 192.168.200.254
Qchm-L3(config)#ip dhcp excluded-address 192.168.30.1
Qchm-L3(config)#ip dhcp excluded-address 192.168.30.254
Qchm-L3(config)#ip dhcp pool lap    //为 LAP 设置 DHCP 服务
Qchm-L3(dhcp-config)#network 192.168.200.0 255.255.255.0
Qchm-L3(dhcp-config)#default-router 192.168.200.254
Qchm-L3(dhcp-config)#option 43 ip 192.168.100.1       //为 LAP 指定 WLC 地址
Qchm-L3(config)#ip dhcp pool sta    //为无线客户端设置 DHCP 服务
Qchm-L3(dhcp-config)#network 192.168.30.0 255.255.255.0
Qchm-L3(dhcp-config)#default-router 192.168.30.254
```

3. 配置 WLC

(1) WLC 的初始设置。与无线路由器类似,用户可以利用浏览器通过 WLC 的管理地址访问其 Web 配置页面,初次登录时,WLC 会引导用户完成管理员用户、登录口令、管理地址等初始设置。设置完成后 WLC 将重新启动并进入登录界面,登录后会进入 Monitor 界面,如图 6-21 所示。

(2) 创建动态接口。WLC 使用动态接口将 VLAN 扩展到无线局域网,在本例中应为 VLAN30 创建动态接口,基本操作方法如下。

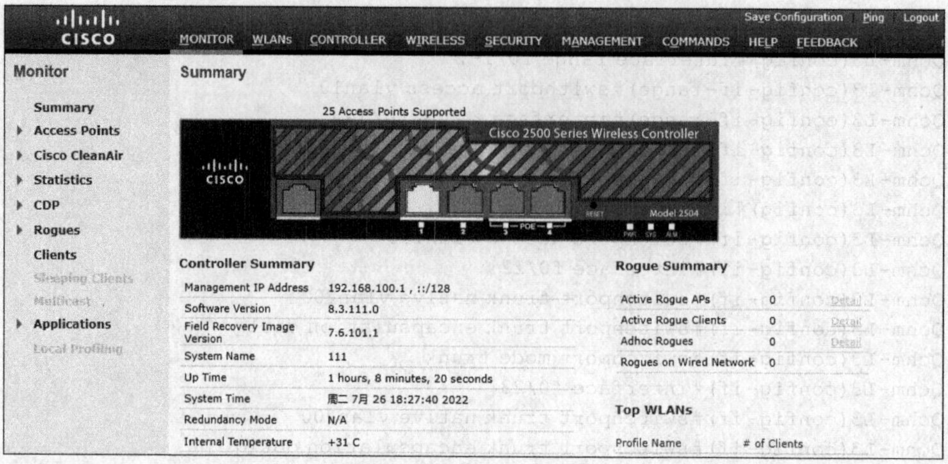

图 6-21 Monitor 界面

- 单击 WLC 配置页面上方的 Controller 选项卡，然后单击左边的 Interfaces 链接，在 Interfaces 页面中单击右上方的 New 按钮，打开新建接口页面。在 Interface Name 文本框中为动态接口输入描述性名称，在 VLAN ID 文本框中输入其绑定的 VLAN ID(30)。
- 单击右上方的 Apply 按钮，打开动态接口编辑页面，在 Interface Address 部分为该动态接口设置 IP 地址信息（该地址必须是 VLAN30 的地址，如可将 IP 地址设为 192.168.30.1/24，网关设为 192.168.30.254）；在 Physical Information 部分的 Port Number 中设置 WLC 使用的普通端口为 1，如图 6-22 所示。单击 Apply 按钮，完成设置，此时可以在 Interfaces 页面中看到该接口。

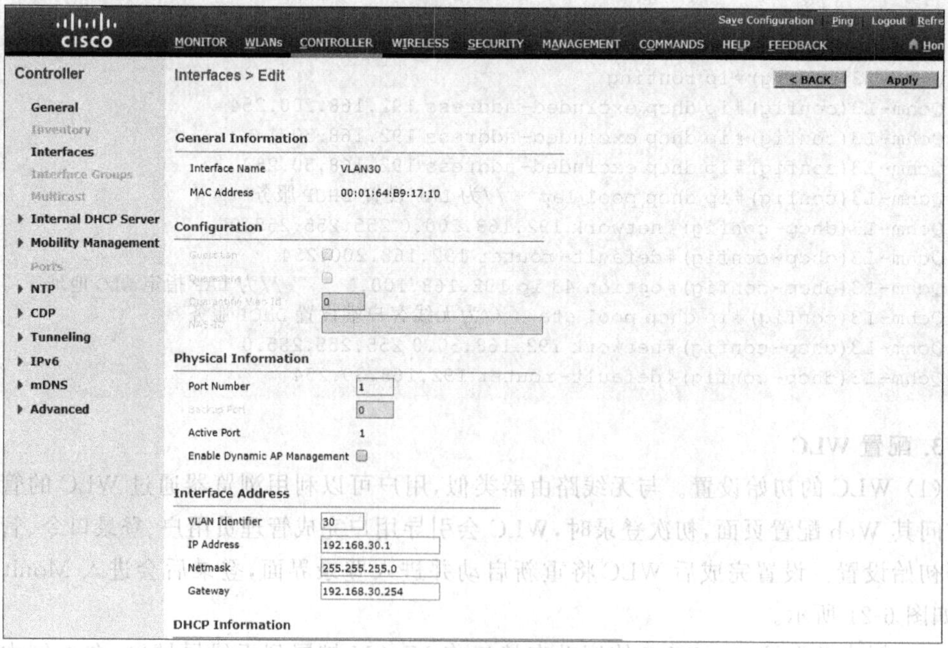

图 6-22 编辑动态接口

(3) 新建 WLAN。单击 WLC 配置页面上方的 WLANs 选项卡，在 WLANs 页面中单击 New 按钮，打开新建 WLAN 页面。在该页面中可以输入新建 WLAN 的类型、名称和 SSID，单击 Apply 按钮，打开 WLAN 的编辑页面，在该页面中启用该 WLAN（将 Status 设置为 Enable)，并将该 WLAN 的 SSID 与刚才所创建的接口进行绑定（在 Interface 中选择相应接口)，如图 6-23 所示，单击 Apply 按钮完成设置。

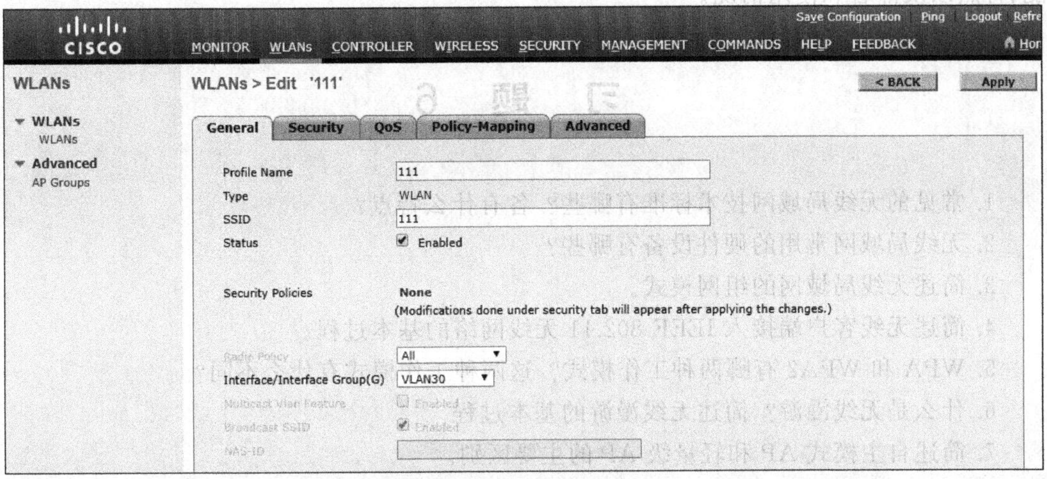

图 6-23　编辑 WLAN

【注意】 可以在图 6-23 所示的页面中单击 Security 选项卡，对该 WLAN 的认证、加密等安全选项进行设置。

(4) 查看 LAP。单击 WLC 配置页面上方的 Wireless 选项卡，然后单击左边 Access Points 中的 All APs 链接，可以查看所有接入 WLC 的 AP，如图 6-24 所示。

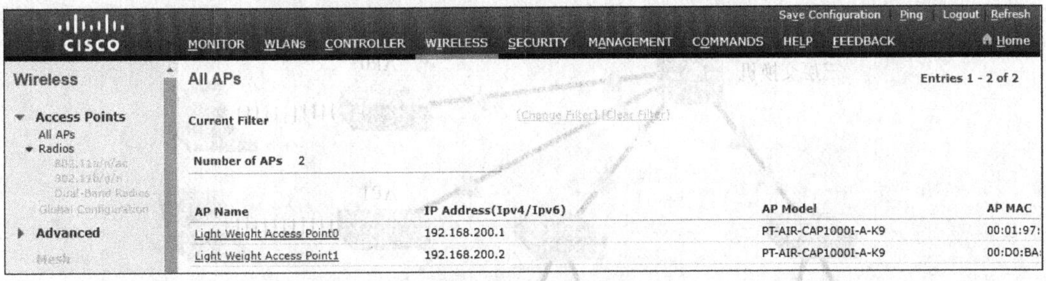

图 6-24　查看 LAP

4. 设置无线客户端

无线客户端的设置这里不再赘述。

5. 验证全网的连通性

此时可以在无线客户端上，利用 ping 和 tracert 命令测试连通性和路由，也可以在三层交换机上运行 ping 和 traceroute 命令测试各设备之间的连通性和路由。

【注意】 以上只完成了利用 WLC 和 LAP 组建 WLAN 的基本设置，其他设置方法请查阅相关资料和技术手册。

任务拓展

请根据实际条件参观并分析典型企业无线局域网案例，查阅该网络的相关资料，了解该网络的基本结构和组成，了解其所采用的主要安全措施，了解相关无线网络产品的基本功能、特点以及部署和使用情况。

习　题　6

1. 常见的无线局域网技术标准有哪些？各有什么特点？
2. 无线局域网常用的硬件设备有哪些？
3. 简述无线局域网的组网模式。
4. 简述无线客户端接入 IEEE 802.11 无线网络的基本过程。
5. WPA 和 WPA2 有哪两种工作模式？这两种工作模式有什么不同？
6. 什么是无线漫游？简述无线漫游的基本过程。
7. 简述自主模式 AP 和轻量级 AP 的主要区别。
8. 简述无线局域网控制器的主要功能。
9. 按照图 6-25 所示的拓扑结构连接网络并完成以下配置。

(1) 将网络中的所有计算机划分为 3 个 VLAN，有线接入的 4 台计算机分别属于 2 个 VLAN，无线接入的 4 台计算机属于另一个 VLAN，实现各设备间的连通。

(2) 将 SSID 设置为 Student，禁用 SSID 广播并启用 WPA2 验证，使无线客户端可以在 AP1 和 AP2 之间实现漫游(有条件的话可以将 AP 换为 LAP，并在该网络中安装 WLC)。

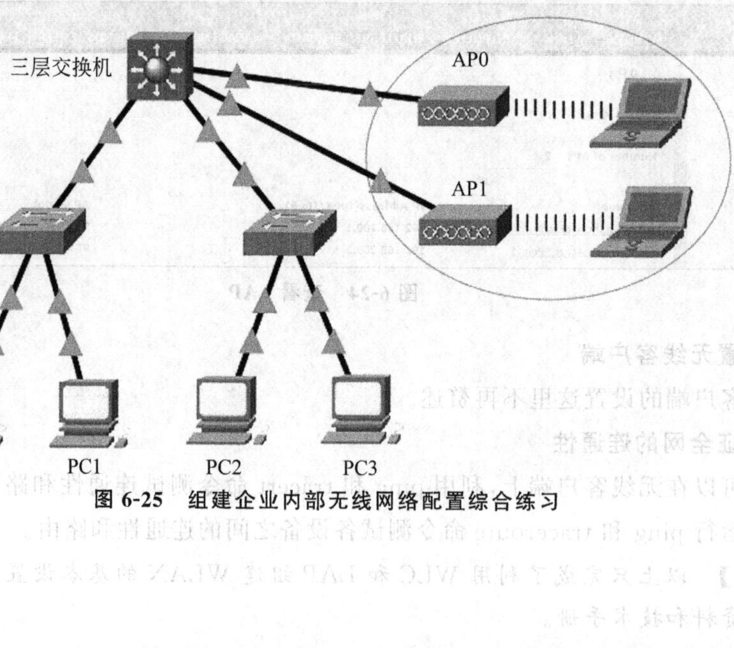

图 6-25　组建企业内部无线网络配置综合练习

工作单元7　利用广域网实现企业网络互联

广域网通常是电信运营商建立和经营的网络,电信运营商将其网络分次(拨号线路)或分块(租用专线)出租给用户以收取服务费用。企业网络在利用广域网实现网络互联时,不但要考虑采用何种连接技术,而且要考虑公有 IP 地址、数据传输安全等方面的问题。本单元的主要目标是熟悉利用 PPP 和帧中继网络实现企业网络互联的基本设置方法;理解 NAT 和 VPN 的作用,掌握其基本配置方法。

任务 7.1　利用 PPP 实现企业网络互联

任务目的

(1) 熟悉 HDLC 的基本运行机制;

(2) 熟悉 PPP 的基本运行机制;

(3) 掌握利用 PPP 实现企业网络互联的基本配置方法。

任务导入

广域网可以使用多种类型的连接方案,不同类型的连接方案之间存在技术、速度和成本方面的差异。租用线路连接主要是指点对点连接或专线连接,是从本地客户端设备经过 DCE 设备到远端目标网络的一条预先建立的广域网通信路径,可以在数据收发双方之间建立起永久性的固定连接。在图 7-1 所示的网络中,两台路由器 Router0 和 Router1 通过 S1/0 串行接口相连,其中路由器 Router0 为 DTE,路由器 Router1 为 DCE。默认情况下,Cisco 路由器的串行口是采用数据链路层协议 Cisco HDLC 进行数据封装的。Cisco HDLC 是 Cisco 的专有协议,缺少对链路的安全保护。若 Cisco 设备与非 Cisco 设备进行连接,或者对链路的安全性有要求,则应使用 PPP 进行数据封装。请对图 7-1 所示的网络进行配置,启用 PPP 封装路由器之间传输的数据,实现网络的连通。

工作环境与条件

(1) 路由器和交换机(本部分以 Cisco 系列产品为例,也可选用其他品牌型号的产品或

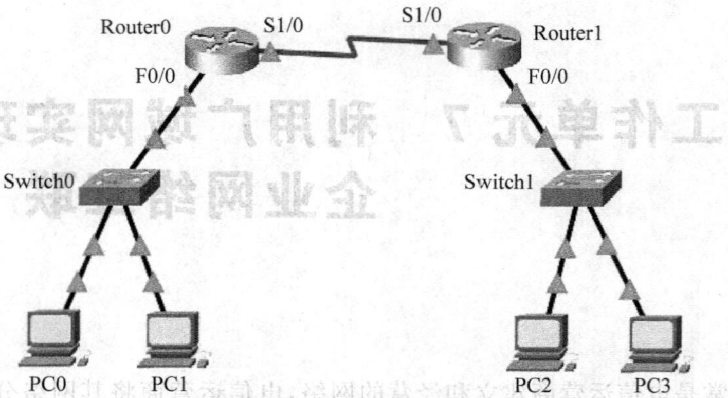

图 7-1　利用 PPP 实现企业网络互联示例

使用 Cisco Packet Tracer 等网络模拟和建模工具)；

(2) Console 线缆和相应的适配器；

(3) 安装 Windows 操作系统的 PC(带有无线网卡)；

(4) 组建网络所需的其他设备。

相关知识

7.1.1　HDLC

与并行通信相比，串行通信所需的线缆数量少，不需要同步信号，电缆中导体之间的干扰(串扰)也要低很多。HDLC 是点到点串行线路上的数据链路层封装格式，其帧格式中没有源 MAC 地址和目的 MAC 地址，和以太网有很大差别。HDLC 采用确认机制进行流量控制和错误控制，无论是数据帧还是控制帧，其每个帧的格式都相同。

Cisco 公司对 HDLC 进行了专有化，解决了其无法支持多协议的问题。默认情况下 Cisco 路由器的串行接口将采用 Cisco HDLC 进行数据封装。需要注意的是，Cisco HDLC 与标准 HDLC 并不兼容，因此如果链路的两端都是 Cisco 设备，可以使用 Cisco HDLC 进行数据封装，但如果 Cisco 设备与非 Cisco 设备进行连接，则应使用 PPP 进行数据封装。另外，HDLC 不能提供验证，缺少对链路的安全保护作用。

7.1.2　PPP 的组件和工作过程

和 HDLC 一样，PPP 也是串行线路上(同步电路或者异步电路)的一种数据链路层封装格式。PPP 可以提供对多种网络层协议的支持，并且支持认证、多链路捆绑、回拨、压缩等功能。PPP 包含以下 3 个主要组件。

- 用于在点对点链路上封装数据的 HDLC 协议。
- 用于建立、配置和测试数据链路连接的可扩展链路控制协议(LCP)。
- 用于建立和配置各种网络层协议的网络控制协议(NCP)。

PPP 可在任何 DTE/DCE 接口(RS-232-C、RS-422、RS-423 或 V.35)上运行。PPP 的大部分工作都在数据链路层和网络层由 LCP 和 NCP 执行。LCP 负责设置 PPP 连接及其参数，NCP 负责处理更高层的协议配置。在一个点到点的链路上，PPP 建立通信连接的基本过程包括以下几个阶段。

- 链路的建立和配置协商：在 PPP 交换任何网络层数据包(如 IP)之前，通信的发送方将发送 LCP 帧来配置和检测通信链路。当接收方向启动连接的发送方发送配置确认帧时，此阶段结束。
- 链路质量检测：LCP 测试链路以确定链路质量是否满足网络层协议要求。这一阶段是可选的，在链路已经建立、协调之后进行。
- 网络层协议配置协调：通信的发送方发送 NCP 帧以选择并配置网络层协议。NCP 可以独立配置网络层协议，也可以随时启动或关闭这些协议。如果 LCP 关闭链路，它会通知网络层协议以便协议采取相应的措施。
- 关闭链路：通信链路将一直保持到 LCP 或 NCP 帧关闭链路或发生一些外部事件。LCP 可以随时切断该链路。LCP 切断链路的原因通常是响应某台路由器的请求，但也有可能是因为发生了一些物理事件，如载波丢失或空闲计时器超时。

7.1.3 PPP 的验证方式

1. PAP

PAP(password authentication protocol，密码验证协议)利用 2 次握手的简单方法进行认证。PAP 验证过程是在链路建立完毕后，源节点不停地在链路上反复发送用户名和口令，直到验证通过。在 PAP 验证中，用户名和口令在链路上是以明文传输的，而且由于是由源节点控制验证重试频率和次数，因此 PAP 验证不能防范再生攻击和重复的尝试攻击。

2. CHAP

CHAP(challenge handshake authentication protocol，询问握手验证协议)利用 3 次握手周期地验证源节点的身份。CHAP 验证过程在链路建立之后进行，而且在以后的任何时候都可以再次进行。CHAP 不允许连接发起方在没有收到询问消息的情况下进行验证尝试。CHAP 不直接传送口令，只传送一个不可预测的询问消息，以及该询问消息与口令经过 MD5 加密运算后的加密值，所以 CHAP 可以防止再生攻击，其安全性比 PAP 要高。

在图 7-1 所示的网络中，路由器 Router0 与 Router1 之间建立经过 CHAP 验证的 PPP 连接的基本过程如下。

- 路由器 Router0 使用 LCP 与 Router1 协商链路连接，在协商期间，双方同意使用 CHAP 进行身份验证。
- 路由器 Router1 生成一个 ID 和一个随机数，并将 ID、随机数连同用户名(Router0 上的用户名)一起作为 CHAP 询问消息发送给路由器 Router0。
- 路由器 Router0 将使用 Router1 发送的用户名并利用本地数据库查找与该用户名相关联的口令。之后路由器 Router0 将使用该口令以及 Router1 发送的 ID、随机数生成一个 MD5 哈希值。
- 路由器 Router0 将询问消息 ID、MD5 哈希值及用户名(Router1 上的用户名)发送到 Router1。
- 路由器 Router1 使用 Router0 发送的用户名并利用本地数据库查找与该用户名相关联的口令，之后使用该口令以及最初发送给 Router0 的 ID、随机数生成自己的 MD5 哈希值。

• 路由器 Router1 将自己的 MD5 哈希值与 Router0 发送的 MD5 哈希值进行比较。如果这两个值相同,路由器 Router1 将向 Router0 发送链路建立响应;若不相同,则会生成一个 CHAP 失败数据包。

【注意】 在 PPP 的 CHAP 验证中,不会在链路中传输口令,而会相互传送对方数据库中的用户名,验证双方通过查询数据库找到该用户名对应的口令来计算 MD5 哈希值。显而易见,要使得验证双方计算的 MD5 哈希值相同,验证双方相互传送的用户名对应的口令要相同。

任务实施

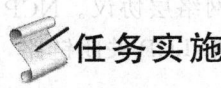

请扫描数字活页 7.1 的二维码,在任务实施过程中思考并回答数字活页中提出的问题。另外,可以分别扫描微课视频 7.1.1(PPP 基本配置)、微课视频 7.1.2(PPP 的 PAP 认证)、微课视频 7.1.3(PPP 的 CHAP 认证)的二维码,观看相关工作任务的讲解和操作演示视频。

数字活页 7.1

微课视频 7.1.1 (PPP 基本配置)

微课视频 7.1.2 (PPP 的 PAP 认证)

微课视频 7.1.3 (PPP 的 CHAP 认证)

实训 1 PPP 基本配置

在图 7-1 所示的网络中,启用 PPP 封装路由器之间传输的数据,实现网络连通的基本操作方法如下。

1. 规划与分配 IP 地址

可按照表 7-1 所示的 TCP/IP 参数配置相关设备的 IP 地址信息。

表 7-1 利用 PPP 实现企业网络互联示例中的 TCP/IP 参数

设备	接口	IP 地址	子网掩码	网关
PC0	NIC	192.168.1.1	255.255.255.0	192.168.1.254
PC1	NIC	192.168.1.2	255.255.255.0	192.168.1.254
PC2	NIC	192.168.2.1	255.255.255.0	192.168.2.254
PC3	NIC	192.168.2.2	255.255.255.0	192.168.2.254
Router0	F0/0	192.168.1.254	255.255.255.0	
	S1/0	10.1.1.1	255.255.255.252	
Router1	F0/0	192.168.2.254	255.255.255.0	
	S1/0	10.1.1.2	255.255.255.252	

2. 配置路由器接口

在路由器 Router0 上的配置过程如下。

```
Qchm-R0(config)#interface f0/0
Qchm-R0(config-if)#ip address 192.168.1.254 255.255.255.0
Qchm-R0(config-if)#no shutdown
Qchm-R0(config-if)#interface s1/0
Qchm-R0(config-if)#ip address 10.1.1.1 255.255.255.252
Qchm-R0(config-if)#no shutdown
```

在路由器 Router1 上的配置过程如下。

```
Qchm-R1(config)#interface f0/0
Qchm-R1(config-if)#ip address 192.168.2.254 255.255.255.0
Qchm-R1(config-if)#no shutdown
Qchm-R1(config-if)#interface s1/0
Qchm-R1(config-if)#ip address 10.1.1.2 255.255.255.252
Qchm-R1(config-if)#clock rate 2000000
Qchm-R1(config-if)#no shutdown
```

在路由器 Router0 上查看路由器串行口封装协议的方法如下。

```
Qchm-R0#show interfaces s1/0
Serial1/0 is up,line protocol is up (connected)
  Hardware is HD64570
  Internet address is 10.1.1.1/30
  MTU 1500 bytes,BW 128 Kbit,DLY 20000 usec,
     reliability 255/255,txload 1/255,rxload 1/255
  Encapsulation HDLC,loopback not set,keepalive set (10 sec)
  ...(以下省略)
//通过查看端口信息,可以看到默认情况下采用 HDLC 封装
```

3. 改变串行链路两端的接口封装为 PPP 封装

在路由器 Router0 上的配置过程如下。

```
Qchm-R0(config)#interface s1/0
Qchm-R0(config-if)#encapsulation ppp            //启用 PPP 封装
```

在路由器 Router1 上的配置过程如下。

```
Qchm-R1(config)#interface s1/0
Qchm-R1(config-if)#encapsulation ppp
```

在路由器 Router0 上查看路由器串行口封装协议的方法如下。

```
Qchm-R0#show interfaces s1/0
 Serial1/0 is up,line protocol is up (connected)
  Hardware is HD64570
  Internet address is 10.1.1.1/30
  MTU 1500 bytes,BW 128 Kbit,DLY 20000 usec,
     reliability 255/255,txload 1/255,rxload 1/255
  Encapsulation PPP,loopback not set,keepalive set (10 sec)
  LCP Open
  Open: IPCP,CDPCP
...(以下省略)
//通过查看端口信息,可以看到已设置为 PPP 封装
```

可以使用 debug ppp packet 命令查看 PPP 运行时数据包的交换情况，使用 debug ppp negotiation 命令查看 PPP 协商的输出。debug ppp packet 命令的运行过程如下。

```
Qchm-R0#debug ppp packet
Serial1/0 PPP: I pkt type 0xc021,datagramsize 104
Serial1/0 PPP: O pkt type0xc021,datagramsize 104
Serial1/0 PPP: O pkt type 0xc021,datagramsize 104
Serial1/0 PPP: I pkt type 0xc021,datagramsize 104
//O 表示检测的数据是输出数据，I 表示检测的数据是输入数据；pkt type 0xc021 表示数据类型，
  C021 为 LCP;datagramsize 表示数据长度
```

4. 配置路由

可以利用静态路由、RIP 或 OSPF 动态路由实现各网段之间的连通，并在计算机上利用 ping 和 tracert 命令测试网络的连通性，具体操作方法这里不再赘述。

实训 2　配置 PPP 身份验证

1. 配置 PAP

若要使路由器 Router0 和 Router1 进行双向 PAP 验证，则在路由器 Router0 上的配置过程如下。

```
Qchm-R0(config)#username user0 password abc123++
//为远程路由器设置用户名和口令
Qchm-R0(config)#interface s1/0
Qchm-R0(config-if)#encapsulation ppp
Qchm-R0(config-if)#ppp authentication pap    //配置验证方式为 PAP
Qchm-R0(config-if)#ppp pap sent-username user1 password dxf567++
//配置在中心路由器上登录的用户名和口令
```

在路由器 Router1 上的配置过程如下。

```
Qchm-R1(config)#username user1 password dxf567++
Qchm-R1(config)#interface s1/0
Qchm-R1(config-if)#encapsulation ppp
Qchm-R1(config-if)#ppp authentication pap
Qchm-R1(config-if)#ppp pap sent-username user0 password abc123++
```

【注意】 若要配置路由器 Router0 在 Router1 上进行单向验证，则需在中心路由器 Router1 上创建用户并利用 ppp authentication pap 启动认证，在远程路由器 Router0 的 S1/0 接口上发送登录用户名和口令并利用 ppp authentication pap callin 启动认证。

可以使用 debug ppp authentication 命令查看 PPP 的身份验证情况，运行过程如下。

```
Qchm-R0#debug ppp authentication
Serial1/0 Using hostname from interface PAP
Serial1/0 Using password from interface PAP
Serial1/0 PAP: O AUTH-REQ id 17 len 15
```

```
Serial1/0 PAP: Phase is FORWARDING,Attempting Forward
```

2. 配置 CHAP

若要使路由器 Router0 和 Router1 进行 CHAP 验证，在路由器 Router0 上的配置过程如下。

```
Qchm-R0(config)#username Qchm-R1 password hello123+
//为对方配置用户名和密码,需要注意的是两方的密码要相同
Qchm-R0(config)#interface s1/0
Qchm-R0(config-if)#encapsulation ppp
Qchm-R0(config-if)#ppp authentication chap    //配置认证方式为 CHAP
```

在路由器 Router1 上的配置过程如下。

```
Qchm-R1(config)#username Qchm-R0 password hello123+
Qchm-R1(config)#interface s1/0
Qchm-R1(config-if)#encapsulation ppp
Qchm-R1(config-if)#ppp authentication chap
```

【注意】 以上是 CHAP 验证的最简单配置，也是实际应用中最常用的配置方式。由于 CHAP 默认会使用本地路由器的主机名作为建立 PPP 连接时的用户名，因此配置时创建的用户名应为对方路由器主机名，且双方密码必须一致。

任务拓展

在图 7-2 所示的网络中，3 台路由器通过串行接口相连。网络组建完成后，请完成以下配置。

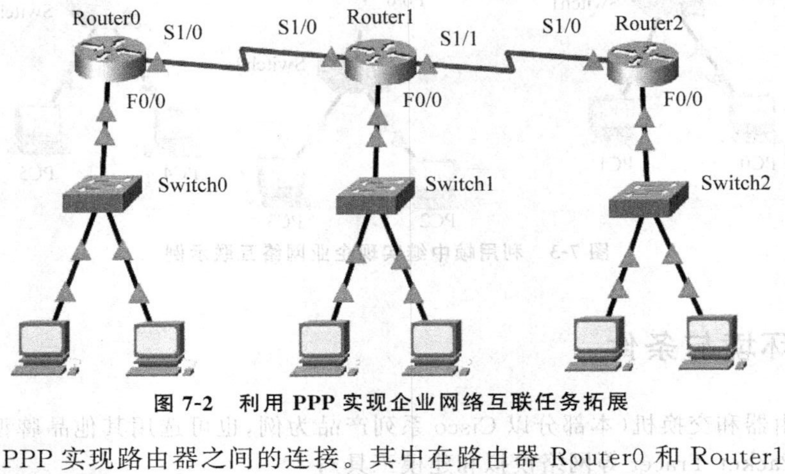

图 7-2　利用 PPP 实现企业网络互联任务拓展

- 利用 PPP 实现路由器之间的连接。其中在路由器 Router0 和 Router1 之间进行双向的 PAP 验证，在路由器 Router1 和 Router2 之间进行双向的 CHAP 验证。
- 为网络中的相关设备分配 IP 地址及相关参数，利用静态路由或动态路由实现网络的连通。

任务 7.2　利用帧中继实现企业网络互联

任务目的

(1) 理解帧中继的基本运行机制；

(2) 了解利用帧中继实现企业网络互联的基本配置方法。

任务导入

租用线路可以提供永久的专用带宽，在不考虑成本的情况下是最佳的广域网连接方案。但是租用线路的每个端点都需要单独占用路由器上的一个物理接口，这会增加设备成本。另外，租用线路的带宽是固定的，但广域网的数据流量经常是波动性的，这会使线路的带宽不能得到有效利用。分组交换连接是在两个站点之间使用逻辑电路(虚电路)建立连接，同一个物理线路上可以建立多个逻辑电路。在分组交换连接中，路由器只需要一条物理线路就可以与多个设备之间建立逻辑连接，这可以有效地降低成本，最大限度地利用带宽，也可以提高网络设计的灵活性。帧中继(frame relay，FR)是面向连接的广域网数据交换协议，工作于 OSI 参考模型的物理层和数据链路层，是典型的分组交换技术。请对图 7-3 所示的网络进行配置，利用帧中继网络连接路由器，并实现全网的连通。

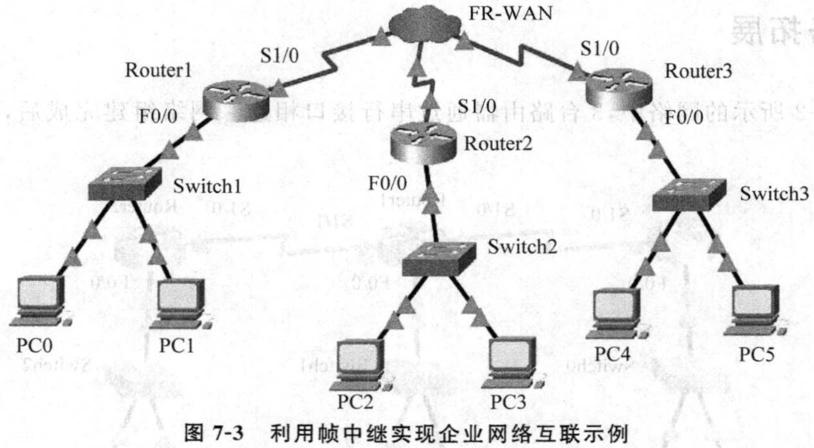

图 7-3　利用帧中继实现企业网络互联示例

工作环境与条件

(1) 路由器和交换机(本部分以 Cisco 系列产品为例，也可选用其他品牌型号的产品或使用 Cisco Packet Tracer 等网络模拟和建模工具)；

(2) Console 线缆和相应的适配器；

(3) 安装 Windows 操作系统的 PC(带有无线网卡)；

(4) 组建网络所需的其他设备。

相关知识

7.2.1 帧中继网络的拓扑结构

帧中继网络使用的连接是由虚电路提供的，虚电路是两台设备之间的逻辑连接，因此每个局域网路由器只需要通过一条物理链路连接到帧中继网络（也称帧中继云），通过该物理连接就可以使用逻辑虚电路连接到远程网络。帧中继网络最简单的拓扑结构为星形结构，即帧中继云中只有一台帧中继交换机来提供主要服务与应用。为了保证数据传输质量，在大型的帧中继网络中更多采用全网状拓扑结构或部分网状拓扑结构，如图 7-4 所示。当使用帧中继实现网络互联时，每个局域网的路由器是 DTE 设备，帧中继网络中的帧中继交换机是 DCE 设备。

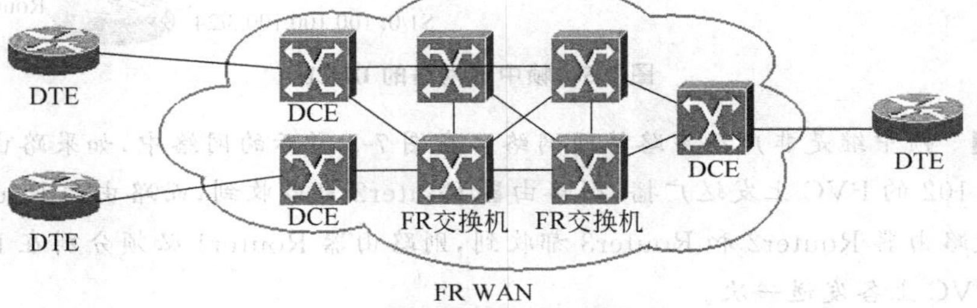

图 7-4 帧中继网络的拓扑结构

7.2.2 虚电路与 DLCI

1. 虚电路

虚电路（virtual circuit，VC）是一种分组交换传输方式，分为永久虚电路（PVC）和交换虚电路（SVC）两种类型。PVC 与租用线路类似，由运营商预先配置，只要存在一条从发送站到接收站的物理链路就可以一直保持连通状态。SVC 与电路交换连接类似，当需要发送数据时 SVC 会被动态创建，数据发送完毕后电路将立刻被拆除。由于 PVC 简单、高效，因此更适合于进行数据通信。

2. DLCI

帧中继使用 DLCI（data link connection identifier，数据链路连接标识符）来区分网络中的不同虚电路。实际上 DLCI 就是 IP 数据包在帧中继链路上进行封装时所需的数据链路层地址，其长度一般为 10bit，也可扩展为 16bit。DLCI 通常由帧中继服务提供商统一分配，其范围一般为 16～1007（0～15 和 1008～1023 留作特殊用途）。帧中继的 DLCI 仅具有本地意义，只在其所在物理链路上是唯一的。

在图 7-5 所示的网络中，当路由器 Router1（IP 地址为 100.100.100.1/24）要把数据发往路由器 Router2（IP 地址为 100.100.100.2/24）时，可以使用 DLCI 值 102 对 IP 数据包进行第 2 层的封装。帧中继交换机从 S1 接口收到该数据帧后，将根据帧中继交换表把数据帧从 S2 接口转发出去，并且将转发出去的数据帧的 DLCI 改为 201，这样路由器 Router2 就会收到 Router1 发来的数据包。而当路由器 Router2 要发送数据给 Router1 时,可以使用 DLCI 值 201 对 IP 数据包进行第 2 层的封装。帧中继交换机同样将根据帧中继交换表把数据帧从 S1 接口转发出去,并且将转发出去的数据帧的 DLCI 改为 102,这样路由器 Router1 就会收到 Router2 发来的数据包。

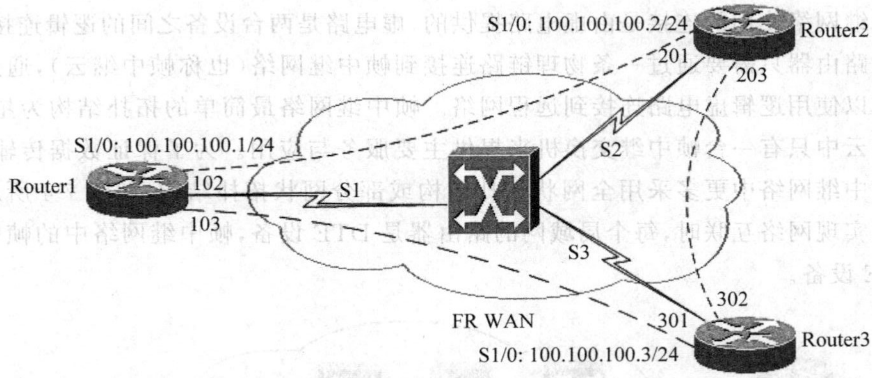

图 7-5　帧中继网络的 DLCI

【注意】 帧中继是非广播多路访问网络。在图 7-5 所示的网络中,如果路由器 Router1 在 DLCI 为 102 的 PVC 上发送广播,则路由器 Router2 可以收到,而路由器 Router3 无法收到。若要使路由器 Router2 和 Router3 都收到,则路由器 Router1 必须分别在 DLCI 为 102 和 103 的 PVC 上各发送一次。

7.2.3　帧中继的地址映射

DLCI 是帧中继网络中的数据链路层地址。路由器要通过帧中继网络把 IP 数据包发到下一跳路由器时,它必须知道 IP 地址和 DLCI 的映射才能进行数据帧的封装。在图 7-5 所示的网络中,各路由器中的 IP 地址和 DLCI 的映射如下。

- R1:100.100.100.2→102,100.100.100.3→103
- R2:100.100.100.1→201,100.100.100.3→203
- R3:100.100.100.1→301,100.100.100.2→302

路由器有两种方法可以获得地址映射:一种是静态映射,即由管理员手工输入;另一种是利用 IARP(inverse ARP,逆向地址解析协议)动态建立帧中继映射。默认情况下,Cisco 路由器帧中继接口将采用动态映射。IARP 的基本工作原理如图 7-6 所示。

- 路由器 Router1 在 DLCI 为 102 的 PVC 上发送 IARP 数据包,该数据包中有 Router1 的 IP 地址 100.100.100.1。
- 帧中继网络将该数据包通过 DLCI 为 201 的 PVC 发送给路由器 Router2。
- 由于路由器 Router2 是从 201 的 PVC 上接收到的 IARP 数据包,因此 Router2 会自动建立映射:100.100.100.1→201。
- 路由器 Router2 也发送 IARP 数据包,路由器 Router1 收到该数据包后也会自动建立映射:100.100.100.2→102。

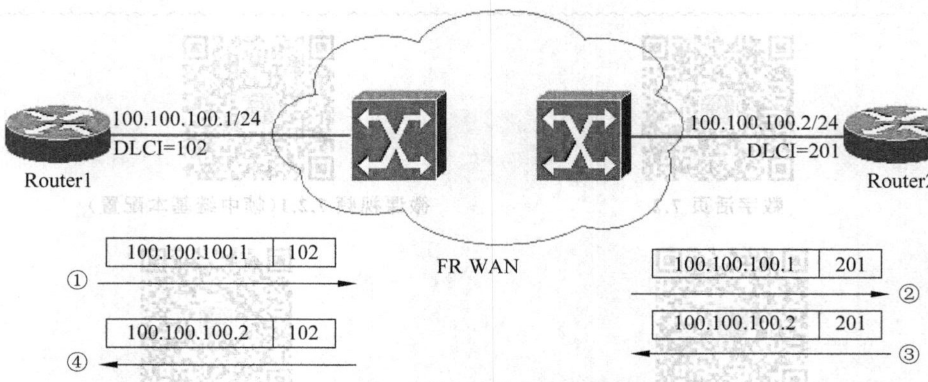

图 7-6　IARP 的基本工作原理

7.2.4　LMI

LMI(local management interface,本地管理接口)提供了一个帧中继交换机和路由器之间的简单信令,用于建立和维护帧中继 DTE 和 DCE 设备之间的连接,维护虚电路的状态。LMI 有多种类型,如 ITU-T 的 Q.933 附录 A、ANSI 的 T1.617 附录 D、Cisco 非标准兼容协议等。在帧中继交换机和路由器之间必须采用相同的 LMI 类型,Cisco 路由器在较高版本的 IOS 中具有自动检测 LMI 类型的功能。对于 DTE 设备,PVC 的状态完全由 DCE 设备决定。路由器从帧中继交换机收到 LMI 信息后,可以得知 PVC 状态。PVC 状态包括以下几种。

- 激活状态(active):本地路由器与帧中继交换机的连接是启动且激活的。可以与帧中继交换机交换数据。
- 非激活状态(inactive):本地路由器与帧中继交换机的连接是启动且激活的,但 PVC 另一端的路由器未能与其帧中继交换机通信。
- 删除状态(deleted):本地路由器没有从帧中继交换机上收到任何 LMI,可能线路或网络有问题,或者配置了不存在的 PVC。

7.2.5　帧中继子接口

为了满足某些需求,适应各种拓扑结构,有时需要为运行帧中继协议的路由器接口创建子接口。子接口是一个逻辑接口,每个物理接口可以衍生出多个子接口。子接口有点到点和点到多点两种类型。采用点到点子接口时,每个子接口只能连接一条 PVC,因为每条 PVC 只有唯一的对端地址,所以不必配置动态或静态地址映射,点到点子接口就像一个连接了同步专线的串口一样工作。点到多点子接口被用来建立多条 PVC,每条 PVC 都需要和其连接的远端网络地址建立一个地址映射,这种特性与没有配置子接口的物理接口相同。

任务实施

请扫描数字活页 7.2 的二维码,在任务实施过程中思考并回答数字活页中提出的问题。另外,可以分别扫描微课视频 7.2.1(帧中继基本配置)、微课视频 7.2.2(手工配置帧中继地址映射)、微课视频 7.2.3(配置帧中继上的 RIP)的二维码,观看相关工作任务的讲解和操作演示视频。

数字活页 7.2

微课视频 7.2.1(帧中继基本配置)

微课视频 7.2.2(手工配置帧中继地址映射)

微课视频 7.2.3(配置帧中继上的 RIP)

实训 1　帧中继基本配置

在如图 7-3 所示的网络中,3 台路由器 Router1、Router2 和 Router3 通过帧中继网络相连。路由器 Router1 通过 DLCI 102 标识的 PVC 连接到 Router2,通过 DLCI 103 标识的 PVC 连接到 Router3;路由器 Router2 通过 DLCI 201 标识的 PVC 连接到 Router1,通过 DLCI 203 标识的 PVC 连接到 Router3;路由器 Router3 通过 DLCI 301 标识的 PVC 连接到 Router1,通过 DLCI 302 标识的 PVC 连接到 Router2。路由器 Router1、Router2 和 Router3 处于同一子网,且均为 DTE 设备。若要实现网络互联,基本操作方法如下。

【注意】 在实验室完成本任务时,可使用路由器来模拟帧中继交换机,具体操作方法请查阅相关技术手册。若采用 Cisco Packet Tracer 完成本任务,可将 3 台路由器通过串行口连接到广域网云。在广域网云的相应端口需添加 DLCI,并完成帧中继交换表的配置。例如若广域网云的 S1 接口连接 Router1,S2 接口连接 Router2,则可在 S1 接口添加 DLCI 102,在 S2 接口添加 DLCI 201,并通过帧中继交换表告诉路由器如果从 S1 接口收到 DLCI 102 的帧,要从 S2 接口交换出去,并且 DLCI 改为 201。

1. 规划与分配 IP 地址

可按照表 7-2 所示的 TCP/IP 参数配置相关设备的 IP 地址信息。

表 7-2　利用 PPP 实现企业网络互联示例中的 TCP/IP 参数

设　备	接　口	IP 地 址	子网掩码	网　关
PC0	NIC	192.168.1.1	255.255.255.0	192.168.1.254
PC1	NIC	192.168.1.2	255.255.255.0	192.168.1.254
PC2	NIC	192.168.2.1	255.255.255.0	192.168.2.254
PC3	NIC	192.168.2.2	255.255.255.0	192.168.2.254
PC4	NIC	192.168.3.1	255.255.255.0	192.168.3.254
PC5	NIC	192.168.3.2	255.255.255.0	192.168.3.254
Router1	F0/0	192.168.1.254	255.255.255.0	
	S1/0	100.100.100.1	255.255.255.0	
Router2	F0/0	192.168.1.254	255.255.255.0	
	S1/0	100.100.100.2	255.255.255.0	

续表

设　　备	接　　口	IP 地 址	子 网 掩 码	网　　关
Router3	F0/0	192.168.2.254	255.255.255.0	
	S1/0	100.100.100.3	255.255.255.0	

2. 配置路由器接口

在路由器 Router1 上的配置过程如下。

```
Qchm-R1(config)#interface f0/0
Qchm-R1(config-if)#ip address 192.168.1.254 255.255.255.0
Qchm-R1(config-if)#no shutdown
Qchm-R1(config-if)#interface s1/0
Qchm-R1(config-if)#ip address 100.100.100.1 255.255.255.0
Qchm-R1(config-if)#no shutdown
Qchm-R1(config-if)#encapsulation frame-relay
//配置采用帧中继封装。帧中继有 Cisco 和 IETF(Internet engineering task force)两种封
  装类型,默认为 Cisco 封装。若与非 Cisco 路由器连接,可在该命令后加参数 IETF
Qchm-R1(config-if)#frame-relay lmi-type cisco
//配置 LMI 类型,若 Cisco 路由器 IOS 是 11.2 及以后版本,则可自动适应 LMI 类型
```

在路由器 Router2 上的配置过程如下。

```
Qchm-R2(config)#interface f0/0
Qchm-R2(config-if)#ip address 192.168.2.254 255.255.255.0
Qchm-R2(config-if)#no shutdown
Qchm-R2(config-if)#interface s1/0
Qchm-R2(config-if)#ip address 100.100.100.2 255.255.255.0
Qchm-R2(config-if)#no shutdown
Qchm-R2(config-if)#encapsulation frame-relay
Qchm-R2(config-if)#frame-relay lmi-type cisco
```

在路由器 Router3 上的配置过程如下。

```
Qchm-R3(config)#interface f0/0
Qchm-R3(config-if)#ip address 192.168.3.254 255.255.255.0
Qchm-R3(config-if)#no shutdown
Qchm-R3(config-if)#interface s1/0
Qchm-R3(config-if)#ip address 100.100.100.3 255.255.255.0
Qchm-R3(config-if)#no shutdown
Qchm-R3(config-if)#encapsulation frame-relay
Qchm-R3(config-if)#frame-relay lmi-type cisco
```

配置完成后,可以使用 ping 命令测试各个路由器之间的连通性,也可以使用以下命令检验帧中继的配置情况。

```
Qchm-R1#show interfaces s1/0    //查看接口工作状态
Serial1/0 is up,line protocol is up (connected)
  Hardware is HD64570
  Internet address is 100.100.100.1/24
```

```
  MTU 1500 bytes,BW 128 Kbit,DLY 20000 usec,
     reliability 255/255,txload 1/255,rxload 1/255
  Encapsulation Frame Relay,loopback not set,keepalive set (10 sec)
  LMI enq sent   41,LMI stat recvd 41,LMI upd recvd 0,DTE LMI up
  LMI enq recvd 0,LMI stat sent   0,LMI upd sent   0
  LMI DLCI 1023   LMI type is CISCO   frame relay DTE
  ...(以下省略)
Qchm-R1#show frame-relay map
Serial1/0 (up): ip 100.100.100.2 dlci 103, dynamic, broadcast, CISCO, status
defined,active
Serial1/0 (up): ip 100.100.100.3 dlci 102, dynamic, broadcast, CISCO, status
defined,active
//查看地址映射,帧中继接口默认开启动态映射,dynamic 表明这是动态映射
Qchm-R1#show frame-relay pvc    //查看 DLCI 102 和 DLCI 103PVC 的状态
PVC Statistics for interface Serial1/0 (Frame Relay DTE)
DLCI =  102,DLCI USAGE =  LOCAL,PVC STATUS =  ACTIVE,INTERFACE =  Serial1/0
input pkts14055          output pkts 32795          in bytes 1096228
out bytes 6216155        dropped pkts 0             in FECN pkts 0
in BECN pkts 0           out FECN pkts 0            out BECN pkts 0
in DE pkts 0             out DE pkts 0
out bcast pkts 32795     out bcast bytes 6216155
DLCI =  103,DLCI USAGE =  LOCAL,PVC STATUS =  ACTIVE,INTERFACE =  Serial1/0
input pkts 14055         output pkts 32795          in bytes 1096228
out bytes 6216155        dropped pkts 0             in FECN pkts 0
in BECN pkts 0           out FECN pkts 0            out BECN pkts 0
in DE pkts 0             out DE pkts 0
out bcast pkts 32795     out bcast bytes 6216155
```

3. 配置静态路由

可以利用静态路由实现各网段之间的连通,并在计算机上利用 ping 和 tracert 命令测试网络的连通性,具体操作方法这里不再赘述。

实训 2　手工配置帧中继地址映射

若要手工配置帧中继地址映射,则在路由器 Router1 上的配置过程如下。

```
Qchm-R1(config)#interface s110
Qchm-R1(config-if)#no frame-relay inverse-arp      //关闭自动映射
Qchm-R1(config-if)#frame-relay map ip 100.100.100.2 102 broadcast
//设置 IP 地址 100.100.100.2 与 DLCI 102 的地址映射。参数 broadcast 可允许该帧中继链路
  通过多播或广播包,若帧中继链路上要运行路由协议,则该参数非常重要
Qchm-R1(config-if)#frame-relay map ip 100.100.100.3 103 broadcast
```

在路由器 Router2 上的配置过程如下。

```
Qchm-R2(config)#interface s1/0
Qchm-R2(config-if)#no frame-relay inverse-arp
Qchm-R2(config-if)#frame-relay map ip 100.100.100.1 201 broadcast
Qchm-R2(config-if)#frame-relay map ip 100.100.100.3 203 broadcast
```

在路由器 Router3 上的配置过程如下。

```
Qchm-R3(config)#interface s1/0
Qchm-R3(config-if)#no frame-relay inverse-arp
Qchm-R3(config-if)#frame-relay map ip 100.100.100.1 301 broadcast
Qchm-R3(config-if)#frame-relay map ip 100.100.100.2 302 broadcast
```

实训3 配置帧中继上的RIP

由于帧中继网络不支持RIP更新的广播发送，因此必须对所连路由器采用单播的方式发送路由更新，而这种更新方式会与RIP中的水平分割机制产生冲突。要解决这一问题，一种方法是关闭水平分割机制，但这样会增加产生路由环路的概率；另一种方法是使用子接口。若在如图7-3所示的网络中，若要利用RIP实现网络的连通，可采用以下操作方法。

在路由器Router1上的配置过程如下。

```
Qchm-R1(config)#interface s1/0
Qchm-R1(config-if)#no ip address                                //删除IP地址
Qchm-R1(config-if)#encapsulation frame-relay
Qchm-R1(config-if)#no frame-relay inverse-arp
Qchm-R1(config-if)#no shutdown
Qchm-R1(config-if)#exit
Qchm-R1(config)#interface s1/0.2 point-to-point                 //创建点到点子接口
Qchm-R1(config-subif)#ip address 100.100.101.1 255.255.255.0
Qchm-R1(config-subif)#frame-relay interface-dlci 102            //配置子接口地址映射
Qchm-R1(config-subif)#interface s1/0.3 point-to-point
Qchm-R1(config-subif)#ip address 100.100.102.1 255.255.255.0
//每个点到点子接口连接的PVC是一个网段,IP地址网络标识不同
Qchm-R1(config-subif)#frame-relay interface-dlci 103
Qchm-R1(config-subif)#exit
Qchm-R1(config)#router rip
Qchm-R1(config-router)#network 192.168.1.0
Qchm-R1(config-router)#network 100.100.101.0
Qchm-R1(config-router)#network 100.100.102.0
```

在路由器Router2上的配置过程如下。

```
Qchm-R2(config)#interface s1/0
Qchm-R2(config-if)#no ip address
Qchm-R2(config-if)#encapsulation frame-relay
Qchm-R2(config-if)#no frame-relay inverse-arp
Qchm-R2(config-if)#no shutdown
Qchm-R2(config-if)#exit
Qchm-R2(config)#interface s1/0.1 point-to-point
Qchm-R2(config-subif)#ip address 100.100.101.2 255.255.255.0
Qchm-R2(config-subif)#frame-relay interface-dlci 201
Qchm-R2(config-subif)#interface s1/0.3 point-to-point
Qchm-R2(config-subif)#ip address 100.100.103.1 255.255.255.0
Qchm-R2(config-subif)#frame-relay interface-dlci 203
Qchm-R2(config-subif)#exit
Qchm-R2(config)#router rip
```

```
Qchm-R2(config-router)#network 192.168.2.0
Qchm-R2(config-router)#network 100.100.101.0
Qchm-R2(config-router)#network 100.100.103.0
```

路由器 Router3 的配置过程如下。

```
Qchm-R3(config)#interface s1/0
Qchm-R3(config-if)#no ip address
Qchm-R3(config-if)#encapsulation frame-relay
Qchm-R3(config-if)#no frame-relay inverse-arp
Qchm-R3(config-if)#no shutdown
Qchm-R3(config-if)#exit
Qchm-R3(config)#interface s1/0.1 point-to-point
Qchm-R3(config-subif)#ip address 100.100.102.2 255.255.255.
Qchm-R3(config-subif)#frame-relay interface-dlci 301
Qchm-R3(config-subif)#interface s1/0.2 point-to-point
Qchm-R3(config-subif)#ip address 100.100.103.2 255.255.255.0
Qchm-R3(config-subif)#frame-relay interface-dlci 302
Qchm-R3(config-subif)#exit
Qchm-R3(config)#router rip
Qchm-R3(config-router)#network 192.168.3.0
Qchm-R3(config-router)#network 100.100.102.0
Qchm-R3(config-router)#network 100.100.103.0
```

任务拓展

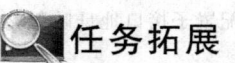

请查阅相关技术手册，了解帧中继网络配置 OSPF 路由的基本方法。另外，随着高速以太网和光纤接入技术的发展，目前电信运营商会为企业用户提供基于光纤的接入方案，请根据实际情况考查所在学校的校园网或其他企业网络，了解该网络在连接广域网时所采用的接入技术和配置方法。

任务 7.3 配置网络地址转换

任务目的

(1) 理解 NAT 的作用；
(2) 掌握静态 NAT 的配置方法；
(3) 掌握动态 NAT 的配置方法；
(4) 掌握 NAPT 的配置方法。

任务导入

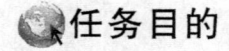

随着 Internet 的普及，IPv4 地址被迅速耗尽。为了应付 IPv4 地址枯竭的问题，人们提出了几个短期解决方案，其中私有 IP 地址和网络地址转换(network address translation,

NAT)是应用最为广泛的方案。企业计算机网络内部的主机通常会使用私有 IP 地址,这些地址并不能访问 Internet。NAT 的作用就是使得这些使用私有 IP 地址的主机能够借用公有 IP 地址对外访问。在图 7-7 所示的网络中,内网路由器 Router0 与外网路由器 Router1 通过串行接口相连。路由器 Router1 的 F0/0 接口的 IP 地址为 200.200.2.254/24,S1/0 接口的 IP 地址为 200.200.1.1/29,服务器 Server0 的 IP 地址为 200.200.2.1/24,服务器 Server1 的 IP 地址为 200.200.2.2/24,若企业网络申请到的可以访问外网的 IP 地址为 200.200.1.2/29~200.200.1.6/29,请利用 NAT 实现内网主机与外网服务器之间的通信。

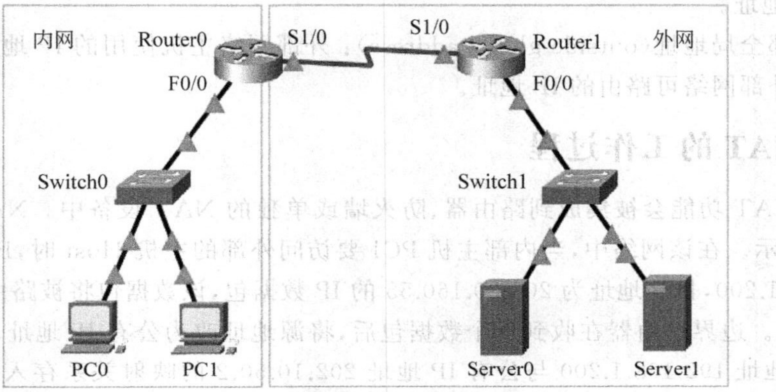

图 7-7　配置 NAT 示例

工作环境与条件

(1) 路由器和交换机(本部分以 Cisco 系列产品为例,也可选用其他品牌型号的产品或使用 Cisco Packet Tracer 等网络模拟和建模工具);

(2) Console 线缆和相应的适配器;

(3) 安装 Windows 操作系统的 PC(带有无线网卡);

(4) 组建网络所需的其他设备。

相关知识

7.3.1　NAT 相关术语

NAT 是一种将一个 IP 地址域(如 Intranet)转换为另一个 IP 地址域(如 Internet)的技术。NAT 技术的出现是为了解决 IPv4 地址日益短缺的问题,它将多个私有 IP 地址映射为一个或几个公有 IP 地址,从而使得内部网络中的主机可以透明地访问外部网络的资源,同时外部网络中的主机也可以有选择地访问内部网络。NAT 也能使得内外网络隔离,提供一定的网络安全保障。NAT 相关术语主要包括以下几种。

- 内部网络(inside network):指企业或机构所拥有的网络,与 NAT 路由器上被定义的内部的接口相连。
- 外部网络(outside network):指除了内部网络之外的所有网络,与 NAT 路由器上被定义的外部的接口相连。

- 内部本地地址(inside local address):内部网络主机使用的 IP 地址,通常为私有 IP 地址,不能直接在 Internet 上路由,因而不能直接访问 Internet。
- 内部全局地址(inside global address):内部网络主机使用的可访问外部网络的 IP 地址,通常为公有 IP 地址,当使用内部本地地址的主机要访问外部网络,需通过 NAT 映射为内部全局地址。
- 外部本地地址(outside local address):能够被内部网络主机识别的外部网络主机的 IP 地址。
- 外部全局地址(outside global address):外部网络主机使用的 IP 地址,这些地址是在外部网络可路由的 IP 地址。

7.3.2 NAT 的工作过程

通常 NAT 功能会被集成到路由器、防火墙或单独的 NAT 设备中。NAT 的工作过程如图 7-8 所示。在该网络中,当内部主机 PC1 要访问外部的主机 Host 时,PC1 发送源地址为 192.168.1.200,目的地址为 200.30.160.55 的 IP 数据包,该数据包将被路由到内部网络的边界路由器。边界路由器在收到这个数据包后,将源地址改为公有 IP 地址 202.10.50.2,并将私有 IP 地址 192.168.1.200 与公有 IP 地址 202.10.50.2 的映射关系存入地址映射表,然后发出修改后的 IP 数据包。当 Host 主机收到该数据包并做出回复后,回复的数据包将到达内部网络的边界路由器。边界路由器再根据地址映射表中的地址对应关系,把恢复数据包的目的地址转换为 PC1 的私有 IP 地址,并把该数据包路由到 PC1,这样就完成了私有地址主机与 Internet 主机的通信。

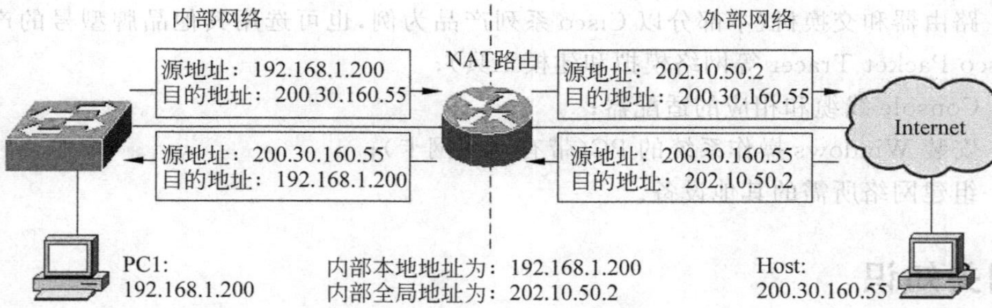

图 7-8 NAT 的工作过程

7.3.3 NAT 的类型

1. 静态 NAT

静态 NAT 在地址映射表中为每一个需要转换的内部本地地址创建了一个固定的地址映射关系,映射了唯一的内部全局地址,本地地址与全局地址一一对应。也就是说,在静态 NAT 中,内部网络中的每一个主机都被永久映射了可以访问外部网络的某个合法地址,当内部主机访问外部网络时,内部本地地址就会转换为相应的全局地址。

2. 动态 NAT

动态 NAT 是将可用的内部全局地址的地址集定义为 NAT 池(NAT pool),对于要与外界进行通信的内部主机，如果还没有建立映射关系，NAT 设备将会动态地从 NAT 池中选择一个全局地址与内部主机的本地地址进行转换。该映射关系在连接建立时动态创建，而在连接终止时将被回收。动态 NAT 增强了网络的灵活性，减少了所需的全局地址的数量。需要注意的是，如果 NAT 池中的全局地址被全部占用，则此后的地址转换申请将被拒绝，这样会造成网络连通性的问题。另外由于每次的地址转换都是动态的，所以同一主机在不同连接中的全局地址是不同的，这会增加网络管理的难度。

3. 地址端口转换(NAPT)

地址端口转换是动态转换的一种变形，它可以使多个内部主机共享一个内部全局地址，而通过源地址和目的地址的 TCP/UDP 端口号来区分地址映射表中的映射关系和本地地址，这样就更加减少了所需的全局地址的数量。例如，假设内部主机 192.168.1.2 和 192.168.1.3 都使用源端口 1723 向外发送数据包，NAPT 路由器把这两个内部本地地址都转换为全局地址 202.10.50.2，而使用不同的端口号 1492 和 1723。当接收方收到源端口为 1492 的报文时，则返回的报文在到达 NAPT 路由器后，其目的地址和端口将被转换为 192.168.1.2:1723。当接收方收到源端口为 1723 的报文时，则返回的报文在到达 NAPT 路由器后，其目的地址和端口将被转换为 192.168.1.3:1723。

任务实施

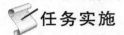

请扫描数字活页 7.3 的二维码，在任务实施过程中思考并回答数字活页中提出的问题。另外，可以分别扫描微课视频 7.3.1(配置静态 NAT)、微课视频 7.3.2(配置动态 NAT)、微课视频 7.3.3(配置 NAPT)的二维码，观看相关工作任务的讲解和操作演示视频。

数字活页 7.3

微课视频 7.3.1
(配置静态 NAT)

微课视频 7.3.2
(配置动态 NAT)

微课视频 7.3.3
(配置 NAPT)

实训 1 配置静态 NAT

在图 7-7 所示的网络中，可将 PC0 的 IP 地址设置为 192.168.1.1/24，将 PC1 的 IP 地址设置为 192.168.1.2/24。若要在路由器 Router0 上配置静态 NAT，使这两台 PC 可以分别使用地址 200.200.1.3/29 和 200.200.1.4/29 与外网服务器进行通信，则基本配置方法如下。

1. 配置内网路由器

通常内网路由器的配置由企业网络管理员完成，因此内网路由器除进行接口配置外，应进行内部网段的相关路由配置实现企业内部网络的连通，并通过默认路由设置去往外部网络的路由。在图 7-7 所示的网络中，企业内部网络只有一个网段，且直连在路由器 Router0 上，因此在路由器 Router0 上只需配置接口、默认路由和 NAT 即可，配置过程如下。

```
Qchm-R0(config)#interface f0/0
Qchm-R0(config-if)#ip address 192.168.1.254 255.255.255.0
Qchm-R0(config-if)#no shutdown
Qchm-R0(config-if)#interface s1/0
Qchm-R0(config-if)#ip address 200.200.1.2 255.255.255.248
Qchm-R0(config-if)#no shutdown
Qchm-R0(config-if)#exit
Qchm-R0(config)#ip route 0.0.0.0 0.0.0.0 200.200.1.1          //配置默认路由
Qchm-R0(config)#ip nat inside source static 192.168.1.1 200.200.1.3
//配置将内部本地地址 192.168.1.1 静态转换为内部全局地址 200.200.1.3
Qchm-R0(config)#ip nat inside source static 192.168.1.2 200.200.1.4
//配置将内部本地地址 192.168.1.2 静态转换为内部全局地址 200.200.1.4
Qchm-R0(config)#interface f 0/0
Qchm-R0(config-if)#ip nat inside          //定义 F0/0 接口连接内部网络
Qchm-R0(config-if)#interface s1/0
Qchm-R0(config-if)#ip nat outside         //定义 S1/0 接口连接外部网络
```

2. 配置外网路由器

通常外网路由器的配置由运营商完成,因此外网路由器除进行接口配置外,应进行外部网段的相关路由配置实现外部网络的连通,且不会配置去往内部网络的路由。在图 7-7 所示的网络中,外部网络有两个网段,且都直连在路由器 Router1 上,因此在路由器 Router1 上只需配置接口即可,配置过程如下。

```
Qchm-R1(config-if)#interface s1/0
Qchm-R1(config-if)#ip address 200.200.1.1 255.255.255.248
Qchm-R1(config-if)#clock rate 2000000
Qchm-R1(config-if)#no shutdown
Qchm-R1(config-if)#interface f0/0
Qchm-R1(config-if)#ip address 200.200.2.254 255.255.255.0
Qchm-R1(config-if)#no shutdown
```

配置完成后就可以对网络的连通性进行测试,也可以在路由器 Router0 的特权模式下利用 show ip nat translations 命令查看 NAT 的转换情况,运行过程如下。

```
Qchm-R0#show ip nat translations
Pro  Inside global      Inside local       Outside local      Outside global
---   200.200.1.3       192.168.1.1        ---                ---
---   200.200.1.4       192.168.1.2        ---                ---
```

实训 2　配置动态 NAT

在图 7-7 所示的网络中,若要在路由器 Router0 上配置动态 NAT,使交换机 Switch0 所连网段的主机可以使用地址 200.200.1.3/29～200.200.1.6/29 与外网服务器进行通信,则在路由器 Router0 上的 NAT 配置过程如下。

```
Qchm-R0(config)#ip nat pool out 200.200.1.3 200.200.1.6 netmask 255.255.255.248
//定义全局地址池 out,地址池中的地址范围为 200.200.1.3~200.200.1.6
Qchm-R0(config)#access-list 1 permit 192.168.1.0 0.0.0.255
//用标准 ACL 定义允许转换的内部本地地址范围为 192.168.1.0/24
```

```
Qchm-R0(config)#ip nat inside source list 1 pool out
//地址池 out 启用 NAT 私有 IP 地址的来源来自标准 ACL1
Qchm-R0(config)#interface f 0/0
Qchm-R0(config-if)#ip nat inside
Qchm-R0(config-if)#interface s1/0
Qchm-R0(config-if)#ip nat outside
```

路由器 Router0 的接口配置和默认路由配置，以及路由器 Router1 的配置过程与配置静态 NAT 相同，这里不再赘述。

实训 3 配置 NAPT

在图 7-7 所示的网络中，若要在路由器 Router0 上配置 NAPT，使交换机 Switch0 所在网段的主机可以使用配置在路由器 Router0 接口 S1/0 的地址 200.200.1.2/29 与外网服务器进行通信，则在路由器 Router0 上的 NAT 配置过程如下。

```
Qchm-R0(config)#access-list 1 permit 192.168.1.0 0.0.0.255
//用标准 ACL 定义允许转换的内部本地地址范围为 192.168.1.0/24
Qchm-R0(config)#ip nat inside source list 1 interface s1/0 overload
//将来自于 ACL1 中的私有 IP 地址，使用 s1/0 端口上的 IP 地址进行转换，overload 表示使用端
  口号进行转换
Qchm-R0(config)#interface f 0/0
Qchm-R0(config-if)#ip nat inside
Qchm-R0(config-if)#interface s1/0
Qchm-R0(config-if)#ip nat outside
```

路由器 Router0 的接口配置和默认路由配置，以及路由器 Router1 的配置过程与配置静态 NAT 相同，这里不再赘述。

任务拓展

在图 7-9 所示的网络中，三层交换机 Switch0 连接的网络通过路由器 Router0 与外网路由器 Router1 相连。路由器 Router1 的 F0/0 接口的 IP 地址为 200.200.2.254/24，S1/0 接口的 IP 地址为 200.200.1.1/29，服务器 Server2 的 IP 地址为 200.200.2.1/24，服务器 Server3 的 IP 地址为 200.200.2.2/24。网络组建完成后，请完成以下配置。

- 将 Switch0 连接的网络划分为 3 个 VLAN，其中 PC0 和 PC2 属于 VLAN10，PC1 和 PC3 属于 VLAN20，Server0 和 Server1 属于 VLAN30。
- 为网络中的所有设备分配和设置 IP 地址，在 Switch0 和 Router0 上设置静态路由实现内网的连通，通过默认路由设定对外网的路由。在外网路由器 Router1 上不能设置去内网的路由。
- 若内网申请到的可以访问外网的 IP 地址为 200.200.1.2/29～200.200.1.6/29，请利用静态 NAT 实现内网服务器与外网主机之间的相互访问，利用 NAPT 实现内网其他主机对外网的访问。

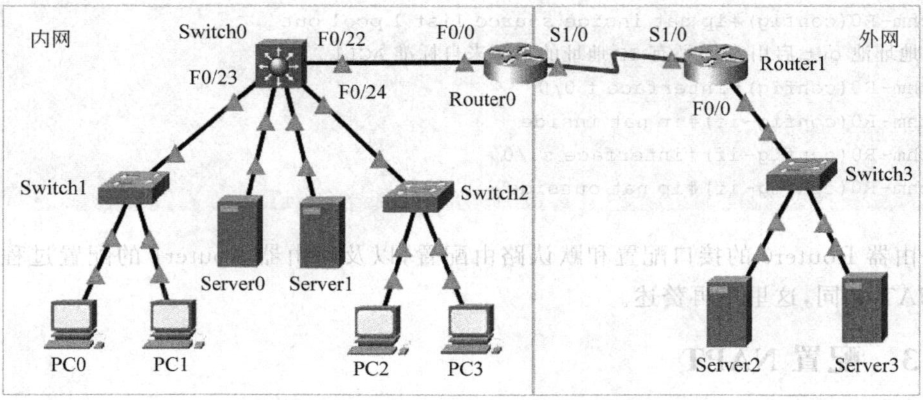

图 7-9　配置 NAT 任务拓展

任务 7.4　配置虚拟专用网

任务目的

(1) 理解 VPN 的概念和作用；

(2) 理解 VPN 的相关技术和协议；

(3) 理解 VPN 的结构和分类；

(4) 了解 VPN 的常用配置方法。

任务导入

作为全球性的 IP 网络，Internet 已经成为一种最有吸引力的企业网络远程互联手段。但 Internet 的公共基础架构特性会给企业及其内部网络带来安全风险。目前广泛使用的 VPN(virtual private network，虚拟专用网)技术可以在公共 Internet 基础架构上，创建能够保持安全性的私有网络。在图 7-10 所示的网络中，某企业的两个分支机构网络 LAN1 和

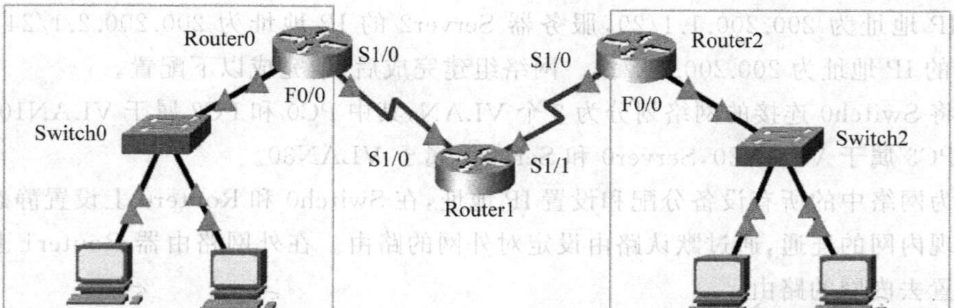

图 7-10　配置 VPN 示例

LAN2 分别使用 192.168.10.0/24 和 192.168.20.0/24 地址段的 IP 地址。LAN1 通过路由器 Router0 使用地址 100.1.1.2/30 接入路由器 Router1,LAN2 通过路由器 Router2 使用地址 200.1.1.2/30 接入路由器 Router1。路由器 Router1 是对 Internet 进行模拟,由于分支机构网络使用的是私有 IP 地址段,因此在路由器 Router1 上并不能配置直接到达这两个网络的路由。请对该网络进行配置,使企业的两个分支机构网络内的主机可以相互访问,并保证数据传输的安全性。

工作环境与条件

(1) 路由器和交换机(本部分以 Cisco 系列产品为例,也可选用其他品牌型号的产品或使用 Cisco Packet Tracer 等网络模拟和建模工具);

(2) Console 线缆和相应的适配器;

(3) 安装 Windows 操作系统的 PC(带有无线网卡);

(4) 组建网络所需的其他设备。

相关知识

7.4.1 VPN 概述

VPN 是一种通过对网络数据的封包或加密传输,在公众网络(如 Internet)上传输私有数据、达到私有网络的安全级别,从而利用公众网络构筑企业专网的组网技术。

一个网络连接通常由客户机、传输介质和服务器三个部分组成。VPN 网络同样也需要这三部分,不同的是 VPN 连接不是采用物理的传输介质,而是使用隧道。隧道是建立在公共网络或专用网络基础之上的,对于传输路径中的网络设备来说是透明的,与网络拓扑相独立。建立 VPN 连接的设备可能是路由器、防火墙、独立的客户机或者服务器。VPN 客户机和 VPN 服务器之间所传输的信息会被加密,因此即使信息在远程传输的过程中被拦截,也会无法被识别,从而确保信息的安全性。VPN 可以在多种环境中使用,主要包括以下几种。

- Internet VPN:VPN 最常见的应用环境,用于保护穿越 Internet(公共的不安全的网络)的私有流量。
- Intranet VPN:保护企业网络内部的流量,无论这些流量是否穿越 Internet。
- Extranet VPN:保护两个或两个以上分离网络之间的流量,这些流量会穿越 Internet 或者其他 WAN。

7.4.2 VPN 的类型

VPN 主要包括远程访问 VPN 和站点到站点 VPN 两种类型。

1. 远程访问 VPN

远程访问 VPN 是指企业总部和所属同一企业的小型或家庭办公室(SOHO)以及外出员工之间所建立的 VPN,如图 7-11 所示。图中企业内部网络的 VPN 服务器已经接入 Internet,VPN 客户机在远地可以通过 Internet 与企业 VPN 服务器创建 VPN,并通过

VPN 与内部网络计算机进行安全通信,就好像位于内部网络一样。

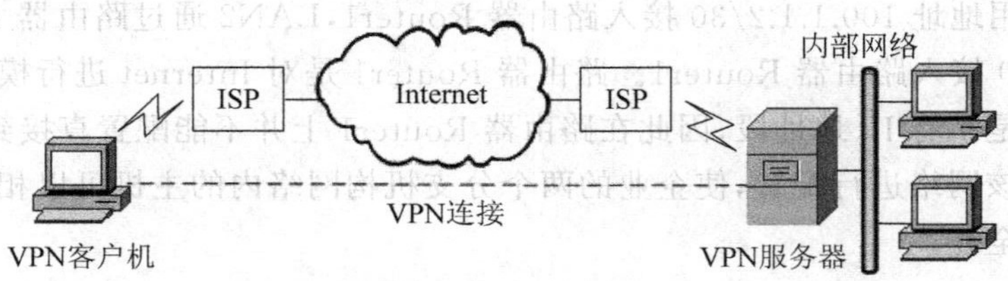

图 7-11　远程访问 VPN

在远程访问 VPN 中,可以概括地将 VPN 通信过程归纳为以下步骤。

- VPN 客户机向 VPN 服务器发出请求。
- VPN 服务器响应请求并向客户机发出身份质询,客户机将加密的用户身份验证响应信息发送到 VPN 服务器。
- VPN 服务器根据用户数据库检查该响应,如果用户身份有效,VPN 服务器将检查该用户是否具有远程访问权限;如果该用户拥有权限,VPN 服务器接受此连接。
- VPN 服务器和客户机将利用身份验证过程中产生的公钥,通过 VPN 隧道技术对数据进行封装加密,实现数据的安全传输。

2. 站点对站点 VPN

站点对站点 VPN 也被称为局域网对局域网 VPN 或路由器对路由器 VPN,主要用于在不同的 LAN 之间建立安全的数据传输通道,例如在企业内部各分支机构之间的网络互联,如图 7-12 所示。图中两个 LAN 的 VPN 服务器都接入 Internet,在通过 Internet 创建 VPN 连接后,两个 LAN 中的计算机相互之间就可以通过 VPN 进行安全通信,就像位于同一网络一样。

图 7-12　站点对站点 VPN

7.4.3　VPN 的相关技术和协议

VPN 主要采用隧道技术、加密解密技术、密钥管理技术和身份认证技术等来保证数据通信安全。在用户身份认证技术方面,VPN 主要使用点到点协议(PPP)用户级身份验证的方法,这些验证方法包括:密码身份验证协议(PAP)、质询握手身份验证协议(CHAP)、Shiva 密码身份验证协议(SPAP)、Microsoft 质询握手身份验证协议(MS-CHAP)等。在数据加密和密钥管理方面,VPN 主要采用 Microsoft 的点对点加密算法(MPPE)和 IPSec 机制,并采用公、私密钥对的方法对密钥进行管理。对于采用拨号方式建立 VPN 连接的情况,VPN 连接可以实现双重数据加密,使网络数据传输更安全。

隧道技术是 VPN 的核心。隧道包括点到端和端到端隧道两种。在点到端隧道中,隧道由远程用户的 PC 延伸到企业服务器,两边的设备负责隧道的建立以及两点之间数据的加密和解密。在端到端隧道中，隧道终止于路由器、防火墙等网络边缘设备，主要是连接两端局域网。目前主要有两种类型的网络隧道协议：一种是二层隧道协议，该类协议先把各种网络协议(如 IP)封装到 PPP 帧中，再把整个数据帧装入隧道协议；另一种是三层隧道协议，该类协议可把各种网络协议直接装入隧道协议，在可扩充性、安全性等方面优于二层隧道协议。VPN 的常用协议主要包括以下方面。

1. PPTP

PPTP(point to point tunneling protocol，点到点隧道协议)是 PPP(点到点协议)和 MPPE(Microsoft 点到点加密)两个标准的结合，其中 PPP 用于定义封装过程，MPPE 用于提供数据机密性。PPTP 的优势是 Microsoft 公司的支持，Windows NT 4.0 以后的操作系统都包括了 PPTP 客户机和服务器的功能。PPTP 能够支持所有 VPN 连接类型，但其不具有隧道终点的验证功能，需要依赖用户的验证，主要用于远程访问 VPN。

2. L2TP

L2TP(layer 2 tunneling protocol，第二层隧道协议)由 Cisco、Microsoft、3Com 等厂商共同制定，结合了 PPTP 和 Cisco 的 2 层转发协议(L2F)的优点，可以让用户从客户端或接入服务器端发起 VPN 连接。L2TP 定义了利用公共网络设施封装传输 PPP 帧的方法，能够支持多种协议，还解决了多个 PPP 链路的捆绑问题。

3. GRE

GRE(generic routing encapsulation，通用路由封装)协议是 Cisco 开发的三层协议。GRE 的主要优点是灵活性好，可以封装多种协议；其主要缺点是缺少保护能力，不具备进行身份验证、加密、数据包完整性检查的能力。

4. IPSec

IPSec(IP security，IP 安全协议)是一种通过使用加密的安全服务以确保在 TCP/IP 网络上进行安全通信的三层协议。二层隧道协议只能保证在隧道发生端及终止端进行认证及加密，并不能保证传输过程的安全，而 IPSec 可以在隧道外再封装，从而保证隧道在传输过程中的安全性。IPSec 的安全性高，是目前应用非常广泛的站点对站点 VPN 解决方案。

5. MPLS

MPLS(multi-protocol label switching，多协议标签交换)协议指定了数据包如何通过有效的方式送到目的地。MPLS 类似于以太网中的 VLAN 标记，其支持多种协议，支持 QoS 能力。

6. SSL

SSL(secure sockets layer，安全套接层)是介于 HTTP 与 TCP 之间的可选层，它在 TCP 之上建立了一个加密通道，通过该通道的数据都经过了加密过程。由于 SSL 协议可以用来加密通过 Web 浏览器连接发送的数据，所以 SSL VPN 是应用非常广泛的远程访问 VPN 解决方案。

7.4.4 IPSec

1. IPSec 的基本通信流程

IPSec 是一种开放标准的框架结构，工作于 OSI 参考模型的网络层，两台计算机之间如果启用了 IPSec，则基本通信流程如下。

- 在开始传输信息之前,双方必须先进行协商,以便双方同意如何交换和保护所传送的数据,这个协商的结果被称为 SA(security association,安全关联)。SA 内包含着用来验证身份和信息加密的密钥、安全通信协议、SPI(安全参数索引)等信息。协商时所采用的协议是 IKE(Internet key exchange,Internet 密钥交换)。
- 协商完成后,双方开始传输数据,并且利用 SA 内的通信协议与密钥对所传输的数据进行加密和解密,并且可以用来确认其在传输过程中是否被截取或篡改过。

2. IPSec 的通信模式

IPSec 支持以下两种通信模式。

- 传输模式:IPSec 默认的通信模式,用于在主机到主机的环境中保护数据。在该模式中 IPSec 会保护原始 IP 数据包中的信息但会保留原始的 IP 数据包头,也就是 IPSec 头部将添加到原始 IP 数据包头与其负载之间。只有在 IPSec 的两个终端就是原始数据包的发送端和接收端时,才可以使用传输模式。
- 隧道模式:用于在网络到网络的环境中保护数据。在隧道模式中,IPSec 会封装并保护整个原始 IP 数据包,并生成新的 IP 数据包头,也就是 IPSec 头部将添加到新的 IP 包头与原始 IP 包头之间。

【注意】 简单地说,传输模式主要适用于计算机与计算机之间的通信,隧道模式主要适用于路由器与路由器之间的通信。

3. IKE

IKE 为双方协商验证身份提供了以下方法。

- 预共享密钥(PSK):使用静态指定的密钥。这种方法部署简单,但在扩展性和安全性方面存在缺陷。
- 证书:最安全的方法,采用该方法的计算机必须向受信任的 CA 申请证书。
- Kerberos:Windows 系统默认的验证方法。

IKE 将协商工作分为以下两个阶段。

- 第 1 阶段:该阶段所产生的 SA 被称为主要模式 SA。在该阶段双方会首先交换一些基本信息,然后分别利用这些信息各自建立主密钥,并利用主密钥将双方计算机身份的信息加密。
- 第 2 阶段:该阶段所产生的 SA 被称为快速模式 SA,该阶段主要用来协商双方要如何建立会话密钥,双方在协商时所传输的信息会受到主要模式 SA 的保护。该阶段完成后,双方传输的信息会经过会话密钥来加密。会话密钥可以利用现有主密钥产生,也可以通过重新产生主密钥来建立。

【注意】 简单地说,主要模式 SA 用于在计算机之间建立一个安全的,经过身份验证的通信管道。而快速模式 SA 用来确保双方传输的信息能够受到保护。

任务实施

请扫描数字活页 7.4 的二维码,在任务实施过程中思考并回答数字活页中提出的问题。另外,可以分别扫描微课视频 7.4.1(配置 GRE)、微课视频 7.4.2(配置 IPsec VPN)的二维码,观看相关工作任务的讲解和操作演示视频。

数字活页 7.4 微课视频 7.4.1(配置 GRE) 微课视频 7.4.2(配置 IPsec VPN)

实训 1 配置 GRE

GRE 协议能够将 IP 或非 IP 数据包进行再封装,即在原始数据包头的前面增加一个 GRE 包头和一个新 IP 包头,然后通过 IP 网络进行传输。在图 7-10 所示的网络中,如果要利用 GRE 协议使企业的两个分支机构网络内的主机可以相互访问,则基本操作过程如下。

1. 规划与分配 IP 地址

在本网络中可按照表 7-3 所示的 TCP/IP 参数配置相关设备的 IP 地址信息。

表 7-3 配置 VPN 示例中的 TCP/IP 参数

设 备	接 口	IP 地 址	子网掩码	网 关
PC0	NIC	192.168.10.1	255.255.255.0	192.168.10.254
PC1	NIC	192.168.10.2	255.255.255.0	192.168.10.254
PC2	NIC	192.168.20.1	255.255.255.0	192.168.20.254
PC3	NIC	192.168.20.2	255.255.255.0	192.168.20.254
Router0	F0/0	192.168.10.254	255.255.255.0	
	S1/0	100.1.1.2	255.255.255.252	
Router1	S1/0	100.1.1.1	255.255.255.252	
	S1/1	200.1.1.1	255.255.255.252	
Router2	F0/0	192.168.20.254	255.255.255.0	
	S1/0	200.1.1.2	255.255.255.252	

2. 配置路由器接口

在路由器 Router0 上的配置过程如下。

```
Qchm-R0(config)#interface f0/0
Qchm-R0(config-if)#ip address 192.168.10.254 255.255.255.0
Qchm-R0(config-if)#no shutdown
Qchm-R0(config-if)#interface s1/0
Qchm-R0(config-if)#ip address 100.1.1.2 255.255.255.252
Qchm-R0(config-if)#no shutdown
```

在路由器 Router1 上的配置过程如下。

```
Qchm-R1(config)#interface s1/0
Qchm-R1(config-if)#ip address 100.1.1.1 255.255.255.252
Qchm-R1(config-if)#clock rate 2000000
Qchm-R1(config-if)#no shutdown
Qchm-R1(config-if)#interface s1/1
```

```
Qchm-R1(config-if)#ip address 200.1.1.1 255.255.255.252
Qchm-R1(config-if)#clock rate 2000000
Qchm-R1(config-if)#no shutdown
```

在路由器 Router2 上的配置过程如下。

```
Qchm-R2(config)#interface f0/0
Qchm-R2(config-if)#ip address 192.168.20.254 255.255.255.0
Qchm-R2(config-if)#no shutdown
Qchm-R2(config-if)#interface s1/0
Qchm-R2(config-if)#ip address 200.1.1.2 255.255.255.252
Qchm-R2(config-if)#no shutdown
```

3. 配置路由

在路由器 Router0 上的配置过程如下。

```
Qchm-R0(config)#ip route 0.0.0.0 0.0.0.0 100.1.1.1
```

在路由器 Router2 上的配置过程如下。

```
Qchm-R2(config)#ip route 0.0.0.0 0.0.0.0 200.1.1.1
```

【注意】 本例中路由器 Router1 是对外部网络进行模拟,LAN1 和 LAN2 是内部网络,使用的是私有 IP 地址段,因此,在路由器 Router1 上不能配置直接到达 LAN1 和 LAN2 的路由,在路由器 Router0 和 Router2 上要配置默认路由指向外部网络。

4. 配置 GRE

由于路由器之间已经连通,因此可以在路由器 Router0 和路由器 Router2 之间建立一条隧道,利用该隧道对 LAN1 和 LAN2 之间的数据进行传输。

在路由器 Router0 上的配置过程如下。

```
Qchm-R0(config)#interface Tunnel 0                        //创建隧道
Qchm-R0(config-if)#ip address 192.168.30.1 255.255.255.0  //为该隧道分配 IP 地址
Qchm-R0(config-if)#tunnel source s1/0
//该隧道的源端口为路由器 Router0 的串行口 S1/0
Qchm-R0(config-if)#tunnel destination 200.1.1.2
//该隧道的目的端口为路由器 Router2 的串行口 S1/0
Qchm-R0(config-if)#exit
Qchm-R0(config)#ip route 192.168.20.0 255.255.255.0 192.168.30.2
//设置静态路由,利用隧道对去往 192.168.20.0/24 网段的数据进行封装,192.168.30.2 为隧道
  另一端的 IP 地址
```

在路由器 Router2 上的配置过程如下。

```
Qchm-R2(config)#interface Tunnel 0
Qchm-R2(config-if)#ip address 192.168.30.2 255.255.255.0
Qchm-R2(config-if)#tunnel source s1/0
Qchm-R2(config-if)#tunnel destination 100.1.1.2
Qchm-R2(config-if)#exit
Qchm-R2(config)#ip route 192.168.10.0 255.255.255.0 192.168.30.1
```

此时 LAN1 和 LAN2 之间已经连通，可以在计算机上，利用 ping 和 tracert 命令测试各计算机之间的连通性和路由。

【注意】 GRE 有很好的隧道特性，但其数据采用明文传送，没有安全性。

实训 2　配置 IPSec VPN

在图 7-10 所示的网络中，如果要利用 IPSec 使企业的两个分支机构网络内的主机可以相互访问，则基本操作过程如下。

1. 规划与分配 IP 地址

可按照表 7-3 所示的 TCP/IP 参数配置相关设备的 IP 地址信息。

2. 配置路由器接口

路由器 Router0、Router1 和 Router2 的接口配置与 GRE 配置相同，这里不再赘述。

3. 配置路由

路由器 Router0 和 Router2 的路由配置与 GRE 配置相同，这里不再赘述。

4. 配置 IKE 协商

在路由器 Router0 上的配置过程如下。

```
Qchm-R0(config)#crypto isakmp enable                         //启动 IKE
Qchm-R0(config)#crypto isakmp policy 1
//建立 IKE 协商策略，策略取值范围为 1~10000，数值越小，优先级越高
Qchm-R0(config-isakmap)#authentication pre-share             //使用预共享密钥
Qchm-R0(config-isakmap)#hash md5                             //验证密钥使用 MD5 算法
Qchm-R0(config-isakmap)#encryption 3des                      //加密使用 3DES 算法
Qchm-R0(config-isakmap)#exit
Qchm-R0(config)#crypto isakmp key aaa-password address 200.1.1.2
//设置共享密钥为 aaa-password，对端地址为 200.1.1.2
```

在路由器 Router2 上的配置过程如下。

```
Qchm-R2(config)#crypto isakmp enable
Qchm-R2(config)#crypto isakmp policy 1
Qchm-R2(config-isakmap)#authentication pre-share
Qchm-R2(config-isakmap)#hash md5
Qchm-R2(config-isakmap)#encryption 3des
Qchm-R2(config-isakmap)#exit
Qchm-R2(config)#crypto isakmp key aaa-password address 100.1.1.2
```

【注意】 VPN 连接两端路由器设置的身份验证方法、算法、共享密钥等应相同。

5. 配置 IPSec 协商

在路由器 Router0 上的配置过程如下。

```
Qchm-R0(config)#crypto ipsec transform-set aaaset ah-md5-hmac esp-3des
//设置传输模式集 aaaset，验证采用 MD5 算法，加密使用 3DES 算法
Qchm-R0(config)#access-list 101 permit ip 192.168.10.0 0.0.0.255 192.168.20.0
0.0.0.255
//配置 ACL，定义哪些报文需要经过 IPSec 加密后发送
```

在路由器 Router2 上的配置过程如下。

```
Qchm-R2(config)#crypto ipsec transform- set aaaset ah- md5- hmac esp- 3des
Qchm-R2(config)#access-list 101 permit ip 192.168.20.0 0.0.0.255 192.168.10.0
0.0.0.255
```

6. 配置端口应用

在路由器 Router0 上的配置过程如下。

```
Qchm-R0(config)#crypto map aaamap 1 ipsec-isakmp
//创建名为 aaamap 的 Crypto Map,1 为 Map 优先级。Map 的取值范围为 1~65535,值越小,优先
  级越高
Qchm-R0(config-crypto-map)#set peer 200.1.1.2          //指定链路对端 IP 地址
Qchm-R0(config-crypto-map)#set transform-set aaaset   //指定传输模式为 aaaset
Qchm-R0(config-crypto-map)#match address 101          //指定应用访问控制列表
Qchm-R0(config-crypto-map)#exit
Qchm-R0(config)#interface s1/0
Qchm-R0(config-if)#crypto map aaamap          //将 aaamap 应用到 S1/0 接口
```

在路由器 Router2 上的配置过程如下。

```
Qchm-R2(config)#crypto map aaamap 1 ipsec-isakmp
Qchm-R2(config-crypto-map)#set peer 100.1.1.2
Qchm-R2(config-crypto-map)#set transform-set aaaset
Qchm-R2(config-crypto-map)#match address 101
Qchm-R2(config-crypto-map)#exit
Qchm-R2(config)#interface s1/0
Qchm-R2(config-if)#crypto map aaamap
```

此时 LAN1 和 LAN2 之间已经连通,可以在计算机上利用 ping 和 tracert 命令测试各计算机之间的连通性和路由。

任务拓展

本任务主要利用路由器完成了站点对站点 VPN 的基本设置,远程访问 VPN 及其他 VPN 的设置方法,请参考相关技术手册。除路由器外,Windows 系统、Linux 系统和很多防火墙产品也支持 VPN 功能,请查阅相关资料,了解相关产品对 VPN 的支持情况和配置方法。考察所在学校的校园网或其他企业网络,了解该网络 VPN 的部署情况和实现方法。

习 题 7

1. 简述 PPP 的组件和基本工作过程。
2. 简述 PAP 和 CHAP 两种认证方式各自的特点。

3. 什么DLCI？简述DLCI在帧中继网络中的作用。

4. 什么是NAT？简述NAT的工作过程。

5. 简述NAT的类型和特点。

6. 简述VPN的作用。

7. 什么是IPSec？简述IPSec的基本通信流程。

8. 在图7-13所示的网络中，某企业总部网络的核心交换机Switch0通过路由器Router0与外网路由器Router1相连，该企业分支机构网络通过路由器Router2与Router1相连。路由器Router1的S1/0接口的IP地址为200.200.1.1/29，F0/0接口的IP地址为200.200.2.254/24，S1/1接口的IP地址为200.200.3.1/30，服务器Server2的IP地址为200.200.2.1/24。网络组建完成后，请完成以下配置。

(1) 利用PPP实现路由器之间的连接。其中在路由器Router0和Router1之间进行双向的PAP验证，在路由器Router1和Router2之间进行双向的CHAP验证。

(2) 将企业总部网络划分为3个VLAN，其中PC0和PC2属于VLAN10，PC1和PC3属于VLAN20，Server0和Server1属于VLAN30。

(3) 为网络中的所有设备分配和设置IP地址。在Switch0和Router0上设置静态路由实现企业总部网络的连通，通过默认路由设定对外网的路由；在Router2上通过默认路由设定对外网的路由；在外网路由器Router1上不能设置去内网的路由。

(4) 若企业总部网络申请到的可以访问外网的IP地址为200.200.1.2/29～200.200.1.6/29，请利用静态NAT实现内网服务器与外网主机之间的相互访问，利用NAPT实现企业总部网络其他主机对外网的访问；利用NAPT实现企业分支机构网络主机对外网的访问。

(5) 利用VPN实现企业总部网络与分支机构网络间的相互访问。

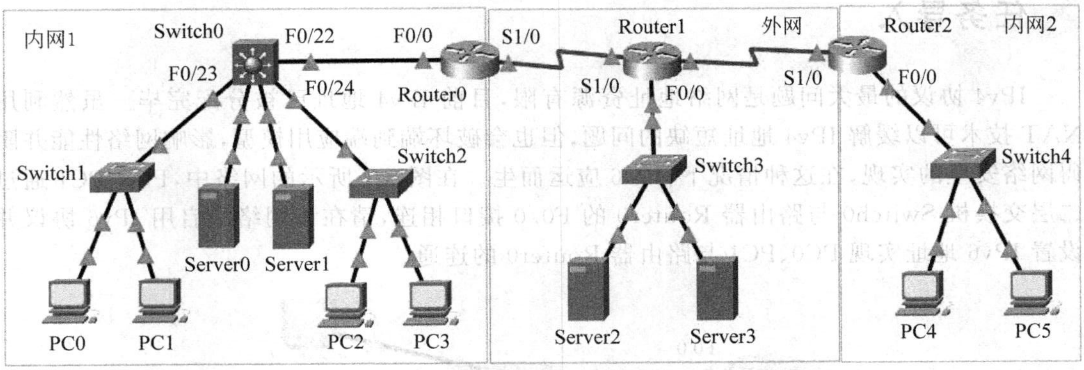

图7-13　利用广域网实现企业网络互联综合练习

工作单元 8　利用 IPv6 组建企业网络

IPv6 是 IETF 设计的新一代互联网协议，是 IPv4 的升级版本。它弥补了 IPv4 存在的主要问题，可以更好地适应当前网络的发展需要。本单元的主要目标是理解 IPv6 的基本知识，熟悉 IPv6 地址的分配和设置方法；熟悉 IPv6 路由的配置方法；能够实现 IPv6 与 IPv4 网络的连通。

任务 8.1　配置 IPv6 地址

任务目的

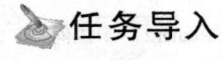

（1）理解 IPv6 的特点；
（2）理解 IPv6 地址；
（3）掌握 IPv6 地址的配置方法。

任务导入

IPv4 协议的最大问题是网络地址资源有限，目前 IPv4 地址已被分配完毕。虽然利用 NAT 技术可以缓解 IPv4 地址短缺的问题，但也会破坏端到端应用模型，影响网络性能并阻碍网络安全的实现，在这种情况下，IPv6 应运而生。在图 8-1 所示的网络中，PC0、PC1 通过二层交换机 Switch0 与路由器 Router0 的 F0/0 接口相连，请在该网络中启用 IPv6 协议并设置 IPv6 地址实现 PC0、PC1 与路由器 Router0 的连通。

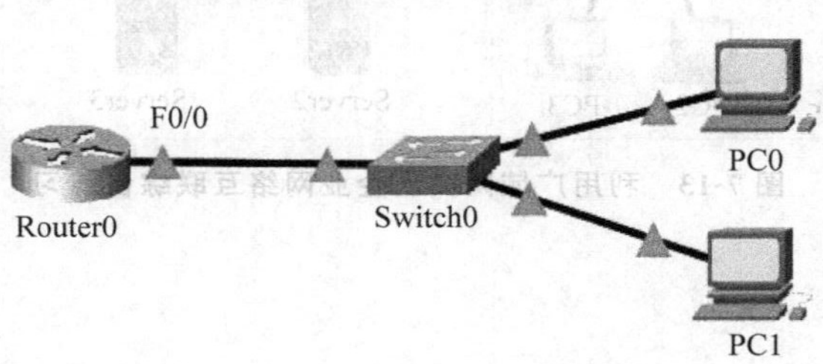

图 8-1　配置 IPv6 地址示例

工作环境与条件

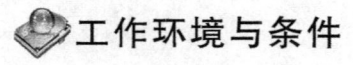

（1）路由器和交换机（本部分以 Cisco 系列产品为例，也可选用其他品牌型号的产品或

使用 Cisco Packet Tracer 等网络模拟和建模工具；

(2) Console 线缆和相应的适配器；

(3) 安装 Windows 操作系统的 PC(带有无线网卡)；

(4) 组建网络所需的其他设备。

相关知识

8.1.1 IPv6 的新特性

与 IPv4 相比,IPv6 主要有以下新特性。

- 巨大的地址空间：IPv4 中规定地址长度为 32,理论上最多有 2^{32} 个地址；而 IPv6 中规定地址的长度为 128,理论上最多有 2^{128} 个地址。
- 数据处理效率提高：IPv6 使用了新的数据包头格式。IPv6 包头分为基本头部和扩展头部,基本头部长度固定,去掉了 IPv4 数据包头中的包头长度、标识符、特征位、片段偏移等诸多字段,一些可选择的字段被移到扩展包头中。因此路由器在处理 IPv6 数据包头时无须处理不必要的信息,极大提高了路由效率。另外,IPv6 数据包头的所有字段均为 64 位对齐,可以充分利用新一代的 64 位处理器。
- 良好的扩展性：由于 IPv6 增加了扩展包头,因此 IPv6 可以很方便地实现功能扩展,IPv4 数据包头中的选项最多可支持 40 字节,而 IPv6 扩展包头的长度只受到 IPv6 数据包长度的制约。
- 路由选择效率提高：IPv6 的地址分配一开始就遵循聚类的原则,这使得路由器能在路由表中用一条记录表示一片子网,大大减小了路由器中路由表的长度,提高了路由器转发数据包的速度。
- 支持自动配置和即插即用：在 IPv6 中,主机支持 IPv6 地址的无状态自动配置。也就是说 IPv6 节点可以根据本地链路上相邻的 IPv6 路由器发布的网络信息,自动配置 IPv6 地址和默认路由。这种方式不需要人工干预,也不需要架设 DHCP 服务器,简单易行,减低了网络成本,从而使移动电话、家用电器等终端也可以方便地接入 Internet。
- 更好的服务质量：IPv6 数据包头使用了流量类型字段,传输路径上的各个节点可以利用该字段来区分和识别数据流的类型和优先级。IPv6 还通过增加流标签字段、提供永久连接、防止服务中断等方法来改善服务质量。
- 内在的安全机制：IPv4 本身不具有安全性。IPv6 将 IPSec(IP 安全协议)作为其自身的完整组成部分,从而具有内在的安全机制,可以实现端到端的安全服务。
- 增强了对移动 IP 的支持：IPv6 采用了路由扩展包头和目的地址扩展包头,使其具有内置的移动性。
- 增强的组播支持：IPv6 中没有广播地址,广播地址的功能被组播地址所替代。

8.1.2 IPv6 地址的表示

1. IPv6 地址的文本格式

IPv6 地址的长度是 128 位,可以使用以下 3 种格式将其表示为文本字符串。

(1) 冒号十六进制格式。这是 IPv6 地址的首选格式,格式为 $n:n:n:n:n:n:n:n$。每个 n 由 4 位十六进制数组成,对应 16 位二进制数。例如,3FFE:FFFF:7654:FEDA:1245:0098:3210:0002。

【注意】 IPv6 地址的每一段中的前导 0 是可以去掉的,但至少每段中应有一个数字。例如,可以将上例的 IPv6 地址表示为 3FFE:FFFF:7654:FEDA:1245:98:3210:2。

(2) 压缩格式。在 IPv6 地址的冒号十六进制格式中,经常会出现一个或多个段内的各位全为 0 的情况。为了简化对这些地址的写入,可以使用压缩格式。在压缩格式中,一个或多个各位全为 0 的段可以用双冒号符号(::)表示,但双冒号符号只能在地址中出现一次。例如,未指定地址 0:0:0:0:0:0:0:0 的压缩形式为::,环回地址 0:0:0:0:0:0:0:1 的压缩形式为::1,单播地址 3FFE:FFFF:0:0:8:800:20C4:0 的压缩形式为 3FFE:FFFF::8:800:20C4:0。

【注意】 使用压缩格式时,不能将一个段内有效的 0 压缩掉。例如,不能将 FF02:40:0:0:0:0:0:6 表示为 FF02:4::6,而应表示为 FF02:40::6。

(3) 内嵌 IPv4 地址的格式。这种格式组合了 IPv4 和 IPv6 地址,是 IPv4 向 IPv6 过渡过程中使用的一种特殊表示方法。具体地址格式为 $n:n:n:n:n:n:d.d.d.d$,其中每个 n 由 4 位十六进制数组成,对应 16 位二进制数;每个 d 都表示 IPv4 地址的十进制值,对应 8 位二进制数。内嵌 IPv4 地址的 IPv6 地址主要有以下两种。

- IPv4 兼容 IPv6 地址,例如 0:0:0:0:0:0:192.168.1.100 或::192.168.1.100。
- IPv4 映射 IPv6 地址,例如 0:0:0:0:0:FFFF:192.168.1.100 或::FFFF:192.168.1.100。

2. IPv6 地址前缀

IPv6 中的地址前缀(format prefix,FP)类似于 IPv4 中的网络标识。IPv6 前缀通常用来作为路由和子网的标识,但在某些情况下仅仅用来表示 IPv6 地址的类型,例如 IPv6 地址前缀“FE80::”表示该地址是一个链路本地地址。在 IPv6 地址表示中,表示地址前缀的方法与 IPv4 中的 CIDR 表示方法相同,即用“IPv6 地址/前缀长度”来表示,例如,若某 IPv6 地址为 3FFE:FFFF:0:CD30:0:0:0:5/64,则该地址的前缀是 3FFE:FFFF:0:CD30::。

3. URL 中的 IPv6 地址表示

在 IPv4 中,对于一个 URL,当需要使用 IPv4 地址加端口号的方式来访问资源时,可以采用形如 http://51.151.52.63:8080/cn/index.asp 的表示形式。由于 IPv6 地址中含有“:”,因此为了避免歧义,当 URL 中含有 IPv6 地址时应使用“[]”将其包含起来,表示形式为 http://[2000:1::1234:EF]:8080/cn/index.asp。

8.1.3 IPv6 地址的类型

与 IPv4 地址类似,IPv6 地址可以分为单播地址、组播地址和任播地址等类型。

1. 单播地址

单播地址是只能分配给一个节点上的一个接口的地址,也就是说寻址到单播地址的数据包最终会被发送到唯一的接口。与 IPv4 单播地址类似,IPv6 单播地址通常可分为子网前缀和接口标识两部分,子网前缀用于表示接口所属的网段,接口标识用以区分连接在同一链路的不同接口。根据作用范围,IPv6 单播地址可分为以下类型。

【注意】 在IPv6网络中，节点指任何运行IPv6的设备同，链路指以路由器为边界的一个或多个局域网段，站点指由路由器连接起来的两个或多个子网。

(1) 可聚合全球单播地址。可聚合全球单播地址类似于IPv4中可以应用于Internet的公有地址，该类地址由IANA(互联网地址分配机构)统一分配。可聚合全球单播地址的结构如图8-2所示，各字段的含义如下。

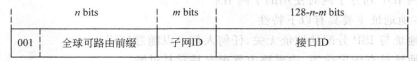

n bits		*m* bits	128-*n*-*m* bits
001	全球可路由前缀	子网ID	接口ID

图8-2　可聚合全球单播地址的结构

- 全球可路由前缀(global routing prefix)：该部分的前3位固定为001，其余部分由IANA的下属组织分配给ISP或其他机构。该部分有严格的等级结构，可区分不同的地区、不同等级的机构，以便于路由聚合。
- 子网ID(subnet ID)：用于标识全球可路由前缀所代表的站点内的子网。
- 接口ID(interface ID)：用于标识链路上的不同接口，可以手动配置也可由设备随机生成。

【注意】 可聚合全球单播地址的前3位固定为001，该部分地址可表示为2000::/3。根据RFC3177的建议，全球可路由前缀(包括前3位)的长度最长为48位(可以以16位为段进行分配)，子网ID的长度应为固定16位(IPv6地址左起的第49～64位)，接口ID的长度应为固定的64位。

(2) 链路本地地址。当一个节点启用IPv6协议时，该节点的每个接口会自动配置一个链路本地地址。这种机制可以使得连接到同一链路的IPv6节点不需做任何配置就可以通信。链路本地地址的结构如图8-3所示。由图8-3可知，链路本地地址使用了特定的链路本地前缀FE80::/64，其接口ID的长度为固定64位。链路本地地址在实际的网络应用中是受限制的，只能在连接到同一本地链路的节点之间使用，通常用于邻居发现、动态路由等需在邻居节点进行通信的协议。

10 bits	54 bits	64 bits
1111111010	0	接口ID

图8-3　链路本地地址的结构

【注意】 链路本地地址的接口ID通常会使用IEEE EUI-64接口ID。EUI-64接口ID是通过接口的MAC地址映射转换而来的，可以保证其唯一性。

(3) 唯一本地地址。唯一本地地址类似于IPv4中的私有地址，支持在整个站点内通信，可路由到多个本地网络，但不能被路由到Internet。唯一本地地址基本上是全局唯一的，不太可能重复使用，这就可以避免产生像IPv4私有地址泄漏到公网而造成的问题。唯一本地地址的结构如图8-4所示，各字段的含义如下。

- 固定前缀：前7位固定为1111110，即固定前缀为FC00::/7。
- L：表示地址的范围，取值为1则表示本地范围。
- 全球ID：全球唯一前缀，随机方式生成。

7bits		40bits	16bits	64bits
1111110	L	全球ID	子网ID	接口ID

图 8-4 唯一本地地址的结构

• 子网 ID：划分子网时使用的子网 ID。

唯一本地地址主要具有以下特性。

① 该地址与 ISP 分配的地址无关,任何人都可以随意使用。

② 该地址具有固定前缀,边界路由器很容易对其过滤。

③ 该地址具有全球唯一前缀(有可能出现重复但概率极低),一旦出现路由泄漏,不会与 Internet 路由产生冲突。

④ 可用于构建 VPN。

⑤ 上层协议可将其作为全球单播地址来对待,简化了处理流程。

(4) 特殊地址。特殊地址主要包括未指定地址和环回地址。

• 未指定地址：该地址为 0:0:0:0:0:0:0:0(::),可由尚未对其分配地址的 IPv6 主机使用,作为发送数据包时的源地址。

• 环回地址：该地址为 0:0:0:0:0:0:0:1(::1),与 IPv4 地址中的 127.0.0.1 的功能相同,主要用于向自身发送数据包。

2. 组播地址

(1) 组播地址的结构。组播是指一个源节点发送的数据包能够被特定的多个目的节点收到。在 IPv6 网络中组播地址由固定的前缀 FF::/8 来标识,其地址结构如图 8-5 所示,各字段的含义如下。

8bits	4bits	4bits	112bits
11111111	标志	范围	组ID

图 8-5 组播地址的结构

• 固定前缀：前 8 位固定为 11111111,即固定前缀为 FF::/8。

• 标志(flags)：目前只使用了最后一位(前 3 位置 0),当该位为 0 时,表示当前组播地址为 IANA 分配的永久地址;当该位为 1 时,表示当前组播地址为临时组播地址。

• 范围(scope)：用来限制组播数据流的发送范围。该字段为 0001 时,为节点本地范围;该字段为 0010 时,为链路本地范围;该字段为 0011 时,为站点本地范围;该字段为 1110 时,为全球范围。

• 组 ID(group ID)：该字段用以标识组播组。

(2) 被请求节点组播地址。被请求节点组播地址是一种具有特殊用途的地址,主要用来代替 IPv4 中的广播地址,其使用范围为链路本地,用于重复地址检测和获取邻居节点的物理地址。被请求节点组播地址通常由前缀 FF02::1:FF00::/104 和其对应节点的全球单播地址的最后 24 位组成,如图 8-6 所示。对于节点上配置的每个单播地址和任播地址,都会自动启用一个对应的被请求节点组播地址。

(3) 众所周知的组播地址。与 IPv4 类似,IPv6 有一些众所周知的组播地址,这些地址

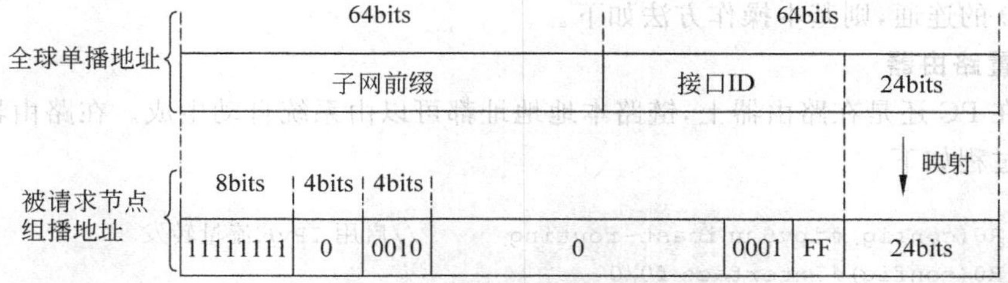

图 8-6 被请求节点组播地址的结构

具有特殊的含义,表 8-1 列出了部分众所周知的组播地址。

表 8-1 部分众所周知的组播地址

组播地址	范围	含义
FF01::1	节点	在本地接口范围的所有节点
FF01::2	节点	在本地接口范围的所有路由器
FF02::1	链路本地	在本地链路范围的所有节点
FF02::1	链路本地	在本地链路范围的所有路由器
FF02::5	链路本地	在本地链路范围的所有 OSPF 路由器
FF05::2	站点	在一个站点范围内的所有路由器

3. 任播地址

任播地址是 IPv6 特有的地址类型,用来标识一组属于不同节点的网络接口。任播地址适合于一对一的通信场合,接收方只要是一组接口的任意一个即可。例如,对于移动用户就可以利用任播地址,根据其所在地理位置的不同,与距离最近的接收站进行通信。任播地址是从单播地址空间中分配的,使用单播地址格式,仅通过地址本身,节点无法区分其是任播地址还是单播地址,因此必须对任播地址进行明确配置。

【注意】 可将单个任播地址分配给多个接口,任播地址仅被用作目的地址。

任务实施

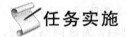

请扫描数字活页 8.1 的二维码,在任务实施过程中思考并回答数字活页中提出的问题。另外,可以分别扫描微课视频 8.1.1(配置链路本地地址)、演示视频 8.1.2(配置全球单播地址)的二维码,观看相关工作任务的讲解和操作演示视频。

数字活页 8.1　**微课视频 8.1.1(配置链路本地地址)**　**微课视频 8.1.2(配置全球单播地址)**

实训 1 配置链路本地地址

若要在图 8-1 所示的网络中启用 IPv6 协议并使用链路本地地址实现 PC0、PC1 与路由器 Router0 的连通,则基本操作方法如下。

1. 配置路由器

无论在 PC 还是在路由器上,链路本地地址都可以由系统自动生成。在路由器 Router0 上的操作过程如下。

```
Qchm-R0(config)#ipv6 unicast-routing            //启用 IPv6 流量转发
Qchm-R0(config)#interface f0/0
Qchm-R0(config-if)#ipv6 address autoconfig     //设置 F0/0 接口的 IPv6 地址为自动配置
Qchm-R0(config-if)#no shutdown
Qchm-R0(config-if)#end
Qchm-R#show ipv6 interface f0/0                 //查看 F0/0 接口的 IPv6 设置
FastEthernet0/0 is up,line protocol is up
  IPv6 is enabled,link-local address is FE80::260:2FFF:FE3C:7B01
  //F0/0 接口自动配置的链路本地地址
  No Virtual link-local address(es):
  No global unicast address is configured
  Joined group address(es):
    FF02::1
    FF02::2
    FF02::1:FF3C:7B01                           //F0/0 接口自动配置的组播地址
...(以下省略)
```

【注意】 若要为路由器端口手动配置链路本地地址,则可在接口配置模式下输入命令 ipv6 address fe80::1 本地链接,其中 fe80::1 为分配给该端口的地址,该地址的前缀应为 fe80::/64。

2. 配置计算机

若计算机安装的是 Windows 7 以上的 Windows 系统,则默认情况下会自动安装 Internet 协议版本 6(TCP/IPv6)并配置链路本地地址。可在 Windows PowerShell 或“命令提示符”窗口中输入 ipconfig 或 ipconfig /all 命令查看其配置信息,如图 8-7 所示。由图 8-7 可知,该计算机链路本地地址为 fe80::fd9d:4423:5706:fac5%17,其中%17 为该网络连接在 IPv6 协议中对应的索引号。

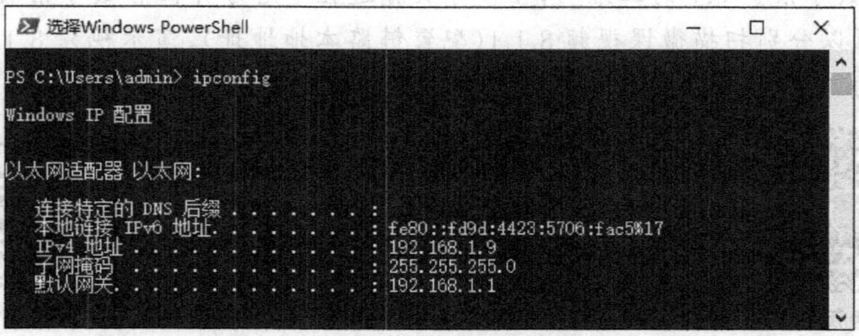

图 8-7 查看计算机的链路本地地址

【注意】 若系统未安装 IPv6 协议,则应先安装该协议,协议安装后会自动配置链路本地地址。

在安装 IPv6 协议后,Windows 系统会创建一些逻辑接口。可以在 Windows

PowerShell 窗口中先输入 netsh 命令进入 netsh 界面，再进入 interface ipv6 上下文，然后利用 show interface 命令查看系统接口的信息，如图 8-8 所示。

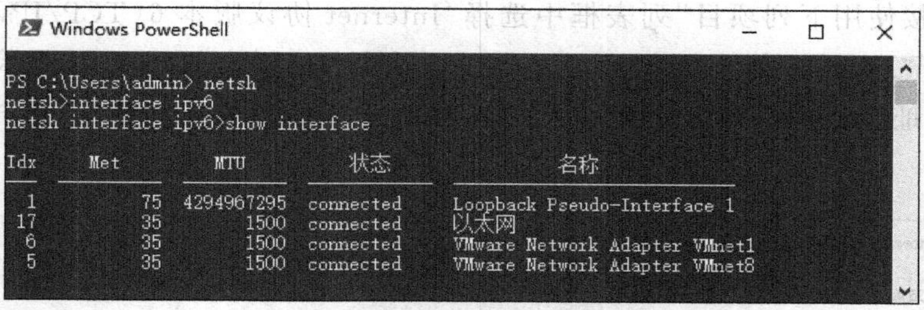

图 8-8　查看计算机的逻辑接口

【注意】 netsh 是一个用来查看和配置网络参数的工具。可以在 netsh interface ipv6 提示符下利用 show address 17 命令查看“以太网”接口的详细地址信息，也可以利用 add address 17 fe80::2 为该接口手动增加一个链路本地地址，其中 17 为接口对应的索引号。netsh 其他的相关命令及使用方法请查阅 Windows 帮助文件。

3. 测试连通性

可以在 PC0 上利用 ping 命令测试其与 PC1、路由器 F0/0 接口的连通性，如图 8-9 所示。需要注意的是，计算机上可能有多个链路本地地址，因此在运行 ping 命令时，如果目的地址为链路本地地址，则需要在地址后加“%接口索引号”，该索引号为源主机发送 ping 命令数据包所用接口的索引号，以告之系统发出数据包的源地址。

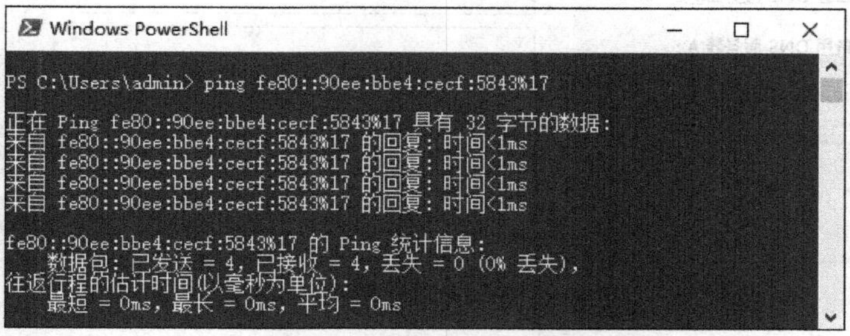

图 8-9　利用 ping 命令测试连通性

实训 2　配置全球单播地址

若要在图 8-1 所示的网络中启用 IPv6 协议并使用可聚合全球单播地址实现 PC0、PC1 与路由器 Router0 的连通，则基本操作方法如下。

1. 配置路由器

在路由器 Router0 上的操作过程如下。

```
Qchm-R0(config)#ipv6 unicast-routing
Qchm-R0(config)#interface f0/0
Qchm-R0(config-if)#ipv6 address 2000:aaaa::1/64     //设置 F0/0 接口的 IPv6 地址及前缀
Qchm-R0(config-if)#no shutdown
```

2. 配置计算机

在 Windows 系统中配置可聚合全球单播地址的基本操作过程为：在网络连接属性对话框的“此连接使用下列项目”列表框中选择“Internet 协议版本 6(TCP/IPv6)”，单击“属性”按钮，打开“Internet 协议版本 6(TCP/IPv6)属性”对话框，如图 8-10 所示。选择“使用以下 IPv6 地址”单选框，输入分配该网络连接的全球单播地址和前缀，单击“确定”按钮即可。

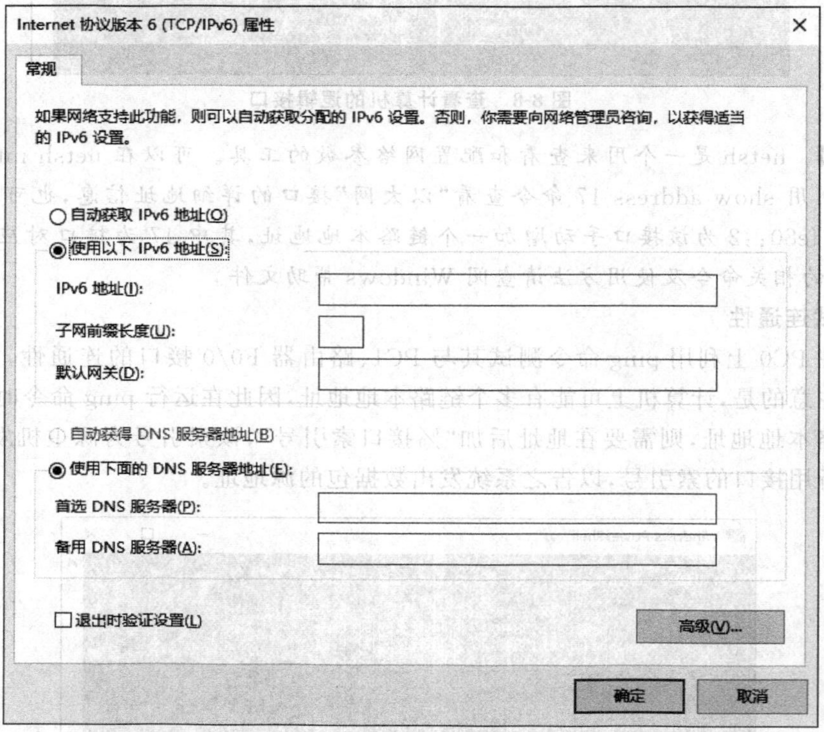

图 8-10 “Internet 协议版本 6(TCP/IPv6)属性”对话框

【注意】 同一网段的计算机其全球单播地址的前缀部分应相同。另外，也可以在 netsh interface ipv6 提示符下利用 add address 17 2000:aaaa::1 命令设置全球单播地址，其中 17 为接口对应的索引号。

3. 测试连通性

可以在 PC0 上利用 ping 命令测试其与 PC1、路由器 F0/0 接口的连通性。需要注意的是，由于此时使用的是全球单播地址，因此在运行 ping 命令时无须输入接口索引号。

任务拓展

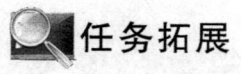

在图 8-11 所示的网络中，交换机 Switch0 和 Switch1 分别与路由器 Router0 的 F0/0、F0/1 快速以太网接口相连，请在该网络中启用 IPv6 协议并为网络中的设备分配 IPv6 地址信息，利用 IPv6 实现网络的连通。

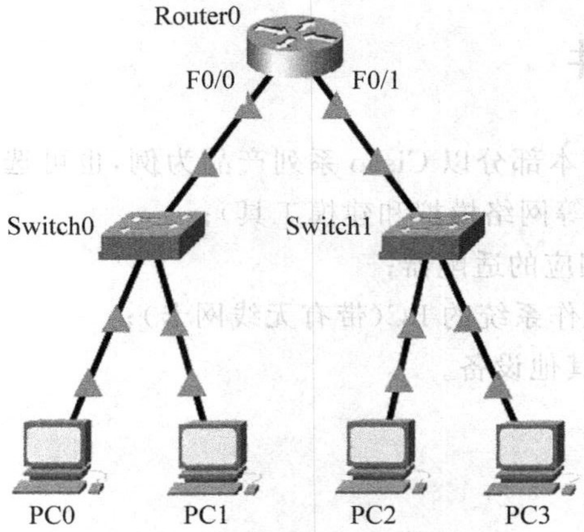

图 8-11 配置 IPv6 地址任务拓展

任务 8.2 配置 IPv6 路由

任务目的

(1) 能够利用静态路由实现 IPv6 网络的连通；

(2) 能够利用 RIPng 路由协议实现 IPv6 网络的连通；

(3) 能够利用 OSPFv3 路由协议实现 IPv6 网络的连通。

任务导入

与 IPv4 网络类似，IPv6 网络中的每台路由器都会维护一个 IPv6 路由表，IPv6 路由表是路由器转发 IPv6 数据包的基础。IPv6 路由同样可以由 3 种方式生成，包括通过数据链路层协议直接发现的直连路由、通过手动配置生成的静态路由和通过路由协议计算生成的动态路由。目前在 IPv6 网络中常用的动态路由协议主要包括基于距离矢量的 RIPng 和基于链路状态的 OSPFv3 等。在图 8-12 所示的网络中，路由器 Router0 和 Router1 通过串行接口相连，请在该网络中启用 IPv6 协议并为网络中的设备分配 IPv6 地址信息，利用 IPv6 静态路由或动态路由实现网络的连通。

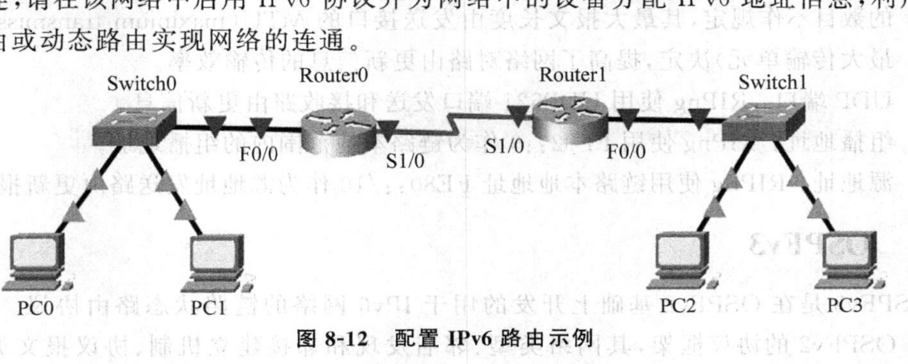

图 8-12 配置 IPv6 路由示例

工作环境与条件

(1) 路由器和交换机(本部分以 Cisco 系列产品为例,也可选用其他品牌型号的产品或使用 Cisco Packet Tracer 等网络模拟和建模工具);

(2) Console 线缆和相应的适配器;

(3) 安装 Windows 操作系统的 PC(带有无线网卡);

(4) 组建网络所需的其他设备。

相关知识

8.2.1 RIPng

RIPng(RIP next generation,下一代 RIP)的基本工作原理与 RIP 相同,同样是典型的距离矢量路由协议。RIPng 是 RIP 针对 IPv6 网络进行的修改和增强,主要包括以下方面。

- 地址版本:RIPv1、RIPv2 是基于 IPv4 协议的,而 RIPng 是基于 IPv6 协议的,其使用的所有地址均为 128bit。
- 子网掩码和前缀长度:RIPv1 被设计用于无子网的网络,因此没有子网掩码的概念,是典型的有类路由协议。RIPv2 增加了对子网选路的支持,是典型的无类路由协议。由于 IPv6 的地址前缀有明确的含义,因此 RIPng 中不再有子网掩码的概念,取而代之的是前缀长度。
- 协议的使用范围:RIPv1、RIPv2 不仅支持 TCP/IP,还能适应其他网络协议的规定,因此其报文的路由表项中包含有网络协议字段。RIPng 去掉了对这一功能的支持,不能用于非 IP 网络。
- 对下一跳的表示:RIPv1 中没有下一跳的信息,接收端路由器把报文的源 IP 地址作为到目的网络路由的下一跳。RIPv2 中明确包含了下一跳信息,便于选择最优路由和防止出现环路。与 RIPv2 不同,为防止 RTE(route table entry,路由表项)过长,同时也为了提高路由更新信息的传输效率,RIPng 中的下一跳字段是作为一个单独的 RTE 存在的。
- 报文长度:RIPv1、RIPv2 规定每个报文最多只能携带 25 个 RTE。而 RIPng 对 RTE 的数目不作规定,其最大报文长度由发送接口的 MTU(maximum transmission unit,最大传输单元)决定,提高了网络对路由更新信息的传输效率。
- UDP 端口:RIPng 使用 UDP521 端口发送和接收路由更新信息。
- 组播地址:RIPng 使用 FF02::9 作为链路本地范围内的组播地址。
- 源地址:RIPng 使用链路本地地址 FE80::/10 作为源地址发送路由更新报文。

8.2.2 OSPFv3

OSPFv3 是在 OSPFv2 基础上开发的用于 IPv6 网络的链路状态路由协议。OSPFv3 沿袭了 OSPFv2 的协议框架,其网络类型、邻居发现和邻接建立机制、协议报文类型等与

OSPFv2 基本一致。为了更好地应用于 IPv6 网络，OSPFv3 与 OSPFv2 主要有以下区别。

- 基于链路运行：OSPFv2 是基于网络运行的，两个路由器要形成邻居关系必须在同一个网段。OSPFv3 是基于链路运行的，同一条链路上可以有多个 IPv6 子网，因此两个具有不同 IPv6 前缀的节点可以在同一条链路上建立邻居关系。
- 使用链路本地地址：OSPFv3 使用链路本地地址作为发送报文的源地址。OSPFv3 路由器可以学习到链路上相连的其他路由器的链路本地地址，并使用其作为下一跳来转发报文。因此网络中只负责转发报文的路由器可以不用配置全球单播地址，这样既节省了地址资源又便于管理。
- 单链路上支持多个实例：为了实现在一条链路上独立运行多个实例，OSPFv3 在协议报文中增加了实例标识符(instance ID)字段，用于标识不同的实例。路由器会在接收报文时对该字段进行判断，只有当该字段与接口配置的实例号匹配时才会处理报文。
- 通过路由器标识符(router ID)标识邻居：在 OSPFv2 中，当网络类型为点到点或者单点对多点时会通过路由器标识符来标识邻居路由器，当网络类型为 BMA 或 NBMA 时会通过邻居接口的 IP 地址来标识邻居路由器。OSPFv3 取消了这种复杂性，无论对于何种网络类型，都是通过路由器标识符来标识邻居路由器。
- 认证的变化：OSPFv3 自身不再提供认证功能，而是通过使用 IPv6 提供的安全机制来保证报文的合法性。
- LSA 的变化：OSPFv2 支持路由器 LSA、网络 LSA、网络汇总 LSA、ASBR 汇总 LSA 和 AS 外部 LSA 5 种 LSA。在 OSPFv3 中，由于路由器 LSA 和网络 LSA 不再包含地址信息，因此增加了区域内前缀 LSA 来携带 IPv6 地址前缀，用于发布区域内的路由信息。OSPFv3 还增加了链路 LSA(Link LSA)，用于路由器向链路上其他路由器通告其链路本地地址及地址前缀。另外，OSPFv3 将 Network 汇总 LSA 更名为区域间前缀 LSA(inter area prefix LSA)，将 ASBR 汇总 LSA 更名为区域间路由器 LSA(inter area router LSA)。
- 明确 LSA 的泛洪范围：OSPFv3 在 LSA 的 LS 类型字段明确定义了其泛洪范围，从而可将未知类型的 LSA 在规定范围内泛洪，而不是简单的做丢弃处理。LSA 泛洪范围主要包括链路本地范围(只在本地链路上泛洪，如链路 LSA)、区域范围(泛洪范围覆盖一个单独的 OSPFv3 区域，如路由器 LSA、网络 LSA、区域内前缀 LSA、区域间前缀 LSA、区域间路由器 LSA)和自治系统范围(泛洪到整个路由域，如 AS 外部 LSA)。
- 末梢(stub)区域支持的变化：当配置 OSPF 末梢区域后，该区域中的路由器会只有一条至 ABR 的默认路由，到其他区域的数据包通过 ABR 转发。OSPFv3 同样支持末梢区域，用于减少区域内路由器的路由表规模。OSPFv3 支持对未知类型 LSA 的泛洪，为防止大量未知类型 LSA 泛洪进入末梢区域，OSPFv3 对于向末梢区泛洪的未知类型 LSA 进行了明确规定，只有当未知类型 LSA 的泛洪范围是链路本地或区域，才可以向末梢区域泛洪。

【注意】 以上只对 RIPng 和 OSPFv3 在原有协议基础上进行的修改做了简单的介绍。RIPng 和 OSPFv3 具体的工作机制及报文格式请查阅相关资料。

任务实施

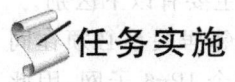

请扫描数字活页 8.2 的二维码，在任务实施过程中思考并回答数字活页中提出的问题。另外，可以分别扫描微课视频 8.2.1(配置 IPv6 静态路由)、微课视频 8.2.2(配置 RIPng)、微课视频 8.2.3(配置 OSPFv3)的二维码，观看相关工作任务的讲解和操作演示视频。

数字活页 8.2　　微课视频 8.2.1(配置 IPv6 静态路由)　　微课视频 8.2.2(配置 RIPng)　　微课视频 8.2.3(配置 OSPFv3)

实训 1　配置 IPv6 静态路由

若要在图 8-12 所示的网络中启用 IPv6 协议并为网络中的设备分配 IPv6 地址信息，利用 IPv6 静态路由实现网络的连通，则基本操作方法如下。

1. 规划与分配 IPv6 地址

可按照表 8-2 所示的 IPv6 地址参数配置相关设备的地址信息。

表 8-2　配置 IPv6 路由示例中的 IPv6 地址参数

设　备	接　口	IPv6 地址	前缀	网　关
PC0	NIC	2000:AAAA::2	64	2000:AAAA::1
PC1	NIC	2000:AAAA::3	64	2000:AAAA::1
PC2	NIC	2000:BBBB::2	64	2000:BBBB::1
PC3	NIC	2000:BBBB::3	64	2000:BBBB::1
Router0	F0/0	2000:AAAA::1	64	
	S1/0	2000:CCCC::1	64	
Router1	F0/0	2000:BBBB::1	64	
	S1/0	2000:CCCC::2	64	

2. 配置路由器接口

在路由器 Router0 上的配置过程如下。

```
Qchm-R0(config)#ipv6 unicast-routing
Qchm-R0(config)#interface f0/0
Qchm-R0(config-if)#ipv6 address 2000:aaaa::1/64
Qchm-R0(config-if)#no shutdown
Qchm-R0(config-if)#interface s1/0
Qchm-R0(config-if)#ipv6 address 2000:cccc::1/64
Qchm-R0(config-if)#clock rate 2000000
Qchm-R0(config-if)#no shutdown
```

在路由器 Router1 上的配置过程如下。

```
Qchm-R1(config)#ipv6 unicast-routing
Qchm-R1(config)#interface f0/0
Qchm-R1(config-if)#ipv6 address 2000:bbbb::1/64
Qchm-R1(config-if)#no shutdown
Qchm-R1(config-if)#interface s1/0
Qchm-R1(config-if)#ipv6 address 2000:cccc::2/64
Qchm-R1(config-if)#no shutdown
```

3. 配置静态路由

在路由器 Router0 上的配置过程如下。

```
Qchm-R0(config)#ipv6 route 2000:bbbb::/64 2000:cccc::2      //配置 IPv6 静态路由
```

在路由器 Router1 上的配置过程如下。

```
Qchm-R1(config)#ipv6 route 2000:aaaa::/64 2000:cccc::1
```

4. 验证全网的连通性

此时可以在计算机和路由器上利用 ping 命令测试各设备之间的连通性。在路由器 Router1 上测试其与 Router0 连通性的命令如下。

```
Qchm-R1(config)#ping ipv6 2000:aaaa::1
Type escape sequence to abort.
Sending 5,100-byte ICMP Echos to 2000:aaaa::1,timeout is 2 seconds:
!!!!!
Success rate is 100 percent (5/5),round-trip min/avg/max = 16/37/78 ms
```

实训 2 配置 RIPng

若要在图 8-12 所示的网络中启用 IPv6 协议并为网络中的设备分配 IPv6 地址信息，利用 RIPng 动态路由实现网络的连通，则基本操作方法如下。

1. 规划与分配 IPv6 地址

可按照表 8-2 所示的 IPv6 地址参数配置相关设备的地址信息。

2. 配置路由器接口

路由器 Router0 和 Router1 的接口配置与静态路由配置示例相同，这里不再赘述。

3. 配置 RIPng

在路由器 Router0 上的配置过程如下。

```
Qchm-R0(config)#ipv6 router rip cisco          //启动 IPv6 RIPng 进程
Qchm-R0(config-rtr)#exit
Qchm-R0(config)#interface f0/0
Qchm-R0(config-if)#ipv6 rip cisco enable     //在接口上启用 RIPng
Qchm-R0(config-if)#interface s1/0
Qchm-R0(config-if)#ipv6 rip cisco enable
```

在路由器 Router1 上的配置过程与 Router0 相同，这里不再赘述。

4. 验证全网的连通性

此时可以在计算机和路由器上利用 ping 命令测试各设备之间的连通性。

实训 3　配置 OSPFv3

若要在图 8-12 所示的网络中启用 IPv6 协议并为网络中的设备分配 IPv6 地址信息，利用 OSPFv3 动态路由实现网络的连通，则基本操作方法如下。

1. 规划与分配 IPv6 地址

可按照表 8-2 所示的 IPv6 地址参数配置相关设备的地址信息。

2. 配置路由器接口

路由器 Router0 和 Router1 的接口配置与静态路由配置示例相同，这里不再赘述。

3. 配置 OSPFv3

在路由器 Router0 上的配置过程如下。

```
Qchm-R0(config)#ipv6 router ospf 1        //启动 OSPFv3 路由进程
Qchm-R0(config-rtr)#router-id 1.1.1.1
Qchm-R0(config-rtr)#exit
Qchm-R0(config)#interface f0/0
Qchm-R0(config-if)#ipv6 ospf 1 area 0 //在接口上启用 OSPFv3,并声明接口所在区域
Qchm-R0(config-if)#interface s1/0
Qchm-R0(config-if)#ipv6 ospf 1 area 0
```

在路由器 Router1 上的配置过程如下。

```
Qchm-R1(config)#ipv6 router ospf 1
Qchm-R1(config-rtr)#router-id 2.2.2.2
Qchm-R1(config-rtr)#exit
Qchm-R1(config)#interface f0/0
Qchm-R1(config-if)#ipv6 ospf 1 area 0
Qchm-R1(config-if)#interface s1/0
Qchm-R1(config-if)#ipv6 ospf 1 area 0
```

4. 验证全网的连通性

此时可以在计算机和路由器上利用 ping 命令测试各设备之间的连通性。

【注意】 本次任务只完成了最基本的 IPv6 路由设置，IPv6 路由的其他设置请查阅相关技术手册。

任务拓展

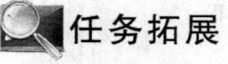

在图 8-13 所示的网络中，二层交换机 Switch1、Switch2 和 Switch3 分别通过 F0/24 接口与三层交换机 Switch0 和路由器 Router0 相连，三层交换机 Switch0 通过 F0/22 接口与路由器 Router0 的 F0/0 接口相连。若要求将 Switch1 和 Switch2 连接的所有计算机划分为 2 个 VLAN，其中 PC0 和 PC3 属于一个 VLAN，PC1 和 PC3 属于另一个 VLAN，请在该

网络中启用 IPv6 协议并为网络中的设备分配 IPv6 地址信息,利用 IPv6 静态路由或动态路由实现网络的连通。

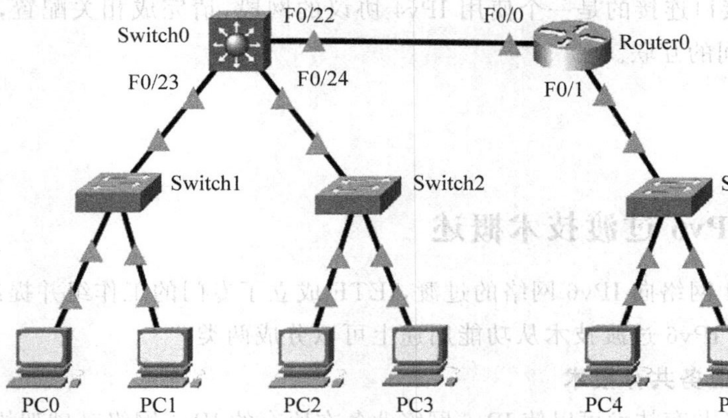

图 8-13 配置 IPv6 路由任务拓展

任务 8.3 实现 IPv6 与 IPv4 网络互联

任务目的

(1) 了解常用的 IPv4/IPv6 过渡技术;

(2) 了解利用隧道技术实现 IPv6 跨 IPv4 网络互联的基本配置方法;

(3) 了解利用 NAT-PT 技术实现 IPv6 与 IPv4 网络之间互联的基本配置方法。

任务导入

传统的计算机网络都是基于 IPv4 的组建的,如果全部更换为 IPv6,成本巨大并且会导致原有业务的中断。因此,IPv6 网络替代 IPv4 网络是一个渐进的过程,在很长的过渡期内,IPv6 网络和 IPv4 网络会共存并兼容。在图 8-14 所示的网络中,3 台路由器之间通过串行接口使用 IPv4 协议连接,请组建该网络并完成以下配置。

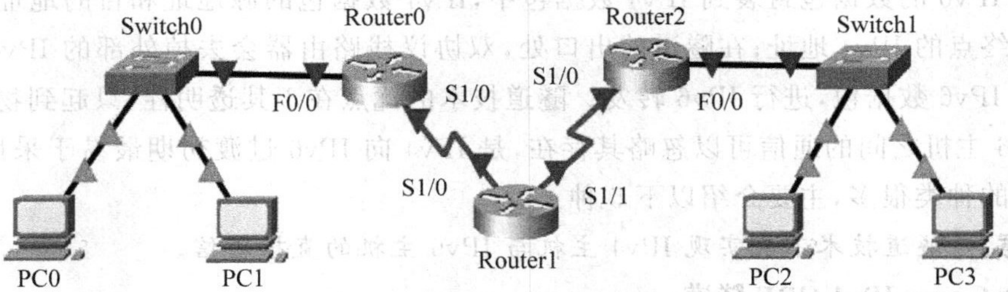

图 8-14 实现 IPv6 与 IPv4 网络互联示例

(1) 若路由器 Router0 和 Router2 的 F0/0 接口分别连接了一个使用 IPv6 协议的网

段，请完成相关配置，实现这两个 IPv6 网段跨 IPv4 网络的互联。

(2) 若路由器 Router0 的 F0/0 接口连接的是一个使用 IPv6 协议的网段，而路由器 Router2 的 F0/0 接口连接的是一个使用 IPv4 协议的网段，请完成相关配置，实现 IPv6 网段与 IPv4 网段之间的互联。

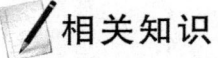

相关知识

8.3.1 IPv4/IPv6 过渡技术概述

为了实现 IPv4 网络向 IPv6 网络的过渡，IETF 成立了专门的工作组并提出了很多种过渡技术，这些 IPv4/IPv6 过渡技术从功能用途上可以分成两类。

1. IPv4/IPv6 业务共存技术

IPv4/IPv6 业务共存技术可以使 IPv6 网络业务在原有的 IPv4 网络基础架构上工作，从而实现 IPv6 网络跨 IPv4 网络的互联。常用的 IPv4/IPv6 业务共存技术主要有以下两种。

- 双协议栈技术：在设备上同时启用 IPv4 和 IPv6 两种协议，该设备既能支持与安装 IPv4 协议的设备通信，又能支持与安装 IPv6 协议的设备通信。双协议栈技术是应用最广泛的 IPv4/IPv6 过渡技术，也是其他过渡技术的基础。
- 隧道技术：通过在 IPv4 网络中部署隧道，将 IPv6 数据包封装在 IPv4 数据包中，从而实现在 IPv4 网络上对 IPv6 业务的承载。

2. IPv4/IPv6 互操作技术

IPv4/IPv6 互操作技术可以通过对数据包的转换实现 IPv4 设备和 IPv6 设备之间的相互访问，从而实现 IPv6 网络与 IPv4 网络之间的互联。常用的 Pv4/IPv6 互操作技术主要包括 SIIT(stateless IP/ICMP translation，无状态 IP/ICMP 翻译)、NAT-PT(network address translation-protocol translation，网络地址转换—协议转换)、BIA(bump in the API)、BIS (bump in the stack)等。

8.3.2 隧道技术

利用隧道技术可以通过原有的 IPv4 网络实现 IPv6 网络之间的互通。图 8-15 给出了隧道技术的示意图，由图 8-15 可知，在 IPv6 网络与 IPv4 网络间的隧道入口处，双协议栈路由器会将 IPv6 的数据包封装到 IPv4 数据包中，IPv4 数据包的源地址和目的地址分别是隧道起点和终点的 IPv4 地址；在隧道的出口处，双协议栈路由器会去掉外部的 IPv4 包头，恢复原来的 IPv6 数据包，进行 IPv6 转发。隧道技术的优点在于其透明性，只起到物理通道的作用，IPv6 主机之间的通信可以忽略其存在，是 IPv4 向 IPv6 过渡初期最易于采用的技术。隧道技术的种类很多，主要介绍以下 5 种。

【注意】 隧道技术不能实现 IPv4 主机与 IPv6 主机的直接通信。

1. IPv6 over IPv4 GRE 隧道

使用标准的 GRE 隧道技术可以在 IPv4 网络的 GRE 隧道上传输 IPv6 数据包。在该隧道中，GRE 将作为承载协议，而 IPv6 将作为乘客协议，隧道的接口应配置 IPv6 地址，而隧

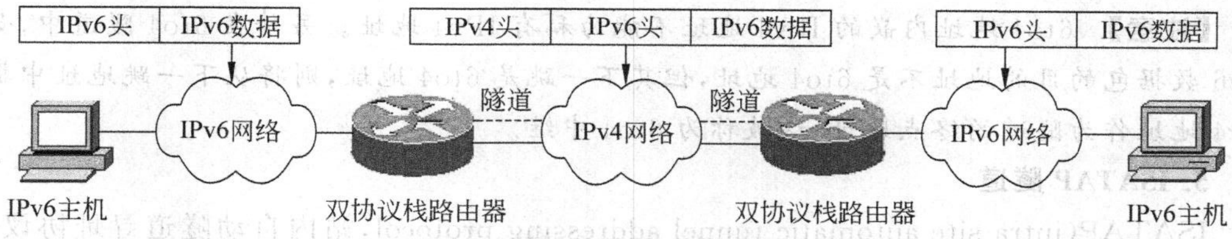

图 8-15　隧道技术示意图

道的起点地址和终点地址应为 IPv4 地址。GRE 隧道技术成熟，通用性好，但需手动配置隧道的起点和终点，不易维护，常用于两个边界路由器之间的永久连接。

2. IPv6 in IPv4 手动隧道

IPv6 in IPv4 手动隧道直接将 IPv6 数据包封装到 IPv4 数据包中，它要求在路由器上手动配置隧道的起点地址和终点地址。如果一个边界路由器要与多个路由器建立手动隧道，就需要在路由器上配置多个隧道。IPv6 in IPv4 手动隧道在路由器上以虚拟接口存在，当路由器收到 IPv6 数据包后，会根据其目的地址查找 IPv6 转发表，如果该数据包要从虚拟隧道接口转发出去，则将根据隧道接口配置的隧道起点和终点的 IPv4 地址进行封装。封装后的 IPv4 数据包将通过 IPv4 网络转发到隧道的终点。IPv6 in IPv4 手动隧道需要手动配置，不易维护，常用于两个边界路由器之间的永久连接。

3. IPv4 兼容 IPv6 自动隧道

隧道需要有起点和终点，当起点和终点确定后，隧道也就确定了。在 IPv4 兼容 IPv6 自动隧道中，只需要配置隧道的起点，而隧道的终点由路由器自动生成，因此无论要和多少个对端设备建立隧道，本端只需要一个隧道接口就可以了，这使路由器的配置和维护变得非常方便。IPv4 兼容 IPv6 自动隧道也有很大的局限性，它要求 IPv6 地址必须是 IPv4 兼容 IPv6 地址，地址前缀只能是 0:0:0:0:0:0，也就是所有节点必须处在同一 IPv6 网段中，因此 IPv4 兼容 IPv6 自动隧道只能用于隧道两端点的通信，而不能进行数据包的转发。

4. IPv6 to IPv4 隧道(6to4 隧道)

6to4 隧道也是一种自动隧道，不需要为每条隧道预先配置。与 IPv4 兼容 IPv6 自动隧道不同，6to4 隧道不使用 IPv4 兼容 IPv6 地址，其目的地址要求使用一种特殊的 6to4 地址，该地址的格式如图 8-16 所示。6to4 地址是可聚合全球单播地址，其网络前缀为 64 位，其中前 48 位为 2002:a.b.c.d，由分配给路由器的 IPv4 地址决定(a.b.c.d 为 IPv4 地址)，后 16 位由用户自己定义。6to4 隧道通过虚拟接口实现，隧道起点的 IPv4 地址需手工指定，隧道终点地址则根据通过隧道转发的数据包决定。由于 6to4 地址内嵌了 IPv4 地址，因此若 IPv6 数据包的目的地址是 6to4 地址，则可从该地址中提取 IPv4 地址作为隧道的终点地址。6to4 隧道具有自动隧道维护方便的优点，克服了 IPv4 兼容 IPv6 自动隧道只能连接节点不能连接网络的缺陷，其主要缺点是必须使用规定的 6to4 地址。

3bits	13bits	32bits	16bits	64bits
FP 001	TLA 0x0002	V4ADDR	SLAID	接口ID

图 8-16　6to4 地址格式

【注意】 6to4 地址内嵌的 IPv4 地址不能为私有 IPv4 地址。另外在 6to4 隧道中,如果 IPv6 数据包的目的地址不是 6to4 地址,但其下一跳是 6to4 地址,则将从下一跳地址中提取 IPv4 地址作为隧道的终点地址,这被称为 6to4 中继。

5. ISATAP 隧道

ISATAP(intra-site automatic tunnel addressing protocol,站内自动隧道寻址协议)不但是一种自动隧道技术,还可以进行地址分配。在 ISATAP 隧道的两端设备之间可以运行 ND 协议。配置了 ISATAP 隧道后,IPv6 网络会将底层的 IPv4 网络看成一个非广播的点到多点的链路,即将 IPv4 网络当成虚拟的数据链路层。ISATAP 隧道的地址也有特定的格式,其地址的前 64 位是通过向 ISATAP 路由器发送请求得到的,后 64 位必须为 0:5ffe:a.b.c.d。其中 0:5ffe 为 IANA 规定的格式;a.b.c.d 为单播 IPv4 地址,嵌入 IPv6 地址的低 32 位。与 6to4 地址类似,ISATAP 地址中也有 IPv4 地址存在,可以用于隧道的建立。ISATAP 的最大特点是将 IPv4 网络作为下层链路,并在其上运行 ND 协议,可以实现跨 IPv4 网络的 IPv6 地址自动配置,其主要缺点是必须使用特殊的 ISATAP 地址。

【注意】 以上只对部分 IPv4/IPv6 隧道技术的主要特点做了简单介绍,其具体工作原理及其他隧道技术请查阅相关资料。

8.3.3 NAT-PT

NAT-PT 是将协议转换技术与 IPv4 网络中的 NAT 技术相结合的一种技术,主要用于在 IPv6 和 IPv4 网络的交界处,实现 IPv6 主机和 IPv4 主机间的互通。其中,协议转换的目的是实现 IPv6 数据包头和 IPv4 数据包头的转换;地址转换的目的是使 IPv4 主机可以用 IPv4 地址标识 IPv6 主机,IPv6 主机也可以用 IPv6 地址标识 IPv4 主机。NAT-PT 的优点是不需要对 IPv4、IPv6 主机进行改造,缺点是 IPv4 主机访问 IPv6 主机的实现方法比较复杂,网络设备进行协议转换、地址转换的开销较大。NAT-PT 主要包括以下 3 种类型。

1. 静态 NAT-PT

静态 NAT-PT 类似于 IPv4 中的静态 NAT,提供了一对一的 IPv6 地址和 IPv4 地址的映射。在这种模式中,由 NAT-PT 网关路由器静态配置 IPv6 地址和 IPv4 地址的绑定关系,如果 IPv4 主机与 IPv6 主机进行通信,其传输的数据包会在经过 NAT-PT 网关路由器时,由网关路由器根据配置的绑定关系进行转换。

【注意】 在静态 NAT-PT 中,不管是 IPv6 主机还是 IPv4 主机,都可以主动向另一侧的主机发起连接。

2. 动态 NAT-PT

动态 NAT-PT 类似于 IPv4 中的动态 NAT,也提供了一对一的映射,但需使用 IPv4 地址池,NAT-PT 网关路由器从地址池中取出 IPv4 地址来实现 IPv6 地址到 IPv4 地址的转换,地址池中 IPv4 地址数量决定了并发的 IPv6 到 IPv4 转换的最大数目。另外 NAT-PT 网关路由器会向 IPv6 网络通告一个 96 位的地址前缀,用该前缀加上 IPv4 主机的 32 位 IPv4 地址,就可以实现 IPv4 地址到 IPv6 地址的转换。

动态 NAT-PT 克服了静态 NAT-PT 配置复杂,消耗大量 IPv4 地址的缺点,使用很少的 IPv4 地址就可以支持大量的 IPv6 到 IPv4 的转换。不过动态 NAT-PT 只能由 IPv6 主机首先发起连接，网关路由器将 IPv6 主机地址转换为 IPv4 地址后，IPv4 主机才能知道用哪一个 IPv4 地址标识 IPv6 主机。

【注意】 在动态 NAT-PT 中，可以通过 DNS-ALG（application level gateway，应用层网关）实现不管是 IPv6 主机还是 IPv4 主机，都可以主动向另一侧的主机发起连接。DNS-ALG 的相关知识请查阅相关资料。

3. NAPT-PT

NAPT-PT 类似于 IPv4 中的 NAPT，提供多个有 NAT-PT 前缀的 IPv6 地址和一个 IPv4 地址间的多对一动态映射，这种转换同时在网络层（IPv4/IPv6）和传输层（TCP/UDP）进行。NAPT-PT 通过端口映射实现了 IPv4 地址的复用，在该模式中也只能由 IPv6 主机首先发起连接。

任务实施

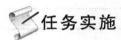

请扫描数字活页 8.3 的二维码，在任务实施过程中思考并回答数字活页中提出的问题。另外，可以分别扫描微课视频 8.3.1（实现 IPv6 跨 IPv4 网络的互联）、微课视频 8.3.2（配置静态 NAT-PT）、微课视频 8.3.3（配置动态 NAT-PT）、微课视频 8.3.4（配置 NAPT-PT）的二维码，观看相关工作任务的讲解和操作演示视频。

数字活页 8.3

微课视频 8.3.1（实现 IPv6 跨 IPv4 网络的互联）

微课视频 8.3.2（配置静态 NAT-PT）

微课视频 8.3.3（配置动态 NAT-PT）

微课视频 8.3.4（配置 NAPT-PT）

实训 1　实现 IPv6 跨 IPv4 网络的互联

在图 8-14 所示的网络中，若路由器 Router0 和 Router2 的 F0/0 接口分别连接了一个使用 IPv6 协议的网段，要实现这两个 IPv6 网段跨 IPv4 网络的互联，则基本操作过程如下。

1. 规划与分配地址参数

该网络中既包括了 IPv6 网络，又包括了 IPv4 网络，可按照表 8-3 所示的地址参数配置相关设备的地址信息。

表 8-3　实现 IPv6 跨 IPv4 网络的互联中的地址参数

	设备	接口	IPv6 地址	前缀	网关
IPv6 网络	PC0	NIC	2000:AAAA::2	64	2000:AAAA::1
	PC1	NIC	2000:AAAA::3	64	2000:AAAA::1
	PC2	NIC	2000:BBBB::2	64	2000:BBBB::1
	PC3	NIC	2000:BBBB::3	64	2000:BBBB::1
	Router0	F0/0	2000:AAAA::1	64	
	Router2	F0/0	2000:BBBB::1	64	
	设备	接口	IPv4 地址	子网掩码	网关
IPv4 网络	Router0	S1/0	1.1.1.1	255.255.255.0	
	Router1	S1/0	1.1.1.2	255.255.255.0	
		S1/1	2.2.2.1	255.255.255.0	
	Router2	S1/0	2.2.2.2	255.255.255.0	

2. 实现 IPv4 网络的连通

在路由器 Router0 上的配置过程如下。

```
Qchm-R0(config)#interface s1/0
Qchm-R0(config-if)#ip address 1.1.1.1 255.255.255.0
Qchm-R0(config-if)#no shutdown
Qchm-R0(config-if)#exit
Qchm-R0(config)#ip route 2.2.2.0 255.255.255.0 1.1.1.2
```

在路由器 Router1 上的配置过程如下。

```
Qchm-R1(config)#interface s1/0
Qchm-R1(config-if)#ip address 1.1.1.2 255.255.255.0
Qchm-R1(config-if)#clock rate 2000000
Qchm-R1(config-if)#no shutdown
Qchm-R1(config-if)#interface s1/1
Qchm-R1(config-if)#ip address 2.2.2.1 255.255.255.0
Qchm-R1(config-if)#clock rate 2000000
Qchm-R1(config-if)#no shutdown
```

在路由器 Router2 上的配置过程如下。

```
Qchm-R2(config)#interface s1/0
Qchm-R2(config-if)#ip address 2.2.2.2 255.255.255.0
Qchm-R2(config-if)#no shutdown
Qchm-R2(config-if)#exit
Qchm-R2(config)#ip route 1.1.1.0 255.255.255.0 2.2.2.1
```

配置完成后,可以在路由器 Router0、Router1 和 Router2 上测试它们之间的连通性。

3. 配置 IPv6 网络

在路由器 Router0 上的配置过程如下。

```
Qchm-R0(config)#ipv6 unicast-routing
Qchm-R0(config)#interface f0/0
Qchm-R0(config-if)#ipv6 address 2000:aaaa::1/64
Qchm-R0(config-if)#no shutdown
```

在路由器 Router2 上的配置过程如下。

```
Qchm-R2(config)#ipv6 unicast-routing
Qchm-R2(config)#interface f0/0
Qchm-R2(config-if)#ipv6 address 2000:bbbb::1/64
Qchm-R2(config-if)#no shutdown
```

4. 配置隧道及 IPv6 路由

在路由器 Router0 上的配置过程如下。

```
Qchm-R0(config)#interface tunnel 0                //创建隧道
Qchm-R0(config-if)#ipv6 enable                    //启用 IPv6
Qchm-R0(config-if)#ipv6 address 2000:cccc::1/64          //设置隧道接口的 IPv6 地址
Qchm-R0(config-if)#tunnel source s1/0             //设置隧道起点为 Router0 的 S1/0 端口
Qchm-R0(config-if)#tunnel destination 2.2.2.2  //设置隧道终点为 Router2 的 S1/0 端口
Qchm-R0(config-if)#tunnel mode ipv6ip             //设置隧道模式
Qchm-R0(config-if)#exit
Qchm-R0(config)#ipv6 route 2000:bbbb::/64 2000:cccc::2  //设置 IPv6 静态路由
```

在路由器 Router2 上的配置过程如下。

```
Qchm-R2(config)#interface tunnel 0
Qchm-R2(config-if)#ipv6 enable
Qchm-R2(config-if)#ipv6 address 2000:cccc::2/64
Qchm-R2(config-if)#tunnel source s1/0             //设置隧道起点为 Router2 的 S1/0 端口
Qchm-R2(config-if)#tunnel destination 1.1.1.1  //设置隧道终点为 Router0 的 S1/0 端口
Qchm-R2(config-if)#tunnel mode ipv6ip             //设置隧道模式
Qchm-R2(config-if)#exit
Qchm-R2(config)#ipv6 route 2000:aaaa::/64 2000:cccc::1
```

配置完成后，可以在 PC0 和 PC1 上测试其与 PC2 及 PC3 的连通性。

实训 2　实现 IPv6 与 IPv4 网络之间的互联

在图 8-14 所示的网络中，若路由器 Router0 的以太网接口 F0/0 连接的是一个使用 IPv6 协议的网段，而路由器 Router2 的以太网接口 F0/0 连接的是一个使用 IPv4 协议的网段，要实现 IPv6 网段与 IPv4 网段之间的互联，可采用以下配置方法。

1. 利用静态 NAT-PT

如果要利用静态 NAT-PT 实现 IPv6 网络与 IPv4 网络的通信，则基本配置过程如下。

(1) 规划与分配地址参数。在该网络中，可按照表 8-4 所示的地址参数配置相关设备的地址信息。

表 8-4　实现 IPv6 与 IPv4 网络之间的互联中的地址参数

	设备	接口	IPv6 地址	前缀	网关
IPv6 网络	PC0	NIC	2000:AAAA::2	64	2000:AAAA::1
	PC1	NIC	2000:AAAA::3	64	2000:AAAA::1
	Router0	F0/0	2000:AAAA::1	64	
	设备	接口	IPv4 地址	子网掩码	网关
IPv4 网络	Router0	S1/0	1.1.1.1	255.255.255.0	
	Router1	S1/0	1.1.1.2	255.255.255.0	
		S1/1	2.2.2.1	255.255.255.0	
	Router2	S1/0	2.2.2.2	255.255.255.0	
		F0/0	3.3.3.1	255.255.255.0	
	PC2	NIC	3.3.3.2	255.255.255.0	3.3.3.1
	PC3	NIC	3.3.3.3	255.255.255.0	3.3.3.1

(2) 实现 IPv4 网络的连通。在路由器 Router0 上的配置过程如下。

```
Qchm-R0(config)#interface s1/0
Qchm-R0(config-if)#ip address 1.1.1.1 255.255.255.0
Qchm-R0(config-if)#no shutdown
Qchm-R0(config-if)#exit
Qchm-R0(config)#ip route 2.2.2.0 255.255.255.0 1.1.1.2
Qchm-R0(config)#ip route 3.3.3.0 255.255.255.0 1.1.1.2
```

在路由器 Router1 上的配置过程如下。

```
Qchm-R1(config)#interface s1/0
Qchm-R1(config-if)#ip address 1.1.1.2 255.255.255.0
Qchm-R1(config-if)#clock rate 2000000
Qchm-R1(config-if)#no shutdown
Qchm-R1(config-if)#interface s1/1
Qchm-R1(config-if)#ip address 2.2.2.1 255.255.255.0
Qchm-R1(config-if)#clock rate 2000000
Qchm-R1(config-if)#no shutdown
Qchm-R1(config)#ip route 3.3.3.0 255.255.255.0 2.2.2.2
```

在路由器 Router2 上的配置过程如下。

```
Qchm-R2(config)#interface s1/0
Qchm-R2(config-if)#ip address 2.2.2.2 255.255.255.0
Qchm-R2(config-if)#no shutdown
Qchm-R2(config-if)#interface f0/0
Qchm-R2(config-if)#ip address 3.3.3.1 255.255.255.0
Qchm-R2(config-if)#no shutdown
Qchm-R2(config-if)#exit
Qchm-R2(config)#ip route 1.1.1.0 255.255.255.0 2.2.2.1
```

配置完成后,可以在路由器 Router0、Router1 和 Router2 上测试它们之间的连通性。

(3) 配置 IPv6 网络。在路由器 Router0 上的配置过程如下。

```
Qchm-R0(config)#ipv6 unicast-routing
Qchm-R0(config)#interface f0/0
Qchm-R0(config-if)#ipv6 address 2000:aaaa::1/64
Qchm-R0(config-if)#no shutdown
```

(4) 配置静态 NAT-PT。在路由器 Router0 上的配置过程如下。

```
Qchm-R0(config)#interface f0/0
Qchm-R0(config-if)#ipv6 nat                              //启用 NAT-PT 转换
Qchm-R0(config-if)#interface s1/0
Qchm-R0(config-if)#ipv6 nat
Qchm-R0(config-if)#exit
Qchm-R0(config)#ipv6 nat prefix 2000:cccc::/96        //通告 96 位的地址前缀
Qchm-R0(config)#ipv6 nat v6v4 source 2000:aaaa::2 1.1.1.20
//将 PC0 的 IPv6 地址映射为指定 IPv4 地址
Qchm-R0(config)#ipv6 nat v6v4 source 2000:aaaa::3 1.1.1.30
//将 PC1 的 IPv6 地址映射为指定 IPv4 地址
Qchm-R0(config)#ipv6 nat v4v6 source 3.3.3.2 2000:cccc::2
//将 PC2 的 IPv4 地址映射为指定 IPv6 地址
Qchm-R0(config)#ipv6 nat v4v6 source 3.3.3.3 2000:cccc::3
//将 PC3 的 IPv4 地址映射为指定 IPv6 地址
```

【注意】 用于 NAT-PT 转换的 IPv4 地址不能是 RFC1918 中定义的私有地址。

配置完成后,可以在 PC0 和 PC1 上测试其与 PC2 及 PC3 的连通性。

2. 利用动态 NAT-PT

如果要利用动态 NAT-PT 实现 IPv6 网络与 IPv4 网络的通信,则基本配置过程如下。

(1) 规划与分配地址参数。可按照表 8-4 所示的地址参数配置相关设备的地址信息。

(2) 实现 IPv4 网络的连通。在路由器 Router0、Router1 和 Router2 上的配置过程与上例相同,这里不再赘述。

(3) 配置 IPv6 网络。在路由器 Router0 上的配置过程与上例相同,这里不再赘述。

(4) 配置动态 NAT-PT。在路由器 Router0 上的配置过程如下。

```
Qchm-R0(config)#interface f0/0
Qchm-R0(config-if)#ipv6 nat
Qchm-R0(config-if)#interface s1/0
Qchm-R0(config-if)#ipv6 nat
Qchm-R0(config-if)#exit
Qchm-R0(config)#ipv6 access-list ipv6nat
Qchm-R0(config-ipv6-acl)#permit ipv6 2000:aaaa::/64 any
Qchm-R0(config-ipv6-acl)#exit
Qchm-R0(config)#ipv6 nat v6v4 pool ipv4-pool 1.1.1.3 1.1.1.10 prefix-length 24
//创建 IPv4 地址池 ipv4-pool,地址范围为 1.1.1.3~1.1.1.10
Qchm-R0(config)#ipv6 nat v6v4 source list ipv6nat pool ipv4-pool
```

```
//设置 IPv4 地址池与 IPv6 地址的映射关系
Qchm-R0(config)#ipv6 nat prefix 2000:cccc::/96
Qchm-R0(config)#ipv6 nat v4v6 source 3.3.3.2 2000:cccc::2
Qchm-R0(config)#ipv6 nat v4v6 source 3.3.3.3 2000:cccc::3
```

配置完成后,可以在 PC0 和 PC1 上测试其与 PC2 及 PC3 的连通性。

【注意】 在动态 NAT-PT 中,访问只能从 IPv6 主机端发起。

3. 利用 NAPT-PT

如果要利用 NAPT-PT 实现 IPv6 网络与 IPv4 网络的通信,则基本配置过程如下。

(1) 规划与分配地址参数。可按照表 8-4 所示的地址参数配置相关设备的地址信息。

(2) 实现 IPv4 网络的连通。在路由器 Router0、Router1 和 Router2 上的配置过程与上例相同,这里不再赘述。

(3) 配置 IPv6 网络。在路由器 Router0 上的配置过程与上例相同,这里不再赘述。

(4) 配置 NAPT-PT。在路由器 Router0 上的配置过程如下。

```
Qchm-R0(config)#interface f0/0
Qchm-R0(config-if)#ipv6 nat
Qchm-R0(config-if)#interface s1/0
Qchm-R0(config-if)#ipv6 nat
Qchm-R0(config-if)#exit
Qchm-R0(config)#ipv6 access-list ipv6nat
Qchm-R0(config-ipv6-acl)#permit ipv6 2000:aaaa::/64 any
Qchm-R0(config-ipv6-acl)#exit
Qchm-R0(config)#ipv6 nat v6v4 source list ipv6nat interface s1/0 overload
Qchm-R0(config)#ipv6 nat prefix 2000:cccc::/96
Qchm-R0(config)#ipv6 nat v4v6 source 3.3.3.2 2000:cccc::2
Qchm-R0(config)#ipv6 nat v4v6 source 3.3.3.3 2000:cccc::3
```

配置完成后,可以在 PC0 和 PC1 上测试其与 PC2 及 PC3 的连通性。

任务拓展

在本次任务中只完成了 IPv6 网络跨 IPv4 网络互联、IPv6 网络与 IPv4 网络互联的基本设置,请查阅相关技术手册,了解其他隧道技术和 IPv4/IPv6 互操作技术的配置方法。

习　题　8

1. IPv6 与 IPv4 相比有哪些新特性?
2. 通常可以使用哪些格式将 IPv6 地址表示为文本字符串?
3. 简述 IPv6 地址的类型。
4. RIPng 针对原有的 RIPv1、RIPv2 进行了哪些修改?

5. 常用的IPv4/IPv6过渡技术有哪些？各有什么作用？

6. 什么是NAT-PT？NAT-PT主要包括哪些类型？

7. 在如图8-17所示的网络中，3台路由器通过串行接口相互连接，每台路由器通过一台交换机连接一个网段。若交换机Switch0和Switch1所连接的网段为IPv6网络，而其他网段为IPv4网段，请为网络中的所有设备分配IP地址，并实现全网的连通。

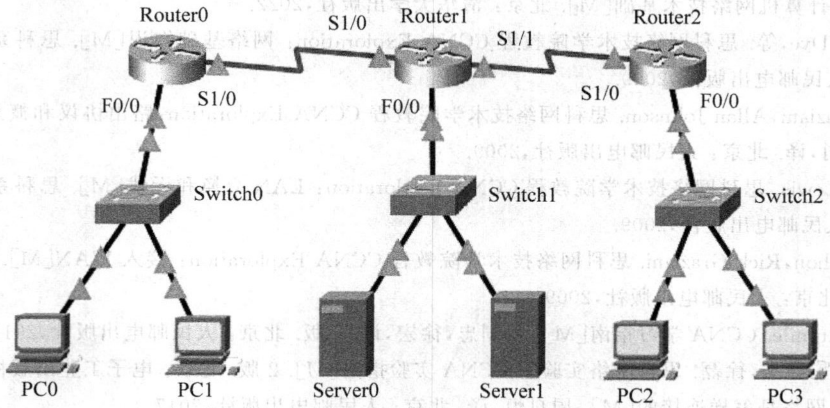

图8-17 利用IPv6组建企业网络综合练习

参考文献

[1] 丁喜纲. 企业网络互联技术实训教程[M]. 北京：清华大学出版社，2015.
[2] 丁喜纲. 计算机网络技术基础[M]. 北京：清华大学出版社，2022.
[3] Mark A.Dye，等. 思科网络技术学院教程 CCNA Exploration：网络基础知识[M]. 思科系统公司，译. 北京：人民邮电出版社，2009.
[4] Rick Graziani，Allan Johnson. 思科网络技术学院教程 CCNA Exploration：路由协议和概念[M]. 思科系统公司，译. 北京：人民邮电出版社，2009.
[5] Wayne Lewis. 思科网络技术学院教程 CCNA Exploration：LAN 交换和无线[M]. 思科系统公司，译. 北京：人民邮电出版社，2009.
[6] Bob Vachon，Rick Graziani. 思科网络技术学院教程 CCNA Exploration：接入 WAN[M]. 思科系统公司，译. 北京：人民邮电出版社，2009.
[7] Todd Lammle. CCNA 学习指南[M]. 袁国忠，徐宏，译. 7 版. 北京：人民邮电出版社，2012.
[8] 梁广民，王隆杰，徐磊. 思科网络实验室 CCNA 实验指南[M]. 2 版. 北京：电子工业出版社，2018.
[9] 户根勤. 网络是怎样连接的[M]. 周自恒，译. 北京：人民邮电出版社，2017.
[10] 华为技术有限公司. 网络系统建设与运维(中级)[M]. 北京：人民邮电出版社，2020.
[11] 冯昊. 交换机/路由器的配置与管理[M]. 3 版. 北京：清华大学出版社，2022.
[12] 杭州华三通信技术有限公司. 路由交换技术第 1 卷(上册)[M]. 北京：清华大学出版社，2011.
[13] 杭州华三通信技术有限公司. 路由交换技术第 1 卷(下册)[M]. 北京：清华大学出版社，2011.
[14] 杭州华三通信技术有限公司. IPv6 技术[M]. 北京：清华大学出版社，2010.